普通高等教育"十一五"规划教材

Java 程序设计教程

主 编 刘志宏 向 东 宿 营

副主编 高振栋 梁 冰 杨隆平

曹 颖 陈丽莉

航空工业出版社

北 京

内 容 提 要

Java 是当今最受欢迎的网络编程语言之一，它是一种简单、完全面向对象、解释执行、动态下载、具有多线程能力、可分布访问数据、健壮且安全的新一代语言。

本书以 12 个项目全面展示了 Java 语言的风采，其内容包括 Java 语言特色和 Java 开发环境介绍，Java 的数据类型、常量、变量、运算符和表达式、控制结构等编程基础知识，Java 中类、对象、继承、多态、成员变量、成员方法等面向对象程序设计的概念、特点和用法，数组和字符串的声明、创建和用法，异常的概念及其用法，数据输入/输出方法，Java 的多线程机制及其用法，图形用户界面开发，以及 Java 网络和数据库编程基础知识等。

本书结构合理、语言简练、通俗易懂、实例众多，并配有完善的资料包（包括书中全部实例、习题答案和一个优秀的教学课件），非常适合作为高等院校的教材，也可供 Java 爱好者参考。

图书在版编目（ C I P ）数据

Java 程序设计教程 / 刘志宏，向东，宿营主编. --
北京 ：航空工业出版社，2010.7
ISBN 978-7-80243-525-4

Ⅰ. ①J… Ⅱ. ①刘… ②向… ③宿… Ⅲ. ①
JAVA 语言－程序设计－教材 Ⅳ. ①TP312

中国版本图书馆 CIP 数据核字（2010）第 089078 号

Java 程序设计教程
Java Chengxu Sheji Jiaocheng

航空工业出版社出版发行
（北京市安定门外小关东里 14 号 100029）
发行部电话：010-64815615 010-64978486
北京市科星印刷有限责任公司印刷 全国各地新华书店经售
2010 年 7 月第 1 版 2010 年 7 月第 1 次印刷
开本：787×1092 1/16 印张：22.5 字数：562 千字
印数：1－3000 定价：35.00 元

在 Java 出现以前，Internet 上的信息内容都是一些乏味死板的 HTML 文档，这对于那些迷恋于上网的人们来说简直不可容忍。他们迫切希望能在 Web 中看到一些交互式的内容，开发人员也极希望能够在 Web 上创建一类无需考虑软硬件平台就可以执行的应用程序。当然，这些程序还要有极大的安全保障。

对于用户的这种要求，传统的编程语言显得无能为力，而 SUN 的工程师敏锐地察觉到了这一点。从 1994 年起，他们开始将以前为消费电子产品设计的 OAK 语言应用于 Web 上，并且开发出了 HotJava 的第一个版本。

当 SUN 公司 1995 年正式以 Java 这个名字推出的时候，几乎所有的 Web 开发人员都想到：噢，这正是我想要的。于是，Java 成了一颗耀眼的明星。

一、Java 语言有哪些特点

与其他编程语言想比，Java 主要有如下几个特点：

（1）与平台无关

由于 Java 程序运行于 Java 虚拟机（Java Virtual Machine，简称 JVM，它建立在硬件和操作系统之上）之上，并由 JVM 解释执行，从而使得 Java 程序可以跨平台运行。

（2）完全面向对象

Java 是目前最为优秀的面向对象的程序设计语言之一，它支持类、对象、类继承、多态等几乎所有的面向对象的程序设计特性，从而大大提高了 Java 程序的简洁性、灵活性、可维护性和代码复用性。

（3）可访问分布式数据

Java 建立在扩展 TCP/IP 网络平台上，库函数提供了用 HTTP 和 FTP 协议传送和接收信息的方法，这使得程序员使用网络上的文件和使用本机文件一样容易。

（4）很强的容错和错误恢复能力

Java 具有完善的强类型机制（即在程序中必须为所有变量指定类型）、异常处理机制、自动内存管理机制和安全检查机制，并弃用了不安全的指针，从而保证了 Java 程序的健壮性。

（5）强大的安全机制

Java 通过弃用指针、字节码完整性验证、控制 Applet 程序访问权限等多种措施，可避免病毒通过指针侵入系统，或非法访问本地资源。

（6）可根据需要动态载入类

Java 语言的设计目标之一是适应动态变化的环境。例如，Java 程序需要的类能够动态地被加载到运行环境中，也可以通过网络来载入所需要的类。

（7）可同时运行多个线程

利用 Java 的多线程机制，应用程序可同时执行多个任务，而且 Java 的同步机制保证了各任务对共享数据的正确操作。

二、学好 Java 的一些要诀

要学好 Java，有一些要诀大家一定要了解。因此，下面我们将结合 Java 语言的特点和自己学习和使用 Java 编程的经验，简要介绍一下大家在学习 Java 时应该熟悉或了解的一些难点或要点。

（1）处处皆类。所有 Java 程序模块都是类，因此，我们编写 Java 程序实际上就是编写类代码。另外，系统也提供了大量的类供用户使用。下图显示了 Java 工程的结构。所谓 Java 工程可以看作是：为了完成某个特定任务而将编写的 Java 程序进行组织的一种结构。

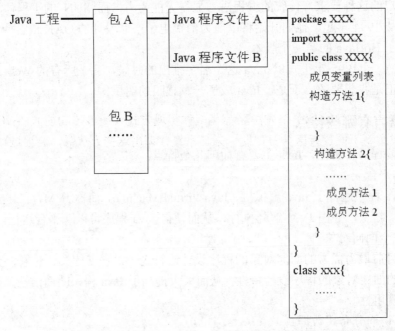

此外，即使对于 Java 的基本数据类型而言，它们也是类。例如，整型类为 Integer，浮点数类为 Float，字符串类为 String 等。这便是我们为什么称 Java 为纯面向对象的程序设计语言的原因。

（2）每个 Java 源程序（*.java）可包含多个类，但其中只能有一个 public 类，并且该类的类名必须与程序文件同名。此外，程序还可包含抽象类、普通类和最终类等。

（3）Java 源程序经编译后将生成字节码文件（*.class），字节码文件又称类文件，它们运行于 Java 虚拟机平台之上。

（4）为了便于管理程序，我们可以将若干具有相近或相似功能的字节码文件放在某个文件夹中，该文件夹就成了包。包有默认包和非默认包（已命名）之分。如果 Java 程序位于非默认包之中，应在其开始处使用 package 语句声明其所属包；如果 Java 程序位于默认包之中，则无需 package 声明。

如果要引用同一包中其他 Java 程序文件中的类，可直接使用它们；如果要引用其他包中某个 Java 程序中的类，必须在程序文件的开始处增加 import 语句将其导入。

（5）为了便于对程序进行更详细的分类，我们还可以在包文件夹中创建子文件夹，这便形成了包的层次。

（6）每个类中都包含成员变量和成员方法，各个类之间就是通过修改成员变量和调用成员方法进行数据交换和信息处理的。另外，每个类还可以有一个或多个构造方法，且不带参数的构造方法被称为默认构造方法。基于类创建对象时，系统会根据参数不同调用类的不同构造方法。

（7）一般来说，我们必须基于类创建对象（称为类的实例化）后，才能操作类中成员变量和调用类的成员方法。但是，如果类的成员变量和成员方法是静态的（带 static 修饰符），则可以直接通过类名来操作或调用它们。

（8）要使 Java 程序中的某个类可运行，其中必须包含 main()方法，我们把包含 main()方法的类称为可运行类，而 main()方法被作为应用程序的入口。不过，要注意，在每个 Java 程序中，只能有一个类中可以包含 main()方法。

（9）为了便于描述现实世界中的事务，我们还可以设计抽象类或接口，然后基于它们来派生子类或创建实现接口的类，并在子类或实现接口的类中来实现抽象类或接口中的抽象方法（为这些方法编写程序，以便让它们能执行具体的任务），从而实现程序的多态性。

所谓程序的多态性是指一个方法名称、多种实现方式（或多项功能），它们之间可通过参数的个数或类型不同进行区分。如此一来，系统在调用这些方法时，会通过比较参数的个数和类型，或者为方法增加不同的类名或对象名前缀，决定调用哪个方法。

（10）Java 为用户提供了大量的类库，如输入/输出类、图形界面类、数据库类、网络类等。因此，我们在讲述 Java 语言的各种功能时，实际上就是在讲述各种 Java 系统类的功能和用法。

三、本书内容安排

本书共包括了 12 个项目，其内容安排如下：

项目一 认识 Java。本项目介绍了 Java 语言的特点，Java 开发平台 JDK 和 Eclipse 的安装和使用方法，以及 Java 程序的结构。

项目二 Java 语言编程基础。本项目介绍了 Java 的数据类型、变量和常量、运算符和表达式、程序流程控制语句等编程基础知识。

项目三 Java 面向对象程序设计。本项目介绍了面向对象的程序设计概念，类的定义方法，以及对象和包的创建和使用方法等。

项目四 类的深入解析。本项目介绍了类的继承方法，类的多态性的含义及其使用方法，以及抽象类和接口的定义和使用方法，

项目五 数组和字符串。本项目介绍了数组和字符串的定义和使用方法。

项目六 异常处理。本项目介绍了异常的产生和处理方法。所谓异常是指：程序在运行时，由于数据输入错误或其他环境的改变，经常会发生的一些非正常事件。通过在程序中捕捉异常并加以处理，可增强程序的健壮性。

项目七 数据输入与输出。本项目主要介绍了输入流、输出流、字节流和字符流的概念，以及标准输入/输出和文件输入/输出方法。

项目八 Java 的多线程机制。所谓多线程是指一个程序中有多个程序段并发工作，本项目介绍了线程的生命周期，线程的创建和启动方法，线程的优先级设置与调度方法，以及线程的同步机制。

项目九 图形用户界面开发。本项目介绍了 AWT 包中各种容器组件和非容器组件的功能和特点，通过调用其各种方法创建 GUI 的方法，以及通过为组件增加事件侦听器和编写事件处理程序来响应事件的方法。

项目十 Java 网络编程入门。本项目介绍了 Java 网络编程的基础知识，使用 URL 对象访问网络资源的方法，以及使用 Socket 进行网络通信的方法。

项目十一 Java 数据库编程入门。本项目介绍了 Java 借助 JDBC 操纵数据库的原理，加载数据库驱动程序和创建数据库连接（实际上就是打开数据库）的方法，以及利用 Statement 对象和 SQL 语句访问数据库的方法。

项目十二 图书管理系统开发。本项目介绍了一个 Java 综合开发实例，其中包括程序功能说明，系统详细设计，以及全部模块的源程序。

四、本书有什么特色

概括起来，本书在编写方面主要有以下几个特点：

（1）内容精练、循序渐进。本书在内容的编排上，由浅入深、循序渐进，在理论知识的讲解上简明扼要、深入浅出。

（2）理论与实践完美结合。为了帮助读者更好地理解所学内容，我们为全书各项目编写了大量的实例，它们以【例 x】和【案例 x-x】的形式呈现。

（3）结构编排新颖。本书采用最新的项目教学法形式编写，每个项目开头都有"引子"和"学习目标"，中间为若干任务，项目最后都搭配有精心设计的"综合实例"、"项目小结"和"思考与练习"。

五、到哪里去下载资料

为了便于读者学习，我们为读者精心提供了一个资料包，其中包括了 JDK 和 Eclipse 软件，书中编写的全部程序和程序中用到的数据库，思考与练习答案，以及专为本书编写的一个精美课件。这些资料可到 http://www.bjjqe.com 网站去下载。另外，如果您在学习和教学过程中有什么疑难，也可到该网站把您的问题提出来，我们会以最快的速度给予解答。

最后，由于编写时间仓促，编者水平有限，书中疏漏与不当之处在所难免，敬请广大读者批评指正。

编 者
2010 年 7 月

目　录

项目一 认识 Java

【引　子】

　　Java 是一款非常优秀的程序设计语言，也是目前最主要的网络开发语言之一。它不仅具有面向对象、分布式和多线程等先进高级计算机语言的特点，还因为其与平台无关、安全性高等特点，逐渐成为网络时代最重要的程序设计语言。

【学习目标】

◆　简要了解 Java 语言的产生、发展与特点
◆　掌握 Java 开发工具 JDK 的下载、安装与配置方法
◆　掌握 Java 集成开发环境 Eclipse 的下载和基本使用方法
◆　初步了解 Java 程序的特点

任务一　了解 Java 的产生、发展与特点

　　在学习 Java 语言之前，让我们首先简要了解一下 Java 语言的发展简史及其特点，这将有助于我们更好地理解这门语言。

一、Java 的产生与发展

　　Java 是 Sun 公司于 20 世纪 90 年代初开发的，最初并不是为了用于 Internet，而是作为一种家用电器的编程语言，用来解决诸如电视机、电话、闹钟、烤面包机等家用电器的控制和通信问题，命名为 Oak（橡树）。由于这些智能化家用电器的市场需求当时没有预期的高，Sun 放弃了该项计划。

　　就在 Oak 几近夭折之时，Internet 异常火爆起来。Sun 看到了 Oak 在计算机网络上的广阔应用前景，他们改造了 Oak，将 Oak 技术应用于 Web 上，开发出了 HotJava 的第一个版本，并于 1995 年 5 月发表，在产业界引起了巨大的轰动，Java 的地位也随之得到肯定。

　　又经过一年的试用和改进，Java 1.0（JDK 1.0）终于在 1996 年初正式发布。由于最初的1.0 版和 1.1 版存在着不少缺点，Sun 公司在 1.2 版本上花费了很大的力气进行了全面的修正，并加入了许多新设计。正因如此，1.2 版较之过去的版本有着很大的差别。Sun 公司遂将 1.2 版本及其以后的版本命名为"Java2"。

　　由于 Java 提供了强大的图形、图像、动画、音频、多线程及网络交互能力，使它在设计交互式、多媒体网页和网络应用程序方面大显身手，成为当今推广速度最快的一门计算机程序语言。

　　随着 Java2 的诞生，Java 形成了三个技术分支，相应地也就产生了三个版本的 Java 运行平台：

（1）J2SE（Java2 Platform Standard Edition）：标准版，主要用于开发桌面应用程序、低端服务器应用程序和 Java Applet 程序。

（2）J2EE（Java2 Platform Enterprise Edition）：企业版，主要用于开发分布式网络程序，如电子商务网站和 ERP（Enterprise Resource Planning，企业资源计划）系统等。

（3）J2ME（Java2 Platform Micro Edition）：精简版，主要用于嵌入式系统开发，如移动电话、掌上电脑（PDA）以及其他无线设备。

Java 具有"一次编写，到处运行（Write Once，Run Anywhere）"的特点（即跨平台特性），用 Java 语言开发的软件编译后可以借助 JRE（Java Runtime Environment，Java 实时运行环境）直接运行于任何计算机上，因而极大地提高了软件开发的效率。

二、Java 语言的特点

Java 是一种简单、面向对象、分布式、健壮、安全、解释执行、动态、具有多线程能力的新一代语言。

1. Java 是简单的

Java 语言是一种面向对象的语言，它通过提供最基本的方法来完成指定的任务，开发者只需要知道一些概念就能够编写出一些应用程序。Java 程序相对较小，其代码能够在小机器，例如手机上运行，这应该是大家经常可以看到的。

Java 放弃了 C++ 中极少使用、难于理解和容易混淆的功能。学过 C++ 的人肯定知道，C++ 中有很多这种功能，如运算符重载、多重继承和广泛的自动强迫同型，这些都是让人很头疼的功能。值得高兴的是，Java 把它们都放弃不用了。在一些人看来，Java 的语法就是 C++ 的清错版本。

2. Java 是面向对象的

Java 语言是一种纯面向对象语言，可以说它是至今为止最优秀的面向对象语言。Java 的设计集中于对象及其接口，它提供了简单的类机制及动态接口模型。对象中封装了它的状态变量和相应的方法，实现了模块化和信息的隐藏；而类则是提供了对象的原型，并且通过继承机制，子类可以使用父类所提供的方法，以实现代码的复用。

3. Java 是分布式的

Java 语言支持 Internet 应用的开发，在基本的 Java 应用编程接口中有一个网络应用编程接口（java.net），它提供了用于网络应用编程的类库，包括 URL、URLConnection、Socket、ServerSocket 等。Java 的 RMI（远程方法激活）机制也是开发分布式应用的重要手段。

4. Java 是健壮的

Java 具有完善的强类型机制、异常处理机制、自动内存管理机制和安全检查机制，并弃用了不安全的指针，从而保证了 Java 程序的健壮性。

下面重点谈谈 Java 的自动内存管理机制。内存管理是很多应用程序成败的关键，例如，一个程序需要从网络上的其他地方读取大量数据，之后要把这些数据写入硬盘上的数据库内。一般的设计就是把数据读入内存中的某种集合内，对这些数据执行某些操作，之后把数据写入数据库。

在数据写入数据库后,在下一批处理之前,临时存储数据的集合必须清空旧数据,或者被删除后再建。这种操作可能执行很多次,在像 C 或者 C++这些不提供自动垃圾搜集的语言中,手工清空或删除集合数据结构逻辑上的一点点缺陷就可能导致大量的内存被错误地收回或丢失。而 Java 的自动内存管理很好地解决了这一点,它使得程序员不用再为内存管理写大量的代码。

5. Java 是安全性的

Java 通常被用在网络环境中,为此,Java 提供了一个安全机制以防恶意代码的攻击。除了 Java 语言具有的许多安全特性以外,Java 对通过网络下载的类具有一个安全防范机制(ClassLoader 类),如分配不同的名字空间以防替代本地的同名类、字节代码检查,并提供安全管理机制(SecurityManager 类)让 Java 应用设置安全哨兵。

6. Java 是跨平台的

Java 的设计目标之一就是要支持网络应用程序。一般而言,网络都由许多不同的平台系统构成,包括各种 CPU 与操作系统。为了让 Java 应用程序能够在网络上任何地方执行,其编译器将会生成一种具备结构中立性的目标文件格式——字节码(byte code)文件。编译后的程序码可以在提供 Java 运行系统的多种不同处理器上执行。

7. Java 是解释执行的

Java 语言是解释执行的。编译后的 Java 程序由 Java 虚拟机解释成本地机器码执行。虽然解释性语言的效率比较低,但正因为是解释执行,不同的平台解释成不同的机器码,因此,才有了 Java 的跨平台特性。

8. Java 是多线程的

Java 语言的设计目标之一就是为了满足人们对创建交互式网络程序的需要。多线程就是为实现这个目标而设计出来的,它使得用 Java 编写出来的应用程序可以同时执行多个任务。多线程机制使应用程序能够并行执行,而且同步机制保证了对共享数据的正确操作。

9. Java 是动态的

Java 语言的设计目标之一是适应于动态变化的环境。例如,Java 程序需要的类能够动态地被载入到运行环境,也可以通过网络来载入所需要的类,这非常利于软件的升级。

总之,Java 语言的优良特性使得 Java 程序具有很高的健壮性和可靠性,从而减少了应用系统的维护费用。

任务二 熟悉 Java 的开发工具与开发环境

在编写 Java 程序之前,首先要选择合适的开发工具,并配置好 Java 的运行环境。本节将介绍一种重要的 Java 开发环境 JDK(Java Development Kit,Java 开发包)。不过,在具体介绍 JDK 之前,我们先来了解与 JDK 相关的一些术语。

一、JRE、JVM 与 JDK

如前所述，Java 的最大优点是它的可移植性，即经过编译的 Java 程序可直接在不同操作系统和计算机平台中执行。那么，它是如何做到这一点的呢？这就不能不提到 JRE 了。

JRE 是 Java Runtime Envirnment 的缩写，意思为 Java 实时运行环境。我们在编写一个 Java 程序后，编译该程序时生成的是一个字节码文件，该文件必须借助 JRE 才能在各种不同操作系统和计算机平台中执行。因此，JRE 相当于 Java 应用程序和具体操作系统之间的一个虚拟层，是 Java 字节码文件的运行平台。

JVM 是 Java Virtual Machine 的缩写，意思为 Java 虚拟机。JVM 是一个虚构出来的计算机，它有自己完善的硬件架构，如处理器、堆栈、寄存器等，还具有相应的指令系统。Java 字节码文件包括的代码就是基于 JVM 的。换句话讲，JVM 的功能就是把 Java 字节码文件解释成可在特定操作系统和计算机平台中执行的机器代码。

那么，JVM 和 JRE 之间是怎样一种关系呢？JVM 隶属于 JRE，除此之外，JRE 还会包含必须的类库，它是运行 Java 程序和网页 Java Applet 的必备环境。

JDK 是 Java 程序的开发平台，它除了包括 JRE 外，还包括了用来编译 Java 程序的编译器，用来执行 Java 字节码文件的解释器，以及用来运行 Java Applet 程序的 Applet 浏览器等。

目前，很多公司和组织都开发了自己的 JDK，如 IBM 公司开发的 JDK，BEA 公司的 Jrocket，还有 GNU 组织开发的 JDK 等。但是，使用最多的还是 Sun 公司开发的 JDK。

> 虽然 Sun 公司的 JDK 使用最多，但它并不是最好的。例如，IBM JDK 中 JVM 的运行效率要比 Sun JDK 中的 JVM 高出许多，而专门运行在 x86 平台的 Jrocket 在服务端运行效率也要比 Sun JDK 好很多。

还有一点需要指出，使用 JDK 时，编译 Java 程序和执行各种命令使用的都是命令行方式。因此，它相对诸如 Eclipse 之类的可视化 Java 开发平台，在使用上不是太方便。不过，要使用 Eclipse 集成开发环境，用户必须首先安装 JDK。

案例 1-1　Sun JDK 的下载、安装和配置

【案例描述】

Sun 公司 JDK 的最新版本为 JDK 6，本案例将详细介绍 JDK 6 Update13 的下载、安装和配置过程。

【技术要点】

JDK 的下载和安装方法很简单。但是，与大部分软件有所不同，安装好 JDK 后，为了能够执行 JDK 中包含的程序，还需要设置系统的环境变量。

【操作步骤】

步骤 1▶　启动 IE 浏览器，在地址栏输入 Sun 公司官方网站的网址"http://java.sun.com/"，然后单击 ➡ 转到 按钮，打开 Sun 公司官方网站首页，如图 1-1 所示。

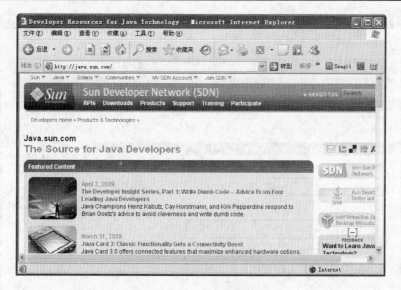

图 1-1　Sun 公司官方网站首页

步骤 2▶　找到页面右侧 Popular Downloads 栏，单击其中的"Java SE"，打开 JRE 和 JDK 下载页面，如图 1-2 所示。

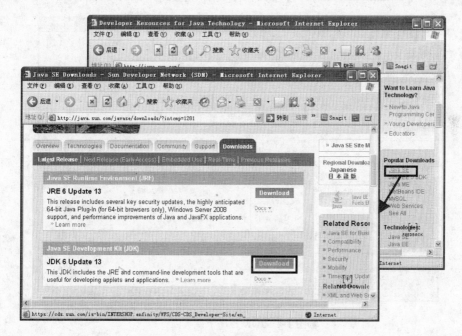

图 1-2　打开 JRE 和 JDK 下载页面

步骤 3▶　单击 JDK 6 Update13 栏右侧的 Download 按钮（参见图 1-2），打开 JDK 下载页面。打开"Platform"下拉列表，选择"Windows"，表示下载用于 Windows 平台的 JDK；选中"I agree to the……"复选框，如图 1-3 所示。

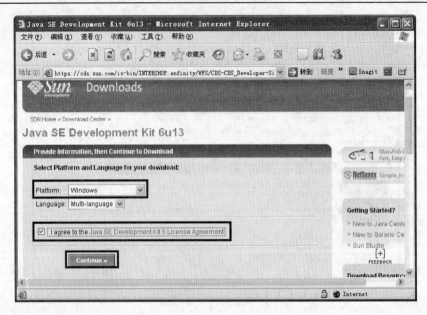

图 1-3　设置下载信息

步骤 4▶　单击 Continue » 按钮，打开 JDK 程序下载页面，如图 1-4 所示。

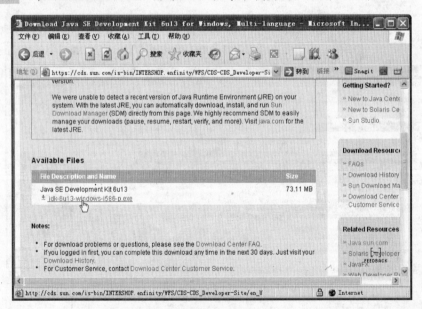

图 1-4　JDK 程序下载页面

步骤 5▶　单击 jdk-6u13-windows-i586-p.exe 超链接，系统将显示一个"文件下载 – 安全警告"对话框，在此单击 保存(S) 按钮。接下来在打开的"另存为"对话框中选择保存 JDK 程序的文件夹，然后单击 保存(S) 按钮，如图 1-5 所示。

步骤 6▶　接下来系统将显示下载进度指示对话框，如图 1-6 左图所示。下载结束后，文件将被保存在指定的文件夹中，同时会显示图 1-6 右图所示"下载完毕"对话框。

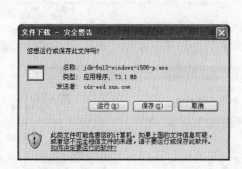

图 1-5　保存下载文件

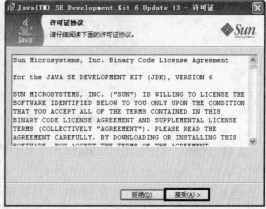

图 1-6　下载进度指示对话框

步骤 7▶　单击 打开(O) 按钮，执行 JDK 安装程序，系统首先显示图 1-7 左图所示 JDK 安装向导画面。稍等片刻，系统将显示图 1-7 右图所示许可证协议画面。

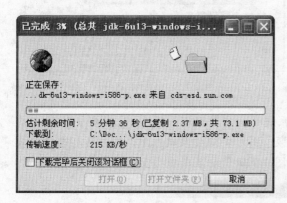

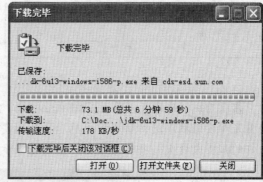

图 1-7　安装 JDK

用户也可以在"下载完毕"对话框中单击 [关闭] 按钮，然后再在需要时安装 JDK。

步骤 8▶ 单击 [接受(A) >] 按钮，系统将打开图 1-8 左图所示"自定义安装"对话框，单击每个选项左侧的 [▣ ▾] 按钮，可选择每个选项的安装方式，如图 1-8 右图所示。

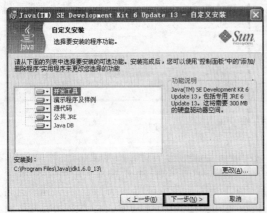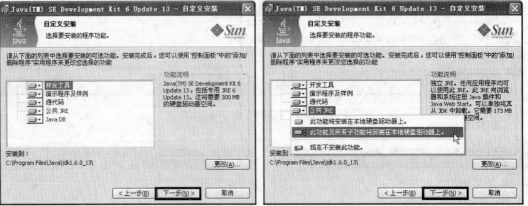

图 1-8　设置安装 JDK 选项

步骤 9▶ 此处直接单击 [下一步(N) >] 按钮，系统开始安装 JDK。不过，它在安装 JDK 之前会首先对安装程序进行解压缩，然后再开始安装。另外，在安装过程中，用户还可选择安装软件的目标文件夹。安装结束后，系统将显示图 1-9 所示安装成功指示对话框。

图 1-9　安装成功指示对话框

步骤 10▶ 单击 [完成(F)] 按钮，结束安装 JDK。默认情况下，JDK 及其所包含的 JRE 将被安装到 C:\Program Files\Java 文件夹中，如图 1-10 所示。

步骤 11▶ 为了能够执行 JDK 中的各项命令，还需要对系统的环境变量进行一些必要的配置。为此，可右击桌面上"我的电脑"图标，从弹出的快捷菜单中选择"属性"，打开"系统属性"对话框，然后单击"高级"选项卡，如图 1-11 所示。

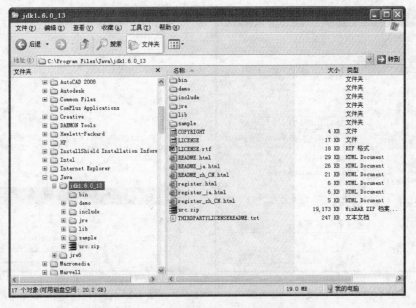

图 1-10　安装 JDK 和 JRE 的文件夹

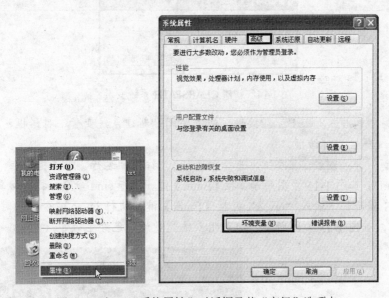

图 1-11　打开"系统属性"对话框及其"高级"选项卡

步骤 12▶ 单击 环境变量(N) 按钮，打开图 1-12 所示"环境变量"对话框。单击选中对话框下方"系统变量"设置区中的"Path"系统变量，然后单击 编辑(I) 按钮，打开"编辑系统变量"对话框。在"变量值"编辑框中单击并向左侧拖动，使光标定位在变量内容的最前面，然后输入"C:\Program Files\Java\jdk1.6.0_13\bin;"，为"Path"系统变量增加 JDK 程序所在路径，如图 1-13 所示。

步骤 13▶ 单击 确定 按钮，关闭"编辑系统变量"对话框。单击 新建(W) 按钮，打开"新建系统变量"对话框。新建系统变量"CLASSPATH"，设置其值为".;"（表示在当前目录中查找 Java 类），如图 1-14 所示。

图 1-12　"环境变量"对话框　　　　　图 1-13　编辑"Path"系统变量

图 1-14　新建 CLASSPATH 系统变量

步骤 14▶　单击三次 ▭确定 按钮，依次关闭"新建系统变量"对话框、"环境变量"对话框和"系统属性"对话框。

步骤 15▶　单击 ▭开始 按钮，选择"运行"，打开"运行"对话框。在"打开"编辑框中输入"cmd"，如图 1-15 左图所示。按【Enter】键，执行 cmd 命令，打开仿真 DOS 窗口。接下来在 DOS 提示符下输入"javac"并按【Enter】键，执行 javac 命令，此时将显示 javac 命令帮助信息，如图 1-15 右图所示。这表明系统变量设置已经生效了。

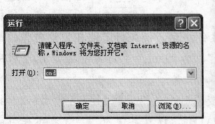

图 1-15　在仿真 DOS 窗口中执行 javac 命令

在配置 Path 变量时，所添加的路径要放在最前面，因为其他软件也可能会对 Path 变量进行配置，而这种配置可能会对 JDK 的配置产生影响，尤其是 Oracle。

【应用扩展】

JDK 包括了所有编译、运行 Java 程序所需的工具，如 Java 编译器、Java 解释器、小应用程序浏览器等。这些工具都在 JDK 安装目录下的 bin 子目录里，下面简要介绍一些基本的工具。

（1）Java 编译器 javac.exe

将以".java"为扩展名的 Java 源程序文件编译成字节码文件（扩展名为.class）。语法格式为：

javac [选项] 源程序文件名

例如：javac Hello.java

源程序文件的扩展名.java 不能省略。

（2）Java 解释器 java.exe

用于执行编译过的 Java 应用程序的字节码文件。语法格式为：

java [选项] Java 字节码文件名（字节码文件的扩展名.class 可省略）

例如：java Hello

（3）Applet 浏览器 appletviewer.exe

用于浏览含 Java Applet 程序的网页。语法格式为：

appletviewer [选项] URL

URL 表示使用 URL 描述的 HTML 文档，扩展名.html 不能省略。

例如：appletviewer HelloApplet.html

（4）Java 反编译器 javap.exe

用于显示与字节码文件对应的 Java 源程序。语法格式为：

javap [选项] 字节码文件名（扩展名.class 可省略）

（5）Java 文档生成工具 javadoc.exe

用于为 Java 源程序文件生成各种 HTML 文档。语法格式为：

javap [选项] Java 源程序文件名（扩展名.java 不可省略）

（6）Java 调试器 jdb.exe

是 Java 环境的调试工具。

二、优秀的 Java 集成开发环境 Eclipse

虽然 JDK 提供了编译、运行和调试 Java 程序的工具，但其命令行的工作方式让用户感到不方便。因此，下面介绍一款优秀的集成开发环境 Eclipse。

Eclipse 最初是 IBM 开发的一个软件产品，前期投入了 4000 万美金。2001 年 11 月，IBM 宣布将其捐给开放源码组织 Eclipse.org。目前，Eclipse 的市场占有率已经超过了 Borland 公司的 JBuilder，成为 Java 开发平台中的主流。Eclipse 的设计思想是：一切皆为插件。它自身的核心是非常小的，其他所有功能都以插件的形式附加到该核心上。

Eclipse 有三个最吸引人的地方：一是它创新性的图形 API，即 SWT/JFace；二是它的插件机制；三是利用它的插件机制开发的众多功能强大的插件。

虽然大多数用户很乐于将 Eclipse 当作 Java IDE 来使用，但 Eclipse 的目标不仅限于此。Eclipse 还包括插件开发环境（Plug-in Development Environment，PDE），这个组件主要针对希望扩展 Eclipse 的软件开发人员，因为它允许他们构建与 Eclipse 环境无缝集成的工具。由于 Eclipse 中的每样东西都是插件，对于给 Eclipse 提供插件，以及给用户提供一致和统一的集成开发环境而言，所有工具开发人员都是平等的。

此外，这种平等和一致性并不仅限于 Java 开发工具。尽管 Eclipse 是使用 Java 语言开发的，但它的用途并不限于 Java 语言；例如，支持诸如 C/C++、COBOL 和 Eiffel 等编程语言的插件已经可用，或预计会推出。Eclipse 框架还可用来作为与软件开发无关的其他应用程序类型的基础，比如内容管理系统。

基于 Eclipse 的应用程序的突出例子是 IBM 的 WebSphere Studio Workbench，它构成了 IBM Java 开发工具系列的基础。

案例 1-2　Eclipse 下载与基本使用方法

【案例描述】

本案例以 Eclipse 3.4.2 版本为例，介绍了 Eclipse 的下载和基本使用方法。

【技术要点】

Eclipse 集成开发环境是一款优秀的 Java 程序开发平台，利用它可以非常方便地编写、编译和运行 Java 程序，并能方便地进行程序纠错。

使用 Eclipse 时，必须首先在启动程序时为程序指定一个文件夹作为其工作空间。接下来还可在工作空间中创建若干项目，在每个项目中还可创建若干个包，然后将程序分类放在不同的包中。

此外，由于 Eclipse 本身是英文版软件。因此，为了使其界面变为中文版，我们还必须下载其对应版本的多国语言包，并进行安装和配置。

【操作步骤】

步骤 1▶　首先安装 JDK，唯有如此，Eclipse 方能使用，因为它使用的是插件功能。此外，如果用户还希望使用 JDK 的各种程序，此时还应按照前面介绍的内容配置 Windows 的环境变量。

步骤 2▶　打开 IE 浏览器，在"地址"栏输入http://www.eclipse.org/downloads/并按回车键，打开 Eclipse 下载页面，如图 1-16 所示。

步骤 3▶　单击"Eclipse IDE for Java EE Developers(163M)"超级链接，打开文档下载站点选择页面，单击某个站点即可开始下载文件，如图 1-17 所示。

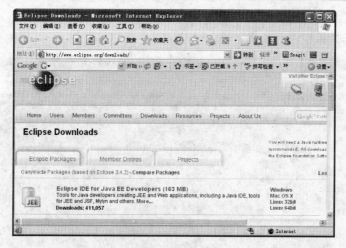

图 1-16　Eclipse 下载页面

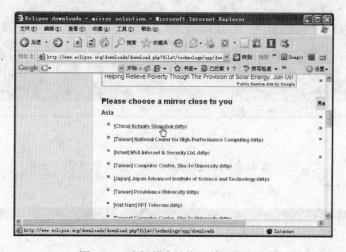

图 1-17　选择某个站点开始下载文件

步骤 4▶　双击下载的 Eclipse 程序文件包，将其解压缩到一个指定文件夹。参照上述方法从网上下载 Eclipse 对应版本的语言包，然后按说明进行安装（本书的配套资料包中已为读者配置好）。其大致安装步骤如下：

（1）将 Eclipse 软件复制到 D:\eclipse 文件夹中。

（2）在 eclipse 安装目录内新建一个 language 文件夹，即 D:\eclipse\language 文件夹。

（3）将下载的多国语言包解压缩到名为 eclipse 的文件夹中，将 eclipse 文件夹复制到步骤（2）中创建的 language 文件夹下，即多国语言包的内容位于 D:\eclipse\language\eclipse 文件夹中。

（4）在 eclipse 安装目录内新建一个 links 文件夹，即 D:\eclipse\links 文件夹。

（5）在 links 文件夹下新建一个文本文件，并命名为 language.txt，然后在文件内输入 path=D://eclipse//language（注意：路径分隔符由两个反斜扛组成）。编辑完成并保存文件后，将文件的扩展名由.txt 改为.link。

（6）重新启动 eclipse，软件界面便成功变为中文了。

步骤 5▶ 双击 eclpise 文件夹中的 eclipse.exe，即可启动 Eclipse 程序。选择希望作为工作空间的文件夹后，系统将打开图 1-18 所示画面。

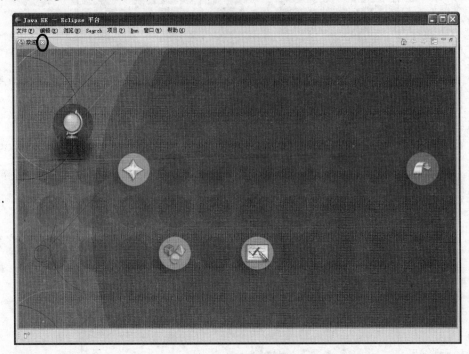

图 1-18　Eclipse 启动画面

步骤 6▶ 单击"欢迎"画面左上角的 ⊠ 按钮，关闭该画面，此时 Eclipse 的初始工作画面将如图 1-19 所示。

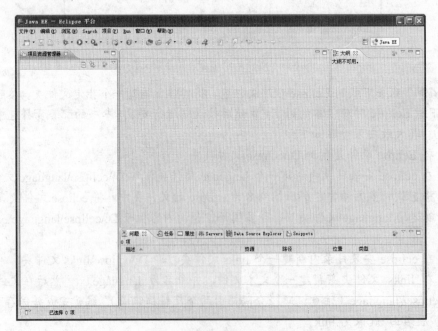

图 1-19　Eclipse 初始工作画面

步骤 7▶ 为了便于管理自己的程序，用户应首先创建一个项目（Project）。为此，可选择"文件"＞"新建"＞"项目"菜单，打开"新建项目"窗口。在窗口下方的项目列表中单击"Java"前面的"＋"号，展开该项目，单击选中"Java 项目"，如图 1-20 左图所示。

步骤 8▶ 单击 下一步(N)＞ 按钮，打开"新建 Java 项目"窗口。在"项目名"编辑框中输入项目名称，如"Java 教程"，如图 1-20 右图所示。

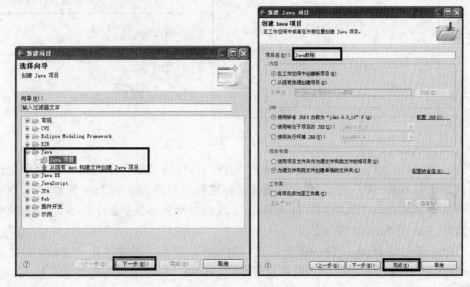

图 1-20　创建 Java 项目

步骤 9▶ 单击 完成(F) 按钮，在打开的"要打开相关联的透视图吗？"对话框中单击 是(Y) 按钮，表示在创建 Java 项目后打开 Java 相关视图，如图 1-21 所示。

创建好 Java 项目后，系统将在前面所选工作空间文件夹中，以项目名称创建一个新文件夹。在该项目文件夹中，所有源程序都将被放置在其下的 src 文件夹中，而生成的字节码文件都将被放置在其下的 bin 文件夹中（该文件夹被隐藏，无法在包资源管理器视图中看到），如图 1-22 所示。

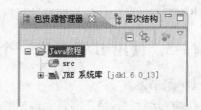

图 1-21　创建 Java 项目后打开相关视图　　　图 1-22　创建 Java 项目后的包资源管理器

步骤 10▶ 为了进一步分类管理 Java 程序，我们还可以在项目中创建多个包。为此，可选择"文件"＞"新建"＞"包"菜单，打开"新建 Java 包"窗口，然后在"名称"编辑框中输入包名，如图 1-23 左图所示。

步骤 11▶ 单击 完成(F) 按钮，创建的包将显示在画面左侧的包资源管理器中，并且位于项目的 src 文件夹下，如图 1-23 右图所示。

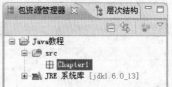

简单地说，包就是一个文件夹，其中放置了功能相同或相近的一组 Java 字节码文件（*.class）。在 Eclipse 中，为了便于管理文件，系统会将 Java 源程序和编译结果程序按相似的目录结构进行存放

图 1-23　创建包

创建包后，如果在该包中创建 Java 程序，则这些程序将被放置在 Java 工作空间文件夹 > Java 项目文件夹 > src 文件夹 > 包文件夹中（存放扩展名为.java 的 Java 源程序），而程序编译结果将被放置在 Java 工作空间文件夹 > Java 项目文件夹 > bin 文件夹 > 包文件夹中（存放扩展名为.class 的 Java 字节码文件）。

包实际上是一组.class 文件的集合。通常情况下，我们会把功能相同或相关的文件都组织在一个包中。Java 语言就提供了很多这样的包，例如，java.io 包中的类都与输入、输出有关，java.applet 包中的类都与 applet 程序有关。我们在项目三中对包进行了详细说明。

任务三　了解 Java 程序的基本结构

Java 程序可分为如下两类：

（1）Java 应用程序（Java Application）：它依赖 JRE 或 JDK 中的解释器来运行。

（2）Java Applet 程序：其调用命令嵌入在网页的 HTML 代码文件中，显示网页时由 Web 浏览器内置的 Java 解释器解释执行，并将其内容显示网页中。此外，也可以用 JDK 提供的小程序查看器 Appletviewer 浏览这类网页，并将其内容显示在一个小窗口中。

案例 1-3　使用 JDK 开发一个简单的 Java 应用程序

【案例描述】

本程序运行时，将在屏幕上输出"欢迎你学习 Java 语言！"。读者可通过此案例熟悉 Java 应用程序的编写、编译和执行的完整过程。

【技术要点】

（1）编写 Java 源程序：可以使用任何文本编辑器创建和编辑源程序文件，如记事本。保存 Java 源程序文件时，文件的扩展名为"*.java"。

（2）编译源程序文件：用 Java 编译器对 Java 源代码文件进行编译，文本被翻译为 JVM 可以理解的指令，创建字节码文件（.class）

（3）运行程序：用 Java 解释器将字节码文件翻译为计算机可以理解的指令并运行。

【操作步骤】

步骤 1▶ 使用任意纯文本编辑器输入下面的内容,将程序命名为 Welcome.java,并保存在某个文件夹(如 c:\myjava)中。

```
/*Welcome.java */
public class Welcome {                    //一个 Java Application
    public static void main(String args[ ]) {
        System.out.println(" 欢迎你学习 Java 语言!");
    }
}
```

程序解释

① 第 1 行用 "/*" 和 "*/" 括起来(可包括多行),以及第 2 行后面以双斜线 "//" 引导的内容(仅限于当前行)是 Java 语言的注释信息。在程序中使用注释,可增加程序的可读性。

② 第 2 行开始是类的定义,设计任何 Java 程序必须声明类。其中,保留字 class 用来定义一个新的类,其类名是 Welcome,它是一个公共类(public)。

Java 程序中可以定义多个类,但最多只能有一个公共类,并且程序文件名必须与该公共类的类名完全相同。整个类定义用大括号{ }括起来,其内部称为类体,类体用来定义类的成员变量和成员方法。

> 命名程序时注意区分大小写,必须与 public 类名严格一致。

③ 第 3 行定义了类的方法 main( ),其中,public 用于表示访问权限,表示所有类都可以使用这一方法;static 指明该方法是一个类方法,程序中通过类名即可直接调用它;void 表示 main( )方法不返回任何值。

String args[ ]声明了 main 方法的参数,它表示该参数的类型为字符串,主要用来接收运行 Java 程序时来自命令行的参数。

对于 Java 应用程序而言,main()方法是必需的,它被作为应用程序执行的入口,而且必须按照上述格式来定义。换句话说,如果一个 Java 程序由多个类构成,则只能有一个类有 main()方法,包含 main()方法的类称为主类或可运行类。

> 如果 Java 程序的任何类中都没有包含 main 方法,则该程序是不可运行的。这样的程序在编译后,其中的类可被其他程序引用。

④ 第 4 行是 main( )方法的具体内容,其功能是在当前行显示字符串并换行。其中,System 表示系统类,out 是 PrintStream 类的对象,println 是 out 对象的方法。

步骤 2▶ 参照前面介绍的方法打开 DOS 仿真窗口,执行 "cd \myjava" 命令,改变当前目录。

步骤 3▶ 输入 "javac Welcome.java" 并按回车键,对源程序进行编译。如果源程序有错误,则会出现错误提示;如果顺利通过编译,会在当前目录下为源程序中的每个类都产生一个字节码文件 Welcome.class。

步骤 4▶ 输入"java Welcome"（输入程序名时注意大小写）并按回车键，运行程序，结果如图 1-24 所示。其中，"java"为 Java 解释器的名字，"Welcome"为包含 main( )方法的主类的名字。

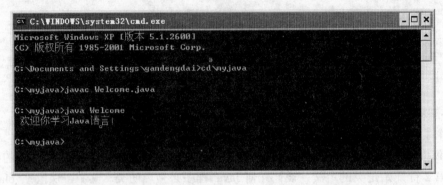

图 1-24　用 JDK 编译和运行 Welcome.java 程序的过程和结果

> 如果运行程序时需要给出参数的话，可按如下方式运行程序：
> java 程序名 参数（如果有多个参数的话，各参数之间以空格分开）

案例 1-4　使用 Eclipse 开发一个简单的 Java 程序

【案例描述】

由于 JDK 是以命令行方式来编译和运行程序的，使用起来很不方便。为此，我们下面将通过一个小例子详细介绍如何使用 Eclipse 集成开发环境编写、编译和运行 Java 程序。

【技术要点】

（1）了解在 Eclipse 中创建 Java 程序的方法。

（2）了解使用 Eclipse 对程序进行智能纠错的方法。

（3）了解在 Eclipse 中运行程序和为程序指定运行参数的方法。

【操作步骤】

步骤 1▶ 启动 Eclipse，在窗口左侧的包资源管理器中单击 Chapter1，即选中要在其中创建 Java 程序的包。

步骤 2▶ 选择"文件">"新建">"类"菜单，打开"新 Java 类"窗口。在"名称"编辑框中输入"HelloWorld"，选中 public static void main（String[] args）复选框（表示创建的类中包含 main 方法），如图 1-25 所示。

> 这里创建的所谓类文件，实质上就是 Java 的源程序，并且其中也可包含多个类。由于各种书上对 Java 文件的叫法比较混乱，这里再重申一下。

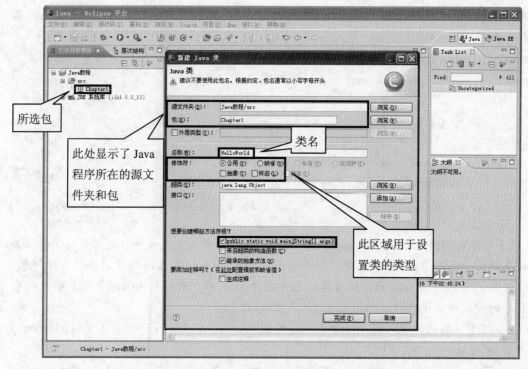

图 1-25　在选定包中创建"HelloWorld"类文件

步骤 3▶ 单击 完成(F) 按钮，回到 Eclipse 主界面，此时"HelloWorld"类文件已经创建好，并且其中给出了一些简单的代码，如图 1-26 所示。

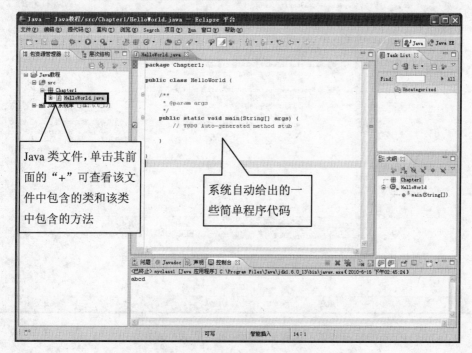

图 1-26　创建"HelloWorld"类文件后画面

步骤 4▶ 为了便于读者更好地学习后续内容，我们下面对上述程序给出一个几个简单的解析，如下所示：

```
package Chapter1;
public class HelloWorld {
    /**
     * @param args
     */
    public static void main(String[] args) {
        // TODO Auto-generated method stub

    }
}
```

（1）第 1 行为语句 package Chapter1;，它声明了程序所属包。该语句是必须的，并且必须是程序的第一条语句，否则程序将会出现错误。但是，如果创建 Java 程序时不选中任何包，则表示在默认包中创建 Java 程序。在默认包中创建 Java 程序时，则无需进行包声明，即无需在程序的开始处出现 package Chapter1;包声明语句。

（2）对于下面的语句，想必读者已不再陌生。它们分别定义了一个公共类 HelloWorld 和一个 main 方法。

步骤 5▶ 在代码编辑区的 main 方法中输入如下几条语句，结果如图 1-27 所示。

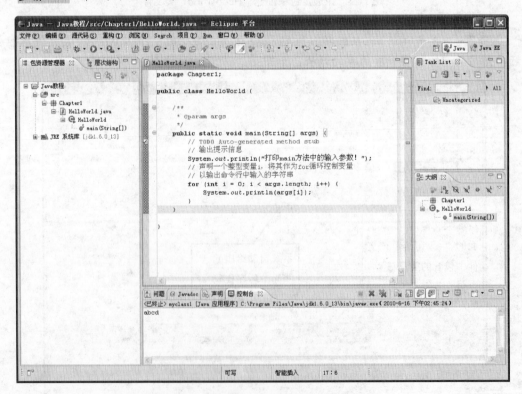

图 1-27　编辑 "HelloWorld" 类文件的内容

```
// 输出提示信息
System.out.println("打印 main 方法中的输入参数！");
// 声明一个整型变量 i，将其作为 for 循环控制变量
// 以输出命令行中输入的字符串
for (int i = 0; i < args.length; i++) {
        System.out.println(args[i]);
}
```

步骤 6▶ 单击主菜单栏下方工具栏中的"保存"按钮▣，或者直接按【Ctrl+S】组合键，保存文件。

步骤 7▶ 为了给程序指定运行参数，可选择"Run" > "运行配置"菜单，打开"运行配置"对话框。在对话框右侧区域打开"(x)=自变量"选项卡，在其中的编辑框中输入"Hello World"作为程序运行参数，如图 1-28 所示。

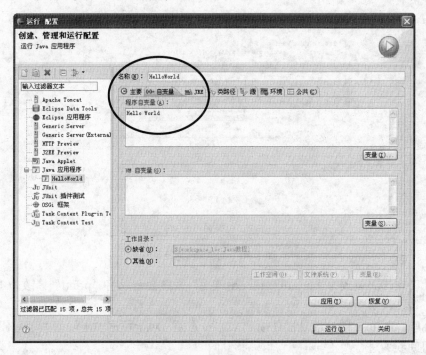

图 1-28　设置程序运行参数

步骤 8▶ 依次单击 应用(Y) 和 运行(R) 按钮，编译和运行程序，系统将在主窗口右下方的"控制台"选项卡中输出程序运行结果，如图 1-29 所示。

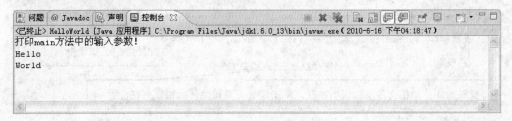

图 1-29　程序运行结果

接下来我们再来介绍一些 Eclipse 的简单使用方法和技巧。

（1）如果程序运行时无需指定参数，则无需执行"运行配置"命令。此时可直接选择"Run"＞"运行"或"Run"＞"运行方式"＞"Java 应用程序"菜单，或直接按【Ctrl+F11】组合键来编译和运行 Java 程序。

（2）如果程序中没有错误的话，选择"源代码"＞"格式"菜单或者按【Ctrl＋Shift＋F】组合键可快速格式化程序，从而增强程序的可读性。

（3）如果程序中存在拼写错误或其他问题，系统会在相应的语句下面加上红色波浪线。将光标移至这些带波浪线的语句处，系统将显示一个提示框，其中显示了语句的问题所在，并给出了修复建议。

例如，我们将上面程序中"System.out.println("打印 main 方法中的输入参数！");"语句中的"println"改为"printl"，此时"printl"将被加上红色波浪线，以提示用户程序此处有误。将光标移至该处，系统将给出一个提示框，如图 1-30 所示。

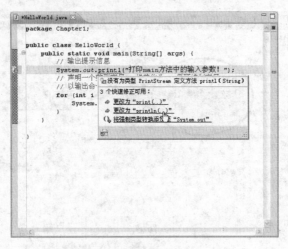

图 1-30　问题语句提示

如果此时单击"更改为"println(..)""超链接，系统会自动将"printl"修改为"println"，从而实现了智能纠错功能。

总体而言，Eclipse 的这项功能使用起来非常方便，对于程序中出现的大部分问题，系统都可有效协助我们进行改正。

（4）此外，如果在编译程序或程序运行出错时，系统将在控制台区给出相应的错误提示信息，如图 1-31 所示。

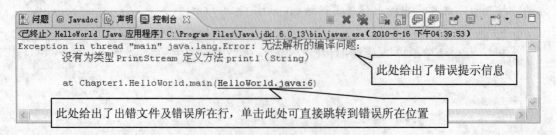

图 1-31　程序编译或运行错误提示信息

案例 1-5 开发一个简单的 Java Applet

【案例描述】

Java Applet 是用 Java 语言编写的小应用程序,它只能通过在 HTML 网页中嵌入访问 Java 字节码文件的命令，由支持 Java 的浏览器或 JDK 的小程序浏览器来解释执行。

之所以要在网页中使用 Java Applet，主要是为了增强网页的动态效果，以及使网页具有交互功能。

与 HTML 网页文件一样，Java Applet 平时也被放置在 Web 服务器中。当用户访问包含 Java Applet 的网页时，Java Applet 与 HTML 网页文件同时被下载到用户的计算机中，然后由支持 Java 的浏览器解释执行 HTML 和 Java Applet。包含 Applet 的网页被称为 Java-powered 网页，或称之为 Java 支持的网页。

在本案例中，我们设计了一个 Java Applet 和一个网页。其中，Java Applet 的功能是显示 "欢迎你学习 Java 语言！" 字样；网页中包括了调用 Java Applet 的命令，因此，显示网页时将显示 "欢迎你学习 Java 语言！" 字样。通过此案例，读者可了解开发和应用 Java Applet 的方法。

【技术要点】

（1）首先使用任意纯文本编辑器编写 Java 源程序和 HTML 文件，并分别以扩展名 ".java" 和 ".html" 保存。其中，HTML 文件中应包含调用 Java 字节码文件的指令。

（2）用 Java 编译器对 Java 源程序件进行编译，生成扩展名为 ".class" 的字节码文件。

（3）双击 HTML 文件，使用 IE 浏览器浏览网页。此外，也可以使用 JDK 提供的 Appletviewer 工具浏览网页。

【操作步骤】

步骤 1▶ 使用任意纯文本编辑器输入下面程序中的内容，将文件以 "JavaApplet.java" 为名称保存在 "c:\myjava" 文件夹中。

```
/*JavaApplet.java*/
import java.awt.Graphics;          //用 import 语句导入 java.awt.Graphics 类
import java.applet.Applet;         //用 import 语句导入 java.applet.Applet 类
/**
*    定义了公共类 JavaApplet（程序名字应与它一致）。extends 指明了该类是 Applet
*    的派生类或子类，这是 Java Applet 程序的真正入口
*/
public class JavaApplet extends Applet{
    public void paint(Graphics g){
        //调用了对象 g 的 drawString( )方法,
        //在坐标（20,20）处输出字符串 "欢迎你学习 Java 语言！"。
        //其中，坐标是以像素为单位的
          g.drawString("欢迎你学习 Java 语言！",20,20);
    }
}
```

> Java Application 程序中含有 main( )方法，是执行程序的入口，而 Applet 程序中没有 main( )方法，这是 Java Applet 与 Java Application 的主要区别之一。

步骤 2▶ 使用任意纯文本编辑器中输入下面的内容，将文件以"JavaApplet.html"为名称保存在"c:\myjava"文件夹中。

```
<html>
<head>
<title>Applet</title>
</head>
<body>
        <applet code=JavaApplet.class width=200 height=40>
        </applet>
</body>
</html>
```

程序解释

① 调用 Java Applet 的网页的 HTML 文件代码中必须带有<applet>和</applet>这样一对标记，当支持 Java 的浏览器遇到这对标记时，将会下载相应的小程序代码，并在本地计算机上执行。

② HTML 文件中关于 Applet 的信息至少包括 3 个，分别是字节码文件路径和名称，以及在网页上显示 Java Applet 的格式。

步骤 3▶ 执行 cmd 命令，切换到 DOS 窗口，将当前目录设置为"c:\myjava"。

步骤 4▶ 输入"javac JavaApplet.java"并按回车键，对源程序进行编译。

步骤 5▶ 在命令提示符下输入"appletviewer JavaApplet.html"，按回车键，系统将打开"小程序查看器"窗口，如图 1-32 所示。

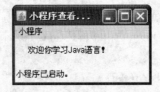

图 1-32　用 appletviewer 浏览网页

步骤 6▶ 打开"我的电脑"窗口，展开 c:\myjava 文件夹，双击 JavaApplet.html 文件，使用 IE 浏览器浏览网页，结果如图 1-33 所示。

> 如果不能正常显示网页，可参照图 1-34 所示进行操作。

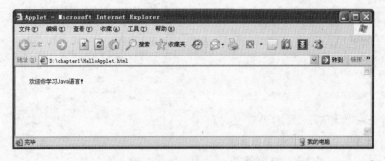

图 1-33 使用 IE 浏览器浏览网页

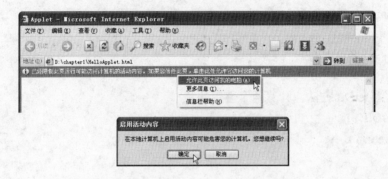

图 1-34 不能正常显示文网页时可执行的操作

综合实训 算数运算

【实训内容】

编写一个应用程序，实现对两个整数的和与差的运算，并显示输出。

【实训目的】

（1）进一步熟悉使用 Eclipse 创建、编译、运行 Java 程序的方法和步骤。

（2）进一步熟悉 Java 应用程序的基本结构和书写格式。

步骤1▶ 启动 Eclipse，在 Chapter1 包中创建类文件 Calculation.java，并为其输入如下代码。

```java
//Calculation.java
//完成两个整数相加与相减运算
package Chapter1; //声明 Java 程序所在的包
class Add {          // 定义 Add 类
    int x, y;        // 定义相加的两个整数
    // 定义构造方法，以便将输入的参数传递给类变量
    Add(int num1, int num2) {
        x = num1;
        y = num2;
    }
```

```
        // 定义 getSum 方法，计算两个整数的和
        int getSum() {
            return x + y;
        }
    }
    /* 完成两个整数相减运算的类定义 */
    class Sub { // 定义 Sub 类
        int x, y; // 定义相减的两个整数
        // 定义构造方法，以便将输入的参数传递给类变量
        Sub(int num1, int num2) {
            x = num1;
            y = num2;
        }
        // 定义 getDif 方法，计算两个整数的差
        int getDif() {
            return x - y;
        }
    }
    public class Calculation {
        public static void main(String[] args) {
            // 基于 Add 类创建 add 对象，并利用构造方法传递参数
            Add add = new Add(2, 3);
            // 输出两个数的和
            System.out.println(add.x + "+" + add.y + "=" + add.getSum());
            // 基于 Sub 类创建 sub 对象，并利用构造方法传递参数
            Sub sub = new Sub(8, 2);
            // 输出两个数的差
            System.out.println(sub.x + "-" + sub.y + "=" + sub.getDif());
        }
    }
```

步骤 2▶　单击主菜单栏下方工具栏中的 "保存" 按钮🖫，保存文件。单击工具栏中的 "Ca Calculation 运行" 按钮▶，编译并运行程序，结果如图 1-35 所示。

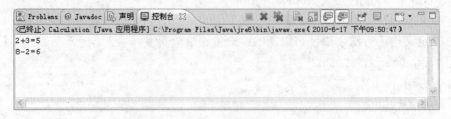

图 1-35　在 Console 视图中查看程序运行结果

一个 Java 程序文件中可以包含多个并列的类定义，但只能有一个类可以被定义为 public（公共）类，程序文件的名字必须与这一公共类的类名完全相同。

构造方法仅在基于类创建对象时执行一次，它通常用于为类变量赋值，或者对类变量进行初始化。

项目小结

本项目介绍了 Java 的产生、发展与主要特点，简单说明了 Java 开发工具 JDK 和 Eclipse 软件包的下载、安装、配置和基本使用方法，概括介绍了 Java 程序的基本结构及其编译和运行方法。

通过本项目的学习，读者应着重掌握如下两点：

➢ 基本掌握 Eclipse 的用法，例如，在 Eclipse 中创建项目、包和程序的方法，利用 Eclipse 编写、运行程序和纠正程序基本错误的方法，以及为程序设置运行参数的方法等。

➢ 初步了解 Java 程序的基本结构，例如，每个 Java 程序中可以包含多个类，但只能有一个公共类，该类的名称必须与程序名完全相同。main 方法是 Java 程序的入口，我们把包含 main 方法的类称为主类或可运行类。因此，要想使 Java 程序是可运行的，必须在某个类中包含 main 方法。

思考与练习

一、选择题

1. 下面是一组有关 Java 程序的描述，其中错误的是（　　）

   A．Java 程序的最大优点是它的跨平台特性

   B．Java 程序是依赖于 JVM 解释执行的

   C．Java 程序由一个或多个类组成，其中包含 main 方法的类为主类，它是程序的入口

   D．Java 程序也可编译成可执行程序，直接运行

2. 下面是一组关于 JDK 的描述，其中正确的是（　　）

   A．JDK 只能用于运行 Java 程序

   B．JDK 是一个 Java 程序开发平台，既可以编译 Java 程序，也可以运行 Java 程序

   C．JDK 是一个 Java 程序编辑器

   D．JDK 只能编译 Java 程序，但无法运行 Java 程序

3．下面是一组关于 Eclipse 的描述，其中错误的是（　　　）

　　A．Eclipse 是一个优秀的 Java 程序编辑器，可直接对程序进行基本检查，如发现错误，将以波浪线标识，将光标移至错误处，系统将给出错误提示，并给出纠错建议

　　B．Eclipse 是一个 Java 程序开发平台，可管理、编辑、编译、运行 Java 程序

　　C．Eclipse 实际上是一个插件，它必须依赖 JDK 才能工作

　　D．Eclipse 自身功能非常完善，无需任何环境支持

4．下面是一组关于 Java 类的描述，其中错误的是（　　　）

　　A．所有 Java 程序都是由一个或多个类组成的

　　B．Java 程序中只能有一个 Public（公共）类

　　C．Java 程序中只能有一个主类

　　D．Java 主程序不能是类，否则无法运行程序

二、简答题

1．Java 语言主要应用于哪些方面？

2．Java 程序分哪两种？它们之间的区别如何？

3．什么是 Java 虚拟机？Java 的运行机制是怎样的？

4．Java 语言有哪些主要特点？

5．简要说明用 Java JDK 开发 Java 应用程序和 Java 小程序的方法和步骤。

三、编程题

1．编写一个分行显示自己的姓名、地址和电话的 Java 应用程序，并将文件保存为 Test.java。

2．编写一个分行显示自己的姓名、地址和电话的 Java 小程序和 HTML 网页文件，并分别保存文件为 TestApplet.java 与 TestApplet.html。

项目二　Java 语言编程基础

【引　子】

俗话说"千里之行，始于足下"，在我们进入 Java 编程世界之前，首先要学习 Java 语言的基础知识，主要包括 Java 中的数据类型、运算符、表达式、控制语句以及程序注释等。虽然这些内容都比较简单，但它们却是学好 Java 语言的基础。

另外，由于我们后面主要使用 Eclipse 集成开发环境来编写和调试书中的 Java 程序实例。因此，在开始编写本项目的实例之前，请在前面创建的"Java 教程"项目中创建一个"Chapter2"包，以存放本项目将要编写的 Java 程序。与此同时，一旦在某个包中创建 Java 程序，则在程序的开始处必须有"package Chapter2;"语句（创建新程序时，系统会自动为该程序添加此语句），否则程序将无法编译和运行。

反之，如果我们不在某个包中创建 Java 程序，则系统会自动将所创建的 Java 程序放在缺省包中。自然，此时在程序的开始处也不必再编写"package 包名;"语句了。对于此问题，以后不再特别说明，请读者务必留意。

【学习目标】

◆　了解 Java 标识符与关键字
◆　了解 Java 的基本数据类型
◆　掌握变量和常量的使用方法
◆　熟悉运算符与表达式
◆　掌握程序流程控制语句的使用方法
◆　了解程序注释的用法

任务一　了解 Java 的标识符与关键字

现实生活中，所有事物都有自己的名字，从而与其他事物区别开。在程序设计中，也常常用一个记号对变量、数组、方法和类等进行标识，这个记号就称为标识符。简单地讲，标识符就是一个名字。

但是，由于 Java 语言本身使用了一些标识符（称为 Java 语言的关键字），因此，用户在命名变量、数组、方法和类时应避免使用这些标识符。否则，将导致程序无法进行编译。

下面我们就来看一个简单的 Java 程序。

```
//Example2_1.java
//输入两个数，然后求和
package Chapter2; //声明程序所在包
import java.util.Scanner;
```

```
public class Example2_1 {
    public static void main(String[] args) {
        int x, y, z;        // 声明三个变量
        System.out.println("请输入两个整数：");
        // Scanner 类表示一个文本扫描器，它可以扫描从键盘上输入的字符
        Scanner in = new Scanner(System.in);   // 根据 Scanner 类创建 in 对象
        x = in.nextInt();       // 方法 nextInt()返回键盘上输入的一个整数
        y = in.nextInt();
        z = x + y;
        System.out.println(x + "+" + y + "=" + z);
    }
}
```

在这个程序中，类名 Example2_1，变量名 x、y 和 z，对象名 in 等均属于用户定义的标识符，而 public、class、static、void、int 等均属于 Java 语言本身定义的关键字。

一、Java 标识符的命名规则

标识符的命名必需符合一定的规范，Java 的标识符命名规则如下：

（1）标识符由字母、数字、下划线、美元符号组成，没有长度限制。

（2）标识符的首字符必须是字母、下划线（_）或美元符号（$）。

（3）标识符中的字母是区分大小写的，例如，Dog 和 dog 是不同的标识符。

（4）常量通常以大写字母英文单词命名，变量通常以小写字母英文单词命名。如果一个变量名由多个单词构成，第一个单词为小写，第二个单词首字母大写，如 anInt。

（5）类标识符通常以大写英文字母开始。

（6）Java 关键字、保留字等不能作为用户自定义标识符使用。

例如：

合法标识符：_name、name、$dollar、hao123

非法标识符：@name、5Hello、H%llo、class

二、Java 关键字与保留字

关键字（keyword）是指编程语言预先定义的标识符，在程序中有其特殊的含义，用户不能将其用作自定义标识符。Java 的关键字及其中文解释如下：

abstract（抽象）	assert（断言）	boolean（布尔）
break（中断）	byte（字节）	catch（捕获）
char（字符）	class（类）	continue（继续）
default（默认）	do（做）	double（双精度）
else（否则）	enum（枚举）	extends（继承）
false（假）	final（最终）	finally（最终）
float（单精度浮点）	for（当…时候）	if（如果）

implements（实现）	import（引入）	instanceof（是…的实例）
int（整数）	interface（接口）	long（长整数）
native（本地）	new（新建）	null（空）
package（打包）	private（私有）	protected（受保护）
public（公共）	return（返回）	short（短整数）
static（静态）	strictfp（精确浮点）	super（超级的）
switch（转换）	synchronized（同步）	this（这个）
throw（抛出）	throws（抛出）	transient（暂时的）
true（真）	try（尝试）	void（空的）
volatile（易变的）	while（当…时候）	

保留字（reserved word）是指 Java 语言预留的但暂时没有使用的关键字。对于保留字，用户也不能将其作为标识符使用。Java 的保留字及其中文解释如下：

byValue（按值）	case（情形）	const（常量）
future（将来）	generic（类属）	goto（跳转到）
inner（内部）	outer（外部）	operator（运算符）
rest（余数）	var（变量）	

另外，对于一些常用的系统类名、方法名等，用户最好也不要使用，否则，也有可能导致程序出错。

案例 2-1　识别 Java 的合法标识符

选出下面合法的标识符：

（1）Hello world　（2）123abc　（3）@ok　（4）public　（5）test-1　（6）study
（7）goto　　　　（8）_time5　（9）god#god　（10）human_man

案例分析

由于（1）、（3）、（5）、（9）中分别包含了不合法的空格、"@"、"-"以及"#"符号；（2）违反了标识符不能以数字作为首字符的规则；（4）、（7）分别是 Java 的关键字和保留字，所以合法的标识符为（6）、（8）和（10）。

任务二　了解 Java 的数据类型

我们在中学学习数学时就知道，数值有整数、小数、有理数等之分。同样，在各种程序设计语言中，人们也将数据划分了多种类型，以方便数据的输入、处理和输出。

一、Java 的数据类型

Java 的数据类型分为简单数据类型和复合数据类型，如图 2-1 所示。

下面我们首先介绍一下简单数据类型的特点，复合数据类型将在后续项目中陆续介绍。

简单数据类型分为四类：整型、浮点型、字符型、布尔型，而整型和浮点型又分为若干子类型，如表 2-1 所示。

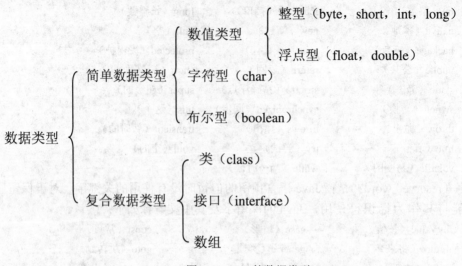

图 2-1　Java 的数据类型

表 2-1　简单数据类型

数据类型	关键字	所占位数	默认值	取值范围
布尔型	boolean	8	false	true，false
字节型	byte	8	0	$-2^7 \sim 2^7-1$（-128~127）
短整型	short	16	0	$-2^{15} \sim 2^{15}-1$（-32768~32767）
整型	int	32	0	$-2^{31} \sim 2^{31}-1$（-2 147 483 648~2 147 483 647）
长整型	long	64	0	$-2^{63} \sim 2^{63}-1$
单精度型	float	32	0.0	$3.4e^{-038} \sim 3.4e^{+038}$
双精度型	double	64	0.0	$1.7e^{-308} \sim 1.7e^{+308}$
字符型	char	16	'\u0000'	'\u0000'~'\uFFFF'

解释说明：

（1）对于不同类型的数据，其所占内存空间不同。例如，char 型数据占 2 个字节，而 int 型数据占 4 个字节。

（2）对于不同类型的数据，它们所能执行的操作不同。例如，对于整型和浮点型数据可执行加、减、乘、除四则运算，而布尔型数据就不行。

（3）byte、short、int、long 均用于表示整数，只不过它们的取值范围不同。

（4）float 和 double 均用于表示浮点型数值，其区别在于它们所能表示的数值范围和精度不同。其中，double 型比 float 型可以存储范围更大，精度更高的数值。

（5）字符型（char）用来表示 Unicode 字符集中的符号，如各种控制字符、字母、数字和汉字。Unicode 字符集采用十六进制数表示每一个字符，如'\u0061'表示小写字母 a。

（6）布尔型（boolean）只有"真"（true）和"假"（false）两个值。

二、数据类型转换

在编写程序时，由于参与运算的变量或常量的数据类型不同，或者表达式结果与目标变量的数据类型不同，我们会经常碰到数据类型的转换问题，请看下面的程序实例：

```java
// DataTypeConvert.java
package Chapter2;
public class DataTypeConvert {
    public static void main(String[] args) {
        char c1 = 'a', c2 = 'b', c3;          // 声明三个字符变量
        int x1 = 10, x2, x3;          // 声明三个整型变量
        float y1 = 20.56F, y2;          // 声明两个浮点型变量
        c3 = (char) (c1 + c2);          // 两个字符相加，表示其 ASCII 码值相加，结果为整型
                                        // 由于 c3 为字符型，故必须将整型强制转换为字符型
        x2 = x1 + c1;   // 整型加字符型（实际上是字符的 ASCII 码值），结果为整型
        x3 = (int) (x1 + y1);// 整型加浮点型，结果为浮点型。由于 x3 为整型，其级别
                             // 低于浮点型，故必须进行强制转换
        y2 = x1 * y1;          // 整型与浮点型相乘，结果为浮点型
        System.out.println("c3=" + c3 + "   x2=" + x2 + "   x3=" + x3);
        System.out.println("y2=" + y2);
    }
}
```

该程序的运行结果为：

```
c3=?   x2=107   x3=30
y2=205.59999
```

通过上面的例子，我们可以看到，数据类型既可以进行自动转换，也可以进行强制转换，那么，究竟在什么情况下使用自动转换，又在什么情况下必须使用强制转换呢？

1. 简单数据类型的优先级

在 Java 中，为了规范简单数据类型的转换，系统基于各种简单数据类型取值精度的不同，为各种简单数据类型规定了不同的优先级，具体如下：

（byte、short、char）→ int → long → float → double

2. 数据类型的自动转换与强制转换

在参与运算的数据包含多种数据类型，或者赋值语句中左侧赋值变量和右侧表达式结果类型不同时，有如下几个原则：

① 如果赋值变量的数据类型优先级高于表达式结果数据类型的优先级，则表达式结果的数据类型将被自动转换为赋值变量的数据类型。

如果参与运算的数据类型包含多种时，低级数据类型的数值将被自动转换为高级数据类型，以参与运算。例如：

```
        int x = 10;
        float y = x, z = x * y;
```

其运行结果为：

y=10.0   z=100.0

也就是说，低级数据类型向高级数据类型的转换是自动进行的，又称**自动数据类型转换**。

② 如果赋值变量的数据类型优先级低于表达式结果数据类型的优先级，或者两者同级，则表达式结果的数据类型必须强制转换为赋值变量的数据类型。例如：

```
        int x = 10, y;
        float z = 20.88F;
        y = (int) (x * z);    // 由于 x*z 的结果为浮点型，而 y 为整型，故
                              // 必须进行强制转换
```

其运行结果为：

y=208

又如

```
        short s = 97;
        byte b = (byte) s;    // 将 short 型强制转换为 byte 型
        char c = (char) s;    // 将 short 型强制转换为 char 型，c 的值为字符'a'
```

> 进行强制数据类型转换时，可能会产生数据溢出或精度损失。例如，上例中 x*z 的值应该为 208.8。转换为整型后，小数部分被舍去。

三、各种数据类型数据的表示方式

无论是为变量或常量（稍后介绍）明确指定一个值，还是在程序中为变量赋值，我们都必须了解 Java 中是如何表示各种数据类型数据的。

1. 整型数值

整型数值有三种表示形式：十进制整数、八进制整数和十六进制整数，其特点如下：

➤ 十进制表示方法：由正、负号和数字 0~9 组成，但数字部分不能以 0 开头，如下例所示：

```
        int x=10, y=-24;
```

➤ 八进制表示方法：由正、负号和数字 0~7 组成，数字部分以 0 开头，如下例所示：
```
        short x=010, y=-024;
```

➤ 十六进制表示方法：由正、负号，数字 0~9，字母 A~F 或 a~f（表示数值 10~15）组成，数字部分以 0X 或 0x 开头，如下例所示：
```
        int x=0xffff, y=-0X3D4;
```

此外，对于长整型变量来说，数值后必须添加后缀字母 L 或 l。同时，由于小写字母"l"很容易与阿拉伯数字"1"混淆，建议使用"L"，如下例所示：

```
long x1 = 100L;
```

2. 浮点型数值

浮点型数值有如下两种表示方式：

（1）小数表示法，它由整数部分和小数部分组成，例如：4.0，5.32。

（2）科学表示法，它常用来表示很大或很小的数，表示方法是在小数表示法后加"E"或"e"及指数部分。但要注意，"E"或"e"前面必须有数字，指数部分可正可负，但必须都是整数。例如：4.2E-5，3E6。

另外，对于 float 型变量来说，必须在数值后加"F"或"f"；对于 double 型变量来说，应该在数值后加"D"或"d"，也可以省略不写，如下例所示：

```
final float f1 = 0.123F, f2 = 4.2e-5F;
final double d1 = 0.123, d2 = 0.789d, d3 = 3e6D;
```

3. 字符值

字符值有普通字符表示法和转义字符表示法两种，如下例所示：

```
char c1 = 'a', c2 = '\n', c3='人';
```

由上例可以看出：

➢ 普通字符表示法是用单引号括起来的一个字符，而且区分大小写，例如：'A'和'a'是两个不同的字符，而'VC'是不合法的。

➢ 转义字符表示法的格式为"\字符"，主要用来表示一些无法显示的字符，如回车符、换行符、制表符等。常用的转义字符及其功能如表 2-2 所示。

表 2-2　常用的转义字符

字符形式	ASCII 值	功　能
' \a '	0x07	响铃
' \b '	0x08	退格
' \t '	0x09	横向制表符
' \n '	0x0a	换行
' \r '	0x0d	回车
' \\ '	0x5c	反斜杠
' \' '	0x27	单引号
' \" '	0x22	双引号

4. 字符串值

字符串值是使用双引号括起来的零个或多个字符，且字符串中可以包含转义字符，如下例所示：

```
String c1 = "I am Java!";
String c2 = "\n 换行";
String c3 = "\n" + c1 + c2;
```

另外，表示字符串开始和结束的双引号必须在源代码的同一行上。否则，如果一行写不下的话，应在两行之间使用"+"号，如下例所示。

```
final String c4 = "\nWe are ready," +
                  "come on!";
```

如上例所示，用户还可以使用连接运算符"+"把多个字符串串联在一起，从而组成一个更长的字符串。

""指的是空字符串，与" "仅含有空格的字符串不同。

5. 布尔型值

布型尔数据只有两个值：true 和 false，分别表示真和假，如下例所示：

```
boolean cond1 = true, cond2 = false;
```

另外，与 C 或 C++不同，在 Java 中不能用 1 和 0 来表示 true 和 flase。自然，布尔型变量也就不能参与各种数学运算了。

任务三　了解 Java 的变量和常量

在程序中存在大量的数据来表示程序的状态，其中有些数据的值在程序运行过程中会发生改变，而有些数据的值在程序运行过程中不能发生改变，这些数据在程序中分别被称为变量和常量。

一、声明变量的方法

变量是指在程序运行过程中可以发生变化的量，它用于在程序运行时临时存放数据。为了使用变量，需要首先声明变量，预先告诉编译器将要使用的变量名及其所表示的数据类型，以便在后面的代码中出现该变量时编译器知道该如何处理。

声明变量的语法格式如下：

```
datatype variablename1 [,variablename2[,variablename3].....];
```

解释说明：

datatype 表示 Java 中任意的数据类型；variablename1 表示任意合法的变量名。我们可以同时声明多个变量，各变量之间用逗号分隔。例如，下面分别声明了一个字符型变量和两个整型变量。

```
char a;
int i1,i2;
```

此外，我们还可以在声明变量的同时为它赋一个初值。初值既可以是一个值，也可以是一个有确定值的表达式，如下例所示：

```
boolean bl=false;      //声明一个布尔型变量 b1，其初值为 false
float pi=3.1415*3;     //声明一个 float 型变量 pi，并将表达式 3.1415*3 的值赋予它
int x1,x2=10;          //声明了两个整型变量 x1 和 x2，并为变量 x2 赋了初值
```

```
float y1,y2=x2*50        //声明了两个浮点型变量 y1 和 y2，并为变量 y2 赋了初值
```

此外，由于 Java 语言是完全面向对象的编程语言，因此，Java 变量又分为成员变量（位于类中方法体以外的变量）和方法变量（位于方法体内的变量，又称局部变量）。对于成员变量而言，我们还可以为其增加访问控制修饰符（如 public、private 等）和"static"字样，以限制访问变量的权限和变量的创建方式。如下例所示：

```java
public class VarType {
    int var1;             // 该变量只能被当前包中的所有类访问
    public int var2;      // 该变量可被当前包和其他包中的所有类访问
                          // 基于该类创建多个对象时，每个对象均可单独操作该变量
                          // 即该变量占用多个存储空间，各对象之间互不影响
    public static int var3;   //该变量可被当前包和其他包中的所有类访问
                          // 基于该类创建多个对象时，各对象之间共享该变量
                          // 即该变量只占用一个存储空间，即在一个对象中改变其值
                          // 后，其他对象都将引用该值
    public static void main(String[] args) {
        ......
    }
}
```

有关这方面的情况，我们将在后续项目中详细介绍，此处不再赘述。

二、声明常量的方法

常量是指在程序运行过程中不能改变的量，它用来记忆一个固定的数值。也就是说，常量只能被赋值一次。

一般来说，如果某个固定数据在程序中多处被引用，那么最好将它定义为常量，然后用常量替换掉各处的固定数据。如此一来，如果需要改变这个数据，只需在程序中修改常量值就可以了。否则，要在程序中改变这个固定数据，必须对程序多处逐一修改。

在 Java 中，常量用 final 来声明，而且常量名全部用大写字母，以便与变量名有所区别。定义常量的的一般格式如下：

```
final datatype CONSTANTNAME=值或表达式;
```

解释说明：

datatype 表示 Java 中的任意数据类型，CONSTANTNAME 是用户自定义的合法的常量名，如下例所示：

```java
final double PI = 3.14, RADIUS = 20;
final double CIRCUMFERENCE = 2 * PI * RADIUS;
```

常量也可以先声明，后赋值，不过，只能赋值一次。否则，系统会给出编译错误。

此外，与变量类似，常量也有成员常量和方法常量之分，其特点和用法与变量类似，此

处不再详述。

任务四　了解 Java 的运算符与表达式

运算符是指具有运算功能的符号。参与运算的数据称为操作数，运算符和操作数按照一定规则组成的式子称为表达式。

根据操作数个数不同，可以将运算符分为三种：单目运算符（又称一元运算符）、双目运算符（又称二元运算符）和三目运算符（又称三元运算符）。

根据运算符的性质或用途不同，Java 中的基本运算符分为以下几类：

（1）算术运算符：+, −, *, /, %, ++, −−

（2）关系运算符：>, <, >=, <=, ==, !=

（3）逻辑运算符：!, &&, ||

（4）位运算符：>>, <<, >>>, &, |, ^, ~

（5）赋值运算符：=, +=, −=, *=, /=, %=等

（6）条件运算符：? 和：成对使用

一、算术运算符及其表达式

算术表达式由算术运算符和操作数组成，用于完成基本的算术运算。算术表达式的操作数包括常量、变量等。根据操作数个数的不同，算术运算符可以分为双目运算符和单目运算符两种，如表 2-3 所示。

表 2-3　算术运算符

分　类	运算符	名　称	示　例	示例描述
双目运算符	+	加法	A + B	A 加 B
	−	减法	A − B	A 减 B
	*	乘法	A * B	A 乘 B
	/	除法	A / B	A 除以 B
	%	取余运算	A%B	A 除 B 取余数
单目运算符	+	正号	+A	正 A
	−	负号	−A	负 A
	++	自增	++A, A++	A 自加 1
	——	自减	—A, A--	A 自减 1

解释说明：

➤　在进行取余运算（%）或除运算（/）时，如果操作数数据类型是整数类型，则只保留值的整数部分。

➤　单目运算符中自增或自减运算符位于操作数左侧与位于操作数右侧是不同的。其二者的区别为：当自增（++）或自减（--）运算符位于操作数左侧时，则在操作数增 1 或减 1 后使用操作数；当自增（++）或自减（--）运算符位于操作数右侧时，则

先使用操作数，再使操作数增 1 或减 1。

例如：

```
int a = 1, a1 = 1;
int b= ++a * 2;   //a 先加 1 后再乘以 2，将结果赋给 b，最后 a 的值为 2，b 的值为 4
int b1= a1++*2;  //a1 先乘 2 并赋给 b1，然后 a1 自加 1，最后 a1 的值为 2，b1 的值为 2
```

二、关系运算符及其表达式

关系表达式由关系运算符和操作数组成，用来比较两个操作数的大小，比较的结果是一个布尔值（True 或 False）。操作数可以是算数表达式、布尔表达式、整数、浮点数和字符等。关系运算符如表 2-4 所示。

表 2-4 关系运算符

运算符	名 称	示 例	示例描述
==	等于	A==B	A 等于 B 吗？
!=	不等于	A!=B	A 不等于 B 吗？
>	大于	A>B	A 大于 B 吗？
<	小于	A<B	A 小于 B 吗？
>=	大于等于	A>=B	A 大于等于 B 吗？
<=	小于等于	A<=B	A 小于等于 B 吗？

（1）关系表达式的运算次序是先分别算出运算符两侧表达式的值，然后再把二者进行比较。

（2）字符型数据按其在 Unicode 标准字符集中的位置值进行比较。常见字符的位置值由小到大的顺序是：空格<'0'<....<'9'<'A'<....<'Z'<'a'<....<'z'<任何汉字。

三、逻辑运算符及其表达式

逻辑表达式由逻辑运算符和操作数组成。操作数为布尔值或布尔表达式，运算结果是布尔值。逻辑运算符如表 2-5 所示。

表 2-5 逻辑运算符

运算符	名 称	示 例	示例描述
!	逻辑非	!A	A 为 true 时结果为 false，A 为 false 时结果为 true
&&	逻辑与	A&&B	A、B 同为 true 时结果为 true，否则为 false
||	逻辑或	A||B	A、B 同为 false 时结果为 false，否则为 true
^	逻辑异或	A^B	A、B 同为 true 时或同为 false 时结果为 false，否则为 true

解释说明：

"&&"和"||"运算符又分别称"短路与"和"短路或"。如果"短路与"左边的表达

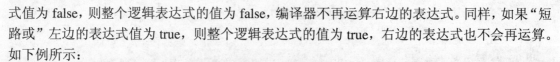

式值为 false，则整个逻辑表达式的值为 false，编译器不再运算右边的表达式。同样，如果"短路或"左边的表达式值为 true，则整个逻辑表达式的值为 true，右边的表达式也不会再运算。如下例所示：

```
boolean bl1, bl2;
int i11, i12, i13, i14;
bl1 = (i11 = 1) == 0 && (i13 = 2) == 2;
bl2 = (i12 = 1) == 1 || (i14 = 2) == 2;
```

四、赋值运算符及其表达式

赋值表达式由赋值运算符和操作数组成。赋值运算符用于将其右侧表达式的值赋给左侧变量。在 Java 中，使用"="作为赋值运算符，它不同于数学中的等号。

赋值运算符可以和许多运算符组合构成复杂的运算符，这种运算符是先进行相应的运算，然后把运算结果赋给赋值运算符左侧的变量。赋值运算符及其表达式如表 2-6 所示。

表 2-6　赋值运算符

运算符	示　例	示例表达式等价于
+=	A += B	A = A + B　（两数相加）
-=	A -= B	A = A - B　（两数相减）
*=	A *= B	A = A * B　（两数相乘）
/=	A /= B	A = A / B　（两数相除）
%=	A %= B	A = A % B　（两数求余）
&=	A &= B	A = A & B　（两数按位与）
|=	A |= B	A = A | B　（两数按位或）
^=	A ^= B	A = A ^ B　（两数按位异或）
<<=	A <<= B	A = A << B　（A 左移 B 位）
>>=	A >>= B	A = A >> B　（A 带符号右移 B 位）
>>>=	A >>>= B	A = A >>> B　（A 无符号右移 B 位）

在赋值运算符两侧操作数的数据类型不一致时，如果左侧操作数的数据类型优先级高，则右侧操作数的数据类型自动转换成与左侧操作数相同的数据类型，再赋给左侧操作数。否则，需要使用强制类型转换。

五、条件运算符及其表达式

条件运算符属于三目运算符，即包含 3 个操作对象，其语法格式如下：

expression1 ? expression2 : expression3;

解释说明：

➢　表达式 expression1 的值必须为布尔型，表达式 expression2 与表达式 expression3 的

值可以为任意类型，且类型可以不同。

➤ 条件表达式的值取决于 expression1 的判断结果。如果 expression1 的值为 true，则执行表达式 expression2，否则执行表达式 expression3。

编写程序时，对于一些简单的选择结构，使用三目运算符来实现会更简捷。例如：比较两个整数的大小，并取其中较大者：

```
int x = 20; int y = 10;
int max = x >= y ?x : y;  // 因为 x 大于 y，则取变量 x 的值赋给 max
```

六、位运算符及其表达式

Java 提供了可以直接对二进制数进行操作的位运算符，其说明如表 2-7 所示。

表 2-7 位运算符

分类	运算符	名 称	示 例	运算符说明
按位运算	~	按位取反	~A	这是一个单目运算符，用来对操作数中的位取反，即 1 变成 0，0 变成 1
	&	按位与	A&B	对操作数中对应的位进行与运算。如果相对应的位都是 1，结果位就是 1，否则就是 0
	|	按位或	A|B	对操作数中对应的位进行或运算。如果两个对应的位都是 0，结果位为 0，否则为 1
	^	按位异或	A^B	对操作数中对应的位进行异或运算。如果对应的位各不相同，例如一个位是 1，另一个位是 0，结果位为 1。如果对应的位相同，结果位为 0
移位运算	<<	左移	A<<a	将一个数的各二进制位全部左移 a 位，移出的高位被舍弃，低位补 0。例如：6 << 2 = (00000110) << 2 = (00011000) = 18
	>>	带符号右移	A>>a	将一个数的各二进制位全部右移 a 位，移出低位被舍弃，符号位不变，且逐次右移（称为符号位扩展）例如：9>>2=（[0]0001001）>>2=（[0]0000010）=2 -9>>2=（[1]1110111）>>2=（[1]1111101）=-3 其中[0]，[1]表示符号位
	>>>	无符号右移	A>>>a	与带符号右移基本相同，其区别是符号位右移，最高位补 0。例如：-9 >>> 2 = （[1]1110111）>>> 2 = （[0]0111101）= 0x3d

在计算机系统中，为了便于对数值进行处理，数值一律是用补码表示（存储）的。其中，正数的补码与原码相同，符号位为 0，例如，+9 的补码为 00001001；负数的补码为：符号位为 1，其余位为该数绝对值的原码按位取反，然后整个数加 1。

例如，对于-7 来说，其符号位为 1，由于+7 的原码为 0000111（7 位），则该数取反后为 1111000，该数再加 1，结果为 1111001，则-7 的补码为 11111001。

在不产生溢出的情况下，左移运算相当于乘运算，也就是左移 n 位相当于该操作数乘以 2 的 n 次方，而右移运算相当于除运算，即右移 n 位相当于该操作数除以 2 的 n 次方。通过位运算实现乘除要比直接执行乘除运算效率高。例如：

```
int a=2;
int b=100;
int c=a<<3;          //相当于 2*8(2 的 3 次方)，c 的值为 16
int d=b>>2;          //相当于 100/4（2 的 2 次方），d 的值为 25
```

案例 2-2 　用按位异或运算符实现数据加密/解密

【案例描述】

加密是指以某种特殊的算法改变原有的信息，使得未授权的用户即使获得了已加密的信息，但因不知解密的方法，仍然无法了解信息的内容。此外，我们将把加密数据还原的过程称为解密。

本程序利用按位异或运算符对一些字符数据进行加密和解密，让读者加深对位运算符的理解。

【技术要点】

利用"按位异或"运算符对字符数据的二进制位进行翻转，实现字符数据的加密和解密。

【操作步骤】

步骤 1▶　启动 Eclipse，在 Chapter2 包中创建类 FileEncry，并编写如下代码。

```
// FileEncry.java
package Chapter2;
import java.util.Scanner;
public class FileEncry {
    public static void main(String[] args) {
        //提示用户输入加密的内容
        System.out.println("请输入加密的内容：");
        //Scanner 类表示一个文本扫描器，它可以扫描从键盘上输入的字符
        Scanner in = new Scanner(System.in);
        //方法 nextLine()返回键盘上输入的一行字符串
        String secretStr = in.nextLine();
        //将字符串转换为字符数组，数组是具有相同数据类型的有序数据的集合
        char[] secretChars = secretStr.toCharArray();
        char secret = 'x';       //字符变量用于保存加密密钥
        //加密运算：将要加密的字符与字符 x 进行按位异或运算得到密文
        System.out.print("密文：");
        for (int i = 0; i < secretChars.length; i++) {
            //secretChars[0]、secretChars[1]……表示字符数组中的元素
            secretChars[i] = (char) (secretChars[i] ^ secret);
```

```
                System.out.print(secretChars[i]);            //显示密文
            }
            System.out.print("\n 明文：");
            //解密运算：已加密的字符再次与字符 x 按位异或可以取得原文
            for (int i = 0; i < secretChars.length; i++) {
                secretChars[i] = (char) (secretChars[i] ^ secret);
                System.out.print(secretChars[i]);            //显示明文
            }
        }
    }
```

　　进行加密/解密运算时，经过按位异或运算后的数据类型为 int 型，因此需要将其强制转换为 char 型。

步骤2▶　保存文件并运行程序，程序运行结果如图 2-2 所示。

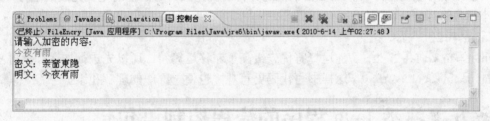

图 2-2　在"控制台"视图中查看程序运行结果

七、运算符的优先级

　　运算符的优先级决定了表达式中运算符执行的先后顺序，而通过改变运算符的结合方向和使用括号可以改变执行的顺序。例如，对于表达式 a=b+c-d，由于"+"、"-"的优先级高于"="，故先计算"="右侧表达式。此外，由于"+"、"-"的结合方向为从左向右，故先执行 b+c，再将结果减 d，最后将结果赋于 a。运算符的优先级与结合方向如表 2-8 所示。

表 2-8　运算符的优先级与结合方向

优先级	运算符	结合方向
1	()，[]（下标运算符，引用数组元素），.（分量运算符，用于引用对象属性和方法）	从左向右
2	!, +（正），-（负），~，++，--	从右向左
3	*，/，%	从左向右
4	+（加），-（减）	从左向右
5	<<，>>，>>>	从左向右

续表 2-8

优先级	运算符	结合方向
6	<, <=, >, >=, instanceof	从左向右
7	==, !=	从左向右
8	&（按位与）	从左向右
9	^（接位异或）	从左向右
10	|（按位或）	从左向右
11	&&（逻辑与）	从左向右
12	||（逻辑或）	从左向右
13	?:	从右向左
14	=, +=, -=, *=, /=, %=, &=, |=, ^=, ~=, <<=, >>=, >>>=	从右向左

解释说明：

➢ 表中运算符的优先级按照从高到低的顺序排列。

➢ 注意区分正负号和加减号，以及"按位与"、"按位或"和"逻辑与"、"逻辑或"的区别。

一般来说，编写程序时不需要去记忆运算符的优先级。对于不清楚优先级的地方，最好使用小括号进行划分，例如：

```
int m = 12;
int n = m << 1 + 2;        //加运算符优先级高于左移运算符，所以先进行加运算，再左移
int p = m << (1 + 2);      //这样书写代码更直观，也便于程序的理解和维护
```

任务五　熟悉 Java 程序的流程控制语句

就象任何有感知的生物一样，程序必须能操控自己的世界，在执行过程中作出判断与选择。在 Java 中，通过流程控制语句可实现程序执行流程的随意控制，既可以顺序执行，也可以随意跳转，还可以重复执行某一段代码。

Java 的程序流程控制分为顺序结构、选择结构、循环结构和跳转语句。

一、顺序结构

顺序结构就是按照程序代码先后顺序自上而下地执行，直到程序结束，中间没有任何判断和跳转。

二、选择结构

选择结构（又称分支结构）用于判断给定的条件，根据判断的结果来控制程序的流程。

选择语句包括 if 语句和 switch 语句，它们用来解决实际应用中按不同情况进行不同处理的问题。例如，调整职工工资时，应按不同的级别增长不同数额的工资；学生交纳学费时，应按不同的专业交纳不同数额的学费。

1．if 语句

if 语句是通过判断给定表达式的值来决定程序流程的。if 语句有多种形式，最常见的有如下三种：

第一种形式：

```
if (expression){
    statement;
}
```

第二种形式：

```
if (expression){
    statement;
}else{
    statement;
}
```

第三种形式：

```
if (expression){
    statement;
}else if(expression){
    statement;
}
……          //可以有零个或多个 else if 语句
else {          //最后的 else 语句也可以视情况省略
    statement;
}
```

解释说明：

➢ 表达式 expression 的结果只能是布尔型，即此表达式的结果只能是 true 或 false。

➢ 当表达式 expression 为 true 时执行 if 所对应的代码块，否则，如果有 else 则执行 else 对应的代码块。

➢ 第二种形式和第三种形式是相通的，如果第三种形式中 else if 代码块不出现，则变成第二种形式。

➢ else 语句必须和 if 或 else if 配对使用，else 总是与离它最近的 if 或 else if 配对，可以通过大括号来改变配对关系。

在流程控制语句中用每对大括号括起来的代码被称为代码块，一个代码块通常被当成一个整体来执行（除非运行过程中遇到 break、continue、return 等关键字，或者出现异常），这个代码块也被称为条件执行体。

案例 2-3　计算税款

【案例描述】

在我国，个人所得税是基于纳税人的情况和应征收入计算的。纳税人情况共分为三种：单身纳税人、已婚纳税人和家庭纳税人。另外，对于不同情况的纳税人，其税率是分档计算的，中国 2008 年的税率如表 2-9 所示。例如：如果是单身纳税人，可征税收入为 10000 元，则前 6000 元的税率为 10%，后 4000 元的税率为 15%，则需要缴纳的税额为 1200 元。

表 2-9　2008 年中国个人所得税率表

税率	单身纳税人	已婚纳税人	家庭纳税人
10%	低于 6000¥	低于等于 12000¥	低于等于 10000¥
15%	6001¥-27950¥	12001¥-46700¥	10001¥-37450¥
27%	27951¥-67700¥	467001¥-112850¥	37451¥-96700¥
30%	67701¥-141250¥	112851¥-171950¥	96701¥-156600¥
35%	14251¥及以上	171951¥及以上	156601¥及以上

编写一个程序，根据纳税人的情况和可征税收入，计算出 2008 年个人所得税。

【技术要点】

程序定义两个变量分别表示纳税人的情况和可征税收入，其中用 0 表示单身纳税人，1 表示已婚纳税人，2 表示家庭纳税人。

对每一种纳税人的情况，有五种税率，每种税率对应特定的可征税收入。例如：一个单身纳税人的收入是 10 0000 元，则 6000 元部分的税率为 10%，6000-27950 部分为 15%，27950-67700 部分为 27%，67700-100000 部分为 30%。

程序中利用多重选择 if 语句判断纳税人的情况，并据此计算税额。

【操作步骤】

步骤 1▶　启动 Eclipse，在 Chapter2 包中创建类 ComputeTax，并编写如下代码。

```java
// ComputeTax.java
package Chapter2;
import java.util.Scanner;
public class ComputeTax {
    public static void main(String[] args) {
        double income = 0.0;                    //定义可征税收入
        int status = 0;                         //定义纳税人的情况
        double tax = 0;                         //定义税额
        //提示用户输入纳税人的类型
        System.out.println("请输入纳税人的类型:0-单身，1-已婚，2-家庭");
        Scanner inStatus = new Scanner(System.in);
        //方法 hasNextInt()判断扫描器的输入内容是否可以解释为 int 型数据
        if (inStatus.hasNextInt()) {
```

```
            //方法 nextInt()将输入信息扫描为一个 int 型数据
            status = inStatus.nextInt();              //输入纳税人的类型
    }
    System.out.println("请输入可征税收入：");
    Scanner in = new Scanner(System.in);
    if (in.hasNextDouble()) {
        income = in.nextDouble();                //输入可征税收入
    }
    if (status == 0) {                             //计算单身纳税人的缴纳税额
        if (income <= 6000)
            tax = income * 0.10;
        else if (income <= 27950)
            tax = 6000 * 0.10 + (income - 6000) * 0.15;
        else if (income <= 67700)
            tax = 6000 * 0.10 + (27950 - 6000) * 0.15 + (income - 27950)* 0.27;
        else if (income <= 141250)
            tax = 6000 * 0.10 + (27950 - 6000) * 0.15 + (67700 - 27950) * 0.27
                    + (income - 67700) * 0.30;
        else
            tax = 6000 * 0.10 + (27950 - 6000) * 0.15 + (67700 - 27950) * 0.27
                    + (141250 - 67700) * 0.30 + (income - 141250)    * 0.35;
    } else if (status == 1) {                      //计算已婚纳税人的缴纳税额
        if (income <= 12000)
            tax = income * 0.10;
        else if (income <= 46700)
            tax = 12000 * 0.10 + (income - 12000) * 0.15;
        else if (income <= 112850)
            tax = 12000 * 0.10 + (46700 - 12000) * 0.15 + (income - 46700) * 0.27;
        else if (income <= 171950)
            tax = 12000 * 0.10 + (46700 - 12000) * 0.15 + (112850 - 46700) * 0.27
                    + (income - 112850) * 0.30;
        else
            tax = 2000 * 0.10 + (46700 - 12000) * 0.15 + (112850 - 46700) * 0.27
                    + (171950 - 112850) * 0.30 + (income - 171950) * 0.35;
    } else if (status == 2) {              //计算家庭纳税人的缴纳税额
        //……
    }
    System.out.println("纳税人需要缴纳的税额为" + tax + "￥");
}
```

```
}
```

步骤2▶ 保存文件并运行程序，程序运行结果如图 2-3 所示。

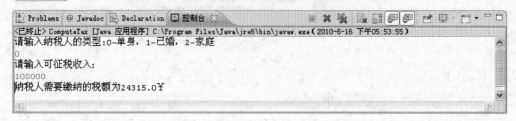

图 2-3 在"控制台"视图中查看程序运行结果

程序中只给出了计算单身纳税人与已婚纳税人税额的算法，完整的程序留作练习。

2. switch 语句

switch 语句（多分支语句）是通过数据匹配的方式实现程序的多分支控制，其语法格式如下：

```
switch (expression){
    case    value1:{
                statement1;
                break;
            }
    case    value2:{
                statement2;
                break;
            }
    .....//可以有多个 case 代码块
    case    value N:{
                statementN;
                break;
            }
    default:{
                default statement;
            }
    }
```

解释说明：

➢ 表达式 expression 的返回值类型只能是 char、byte、short 或 int 型。

➢ switch 语句先取得表达式 expression 的返回值，然后根据返回值依次与每个 case 语句所对应的 value1，value2，…，valueN 值匹配，如果匹配成功则执行对应的代码块。

➤ case 语句所对应的 value 值必须为常量，而且各 value 值应当不同。

➤ break 语句用来在执行完相应的 case 分支语句后跳出 switch 语句，否则将顺序执行后面的语句。在有些情况下，多个不同的 case 值要执行一组相同的操作，可以省略相应代码块中的 break 语句。

➤ default 是可选的，当表达式的值与任何的 value 值都不匹配时，则执行 default 代码块。如果没有 default 语句时，则程序不做任何操作，直接跳出 switch 代码块。

由于 switch 语句中各 case 标签前后代码块的开始点和结束点非常清晰，因此完全可以省略 case 代码块中的大括号。

案例 2-4　输出某年某个月的天数

【案例描述】

本程序运行时，将在屏幕上输出指定年份中指定月份的天数。读者可通过此案例进一步熟悉多分支语句 switch 的语法格式及其用法。

【技术要点】

一年有 12 个月，其中 1、3、5、7、8、10、12 月的天数为 31 天；4、6、9、11 月的天数为 30 天；闰年时，2 月份的天数为 29 天，其他年份为 28 天。

判断当前年份是否为闰年，如果为闰年，则该年份应能被 4 整除，但不能被 100 整除，或者该年份能被 400 整除。

【操作步骤】

步骤 1▶ 启动 Eclipse，在 Chapter2 包中创建类 ShowDays，并编写如下代码。

```java
// ShowDays.java
package Chapter2;
import java.util.Scanner;
public class ShowDays {
    public static void main(String[] args) {
        System.out.println("请输入年份：");
        Scanner inYear = new Scanner(System.in);
        int year = inYear.nextInt();          //输入年
        System.out.println("请输入月份：");
        Scanner inMonth = new Scanner(System.in);
        int month = inMonth.nextInt();        //输入月份
        int numDays = 0;
        switch (month) {                      //以月份作为分支条件
        case 1:
        case 3:
        case 5:
```

```
        case 7:
        case 8:
        case 10:
        case 12:
            numDays = 31;                //1、3、5、7、8、10、12 月天数为 31
            break;                       //跳出 switch 语句
        case 4:
        case 6:
        case 9:
        case 11:
            numDays = 30;                //4、6、9、11 月天数为 30
            break;
        case 2:                          //对于 2 月，根据是否为闰年判断当月天数
            if (((year % 4 == 0) && !(year % 100 == 0)) || (year % 400 == 0)) {
                numDays = 29;
            } else {
                numDays = 28;
            }
            break;
        }
        System.out.println(year + "年" + month + "月份" + " 有" + numDays + " 天");
    }
}
```

步骤 2▶   保存文件并运行程序，程序运行结果如图 2-4 所示。

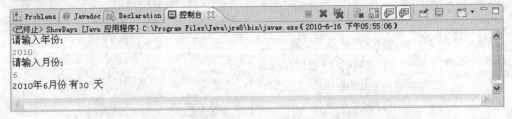

图 2-4   在"控制台"视图中查看程序运行结果

三、循环结构

利用循环结构可以重复执行某一段代码，直到不满足循环条件为止。例如，统计全体职工工资总和时，就需要重复地做加法，依次把每个人的工资累加起来。

循环结构主要有 for、while 和 do-while 三种循环语句，下面分别进行介绍。

1. for 语句

for 语句通常适用于明确知道循环次数的情况，其语法格式如下：

```
for (initialization;condition;iteration){
    statement;
}
```

解释说明：

➢ 循环的初始化（initialization）：只在循环开始前执行一次，通常在此进行迭代变量的定义，该变量将作为控制整个循环的计数器使用。

➢ 条件（condition）表达式：这是一个布尔类型表达式，如果其值为真，执行循环体内的语句（statement），如果为假则结束循环。

➢ 迭代（iteration）表达式：通常是迭代变量的自增或自减运算表达式，在循环体执行完毕时执行。

➢ 循环的执行过程：计算条件表达式的值，如果值为真，则执行循环体语句。循环体执行完毕后，执行迭代表达式。执行完迭代部分，再次判断条件表达式。如此反复执行，直到条件表达式的返回值为假。

2．while 语句

while 语句通常用于重复执行次数不确定的循环，其语法格式如下：

```
while(expression){
    statement;
}
```

解释说明：

expression 是一个布尔表达式；while 语句首先取得 expression 的返回值，当返回值为 true 时，执行循环体中的语句 statement，否则，循环结束。

3．do-while 语句

do-while 语句与 while 语句的区别在于第一次循环时，while 语句是先判断循环条件，再循环，如果条件为假，则循环体不会被执行。而 do-while 语句则是先执行循环体后判断，也就是说，do-while 循环至少会执行一次循环体。

do-while 语句的语法格式如下：

```
do{
    statement;
}while(expression);
```

案例 2-5　游戏中生命力购买问题

【案例描述】

在一场名为 Game 的游戏中，作为玩家的你手头拥有若干个金币。为增加生命力，你需要购买仙女草和银河梭两件宝物。其中仙女草每件售价 20 个金币，可增加玩家 30 个单位的生命力；银河梭每件售价 16 个金币，能够增加玩家 20 个单位的生命力。

编程求出一种最佳购买方案，使得用你的金币购买的宝物能够最大限度地增加你的生命力（不一定要用完所有金币），并输出最佳方案中每件宝物的购买数量。

【技术要点】

首先输入金币的数量，然后计算出这些金币所能购买的仙女草和银河梭的最大与最小数量；随后构造双层嵌套的循环结构，外层循环以仙女草的数目为循环变量，内层循环以银河梭的数目为循环变量；循环体中找出能够得到最大生命力的购买方案，并记录下购买方案中各变量值，最后输出结果。

【操作步骤】

步骤 1▶ 启动 Eclipse，在 Chapter2 包中创建类 Game，并编写如下代码。

```java
// Game.java
package Chapter2;
import java.util.Scanner;
public class Game {
    static final int FGVALUE = 20;              //定义仙女草的售价
    static final int GSVALUE = 16;              //定义银河梭的售价
    static final int FGLIFE = 30;               //定义仙女草增加的生命力
    static final int GSLIFE = 20;               //定义银河梭增加的生命力
    public static void main(String[] args) {
        int goldcoin = 100;                      //定义金币的数量
        int fg_num = 0, gs_num = 0;              //定义仙女草与银河梭的数量
        int max_life = 0;                        //定义最大生命力值
        System.out.println("请输入金币的数量为：");
        Scanner in = new Scanner(System.in);     // 根据 Scanner 类创建 in 对象
        goldcoin = in.nextInt();  // 方法 nextInt()返回键盘上输入的一个整数
        for (int fg_loop = 0; fg_loop <= (goldcoin / FGVALUE); fg_loop++)
            for (int gs_loop = 0; gs_loop <= (goldcoin / GSVALUE); gs_loop++)
                if (((fg_loop * FGVALUE + gs_loop * GSVALUE) <= goldcoin)
                && ((FGLIFE * fg_loop + GSLIFE * gs_loop) > max_life)) {
                    fg_num = fg_loop;            //记录仙女草的数量
                    gs_num = gs_loop;            //记录银河梭的数量
                    //记录增加的最大生命力
                    max_life = FGLIFE * fg_loop + GSLIFE * gs_loop;
                }
        System.out.println("购买的宝物最多能增加你" + max_life + "个生命力！");
        System.out.println("购买仙女草的数量为" + fg_num);
        System.out.println("购买银河梭的数量为" + gs_num);
    }
}
```

步骤 2▶ 保存文件并运行程序，程序运行结果如图 2-5 所示。

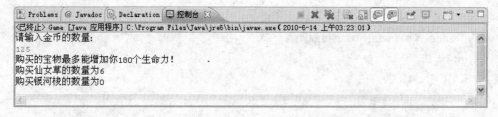

图 2-5　在"控制台"视图中查看程序运行结果

四、跳转语句

通过跳转语句可以实现程序流程的跳转。例如，当从一批数据中查找一个与给定值相等的数据时，最简单的方法是从前向后使每一个数据依次与给定值进行比较，若不相等则继续向下比较，若相等则表明查找成功，应终止比较过程，此时就需要使用跳转语句。

Java 中的跳转语句包括 break 语句、continue 语句和 return 语句，下面分别介绍。

1．break 语句

break 语句可以用在循环语句的内部，用来结束循环。下面通过示例来介绍 break 语句的使用方法。

```java
public static void main(String args[]){
    int i = 0;
    while(i < 10){              //i<10 时执行 while 循环
      i++;                      //i 自身加 1
      if(i = = 5){              //如果 i 等于 5，则退出循环
         break ;
      }
      System.out.println(i);   //输出 i 值
    }
    System.out.println("循环结束");
}
```

运行结果：

```
1
2
3
4
循环结束
```

2．continue 语句

continue 语句只能用在循环语句内部，用来跳过本次循环，继续执行下一次循环。

在 while 和 do-while 循环结构中使用 continue 语句，表示将跳转到循环条件处继续执行；而在 for 循环结构中使用 continue 语句，表示将跳转到迭代语句处继续执行。下面通过示例

来介绍 continue 语句的使用方法。

```
public static void main(String args[]){
    int i = 0;
    while(i < 4){
        i++;
        if(i = = 2){                    //当 i 等于 2 时，执行 continue 语句
            continue;                   //跳过过本次循环，直接执行下一次循环
        }
        System.out.println(i);          //当执行 continue 语句后，这行代码将执行不到
    }
    System.out.println("循环结束");
}
```

运行结果：

```
1
3
4
循环结束
```

3. return 语句

return 语句用在方法中，作用是终止当前方法的执行，返回到调用该方法的语句处，并继续执行程序。（关于方法的概念，将在后续项目中详细介绍。）

return 语句的语法格式如下：

```
return [expression];
```

解释说明：

➢ return 语句后面可以带返回值，也可以不带。

➢ 表达式 expression 可以是常量、变量、对象等。return 语句后面表达式的数据类型必须与方法声明的数据类型一致。

➢ 当程序执行 return 语句时，先计算表达式的值，然后将表达式的值返回到调用该方法的语句处。

➢ 位于 return 语句后面的代码不会被执行，所以 return 语句通常位于代码块的最后。

任务六 掌握 Java 程序的注释用法

程序注释用来对程序中的代码进行说明。注释的内容在程序运行时会被编译器忽略，因而不参与程序的运行。

Java 有三种程序注释方式，分别为单行注释、多行注释和文档注释，其特点如下：

➢ 单行注释以双斜杠 "//" 开始，终止于本行结束。单行注释多用于对一行代码的简短说明。

➢ 多行注释以 "/*" 开始，以 "*/" 结束，两者之间的所有字符都是多行注释的内容。

多行注释通常用于对文件、方法、数据结构等的说明，或者算法的描述。多行注释一般位于方法的前面，起引导作用，也可以根据需要放在其他合适的位置。

➢ 文档注释以"/**"开始，以"*/"结束，在此之间的所有字符都是文档注释的内容。文档注释主要是为了支持 JDK 工具 javadoc，通过 javadoc，文档注释将会生成 HTML 格式的代码报告，因此文档注释应当书写在类、构造方法、成员方法以及常量或变量的定义之前。

综合实训　显示素数

【实训目的】

熟悉变量与常量的定义，掌握 while 循环语句、if 语句及 break 语句的使用方法。

【实训内容】

程序在控制台中显示前 30 个素数，每行显示 10 个素数。在一个大于 1 的自然数中，如果它的正因子只有 1 和自身，那么该整数是素数。例如：2，3，5，7 是素数，而 4，6，8，9 不是素数。

程序可以分解成下列任务：

（1）对于 number=2，3，4，5，6，…，判断其是否为素数。

（2）统计素数的个数。

（3）打印每个素数，每行 10 个。

程序中需要编写循环语句反复检查新的 number 是否为素数。若是，计数器加 1。计数器初始值为 0，当它等于 30 时，循环终止。

为了检验 number 是否为素数，需要判断它是否能被 2，3，4…到 number/2 的整数整除。如果能被整除，则其不是素数。

步骤 1▶　启动 Eclipse，在 Chapter2 包中创建类 PrimeNumber，并编写如下代码。

```java
// PrimeNumber.java
package Chapter2;
public class PrimeNumber {
    public static void main(String[] args) {
        final int NUMBER_OF_PRIME = 30;              //定义显示的总数量
        final int NUMBER_OF_PRIME_PERLINE = 10;      //定义一行显示的数量
        int count = 0;                               //记录素数的计数器
        int number = 2;                              //定义数字变量
        System.out.println("前 30 个素数是：\n");
        while (count < NUMBER_OF_PRIME) {
            boolean isPrime = true;                  //定义素数的标识变量
                                                     //循环找出素数
            for (int divisor = 2; divisor <= number / 2; divisor++) {
                if (number % divisor == 0) {         //当数字不是素数时
                    isPrime = false;                 //改变素数标识的状态
```

```
            break;                              //跳出循环
        }
    }
    if (isPrime) {                              //如果是素数
        count++;                                //计数器加 1
        //如果素数的数量是 10 的倍数，则输出素数，并转换到新一行输出
        if (count % NUMBER_OF_PRIME_PERLINE == 0) {
            System.out.println(number);
        } else
            System.out.print(number + " ");
    }
    number++;
        }
    }
}
```

步骤 2▶ 保存文件并运行程序，程序运行结果如图 2-6 所示。

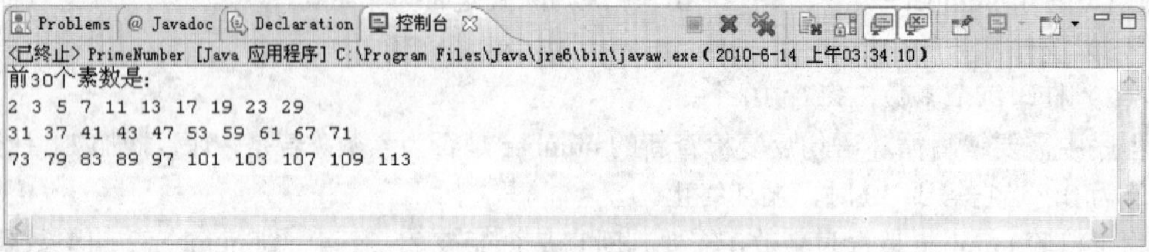

```
🔲Problems  @ Javadoc  🔲Declaration  🔲控制台 ✕         🔲 ✖ 🔧 🔳 🔳 🔳 🔳  🔳 🔲 ▾ 🔲 ▾ 🔳 ▾ 🔲
<已终止> PrimeNumber [Java 应用程序] C:\Program Files\Java\jre6\bin\javaw.exe（2010-6-14 上午03:34:10）
前30个素数是：
2  3  5  7  11  13  17  19  23  29
31  37  41  43  47  53  59  61  67  71
73  79  83  89  97  101  103  107  109  113
```

图 2-6   在"控制台"视图中查看程序运行结果

项目小结

本项目首先介绍了 Java 中标识符与关键字、数据类型、变量和常量等基础知识，之后介绍了 Java 的运算符及其表达式，最后通过多个案例重点讲述了程序流程控制方面的知识，并对 Java 的几种程序注释方法作了简要说明。

总体而言，本项目内容虽然不少，但基本上没什么难度，大家只要将一些细节问题记清楚就可以了。

思考与练习

一、选择题

1. 下面哪个是合法的标识符（　　）
   A．class　　　　B．<weight>　　　C．_name　　　D．3color
2. 下面哪个是 Java 的关键字（　　）
   A．radius　　　　B．x　　　　　　C．y　　　　　D．int

3. 若 a=13，b=5，表达式 a++%b 的值是（　　）

    A．0   B．1   C．3   D．4

4. 下列说法不正确的是（　　）

    A．一个表达式可以作为其他表达式的操作数

    B．单个常量或变量也是表达式

    C．表达式中各操作数的数据类型必须相同

    D．表达式的类型可以和操作数的类型不一样

5. 执行下列 switch 语句后 y 的值是（　　）

```
int x=3; int y=3;
switch(x+3){
  case 6:   y=1;
  default:   y+=1;
}
```

    A．1   B．2   C．3   D．4

6. 下列程序输出的结果为（　　）

```
Public class A{
    public static void main(String[] args){
        int a=3,b=4,c=5,d=6;
        if(a<b||c>d)
            System.out.println("who");
        else
            System.out.println("why");
    }
}
```

    A．why   B．who　why   C．who   D．无结果

7. 下列说法正确的是（　　）

```
int a=10;
int t=0;
do{t=a++;}while(t<=5);
```

    A．一次都不执行   B．执行一次   C．执行两次   D．无限次执行

二、简答题

1. Java 语言有哪些基本的数据类型？

2. 什么是变量？什么是常量？

3. 在什么情况下需要用到强制类型转换？

4. break 语句与 continue 语句的区别是什么？

三、上机题

1．编写一个程序，读入三角形的三条边长并确定输入的是否有效。如果任意两条边的和大于第三条边则输入有效。例如：输入的三条边分别是 1、2 和 1，输出应该是：边长为 1，2，1 的三条边不能组成三角形。

2．一个卖花女卖鲜花，晴天时每天可卖出 20 朵鲜花，雨天时每天可卖出 12 朵鲜花。有一段时间连续几天共卖出了 112 朵鲜花，平均每天卖出 14 朵。请编程推算在这几天内有几个晴天？几个雨天？

3．假如今年某大学的学费为 400 元，学费的增长率为 5%。使用循环语句编写程序，分别计算 10 年后的学费，以及从现在开始的 4 年内的总学费。

项目三 Java 面向对象程序设计

【引 子】

Java 是一种完全面向对象的编程语言，而类和对象是面向对象编程的基础。类是对具有共同状态和行为规则的多个事物的统一描述。例如，"人"是一个类，它可以表示地球上所有的人，而"张三"、"李四"等则是一个个的对象，或者说它们是"人"这个类的一个个实例。在本项目中，我们将详细介绍 Java 中类和对象的使用方法。

【学习目标】

◈ 了解面向对象编程的一些基本概念
◈ 掌握类的定义及其使用方法
◈ 掌握对象的创建及使用方法
◈ 了解包的创建及使用方法

任务一 了解面向对象程序设计的基本概念

传统的程序设计方法被称为面向过程的程序设计或结构化程序设计，我们在编写这类程序时，大量的时间花在了程序结构设计和算法设计等细节问题上。因此，使用这种方法开发的程序重用性差、难于维护。在这种情况下，面向对象的编程思想诞生了。

所谓面向对象的程序设计（Object Oriented Programming，简称 OOP），其核心自然是对象。在这种编程思想中，我们编写程序时的主要精力放在了如何利用系统提供的各种对象，以及在这些对象之间建立联系来完成编程目标上。对于对象来说，我们只关心它的功能与对外接口，至于其内部的实现原理与方法，则不再予以考虑。

这种编程思想模拟了我们平常的思维方式。当我们需要解决一个问题时，首先会将该问题层层分解，转化为一个个的小问题，然后将这些小问题落实到人（对象），并在各人之间建立合理的衔接程序与方法（对象之间的联系）。

一、对 象

现实世界中，对象（Object）就是客观存在的某一事物。一辆自行车，一台计算机，它们都可以视为对象。对象普遍具有两个特征：状态（属性）和行为。比如，小鸟有名称、体重、颜色等状态和飞行、觅食等行为；同样，自行车也有品牌、外观、重量等状态和刹车、加速、减速等行为。

在面向对象程序设计中，对象是一组数据和相关方法的集合。程序中可通过变量向其传递或获取数据，而通过调用其中的方法执行某些操作。在 Java 中，对象必须基于类来创建。

二、类

类是用来描述一组具有共同状态和行为的对象的原型，是对这组对象的概括、归纳与抽象表达。

在面向对象程序设计中，可以让具有共同特征的对象形成类，它定义了同类对象共有的变量和方法。通过类可以生成具有特定状态和行为的实例，这便是对象。

从某种程度上讲，Java 编程就是设计类，在编程中可以采用自定义方法或继承方法设计一个类。此外，还可在编程时利用类来创建对象，然后改变对象变量值和调用对象方法来实现程序的某些功能。

三、封 装

封装（Encapsulation）是将代码及其处理的数据绑定在一起的一种编程机制，该机制保证了程序和数据都不受外部干扰且不被误用。理解封装性的一个方法就是把它想成一个黑匣子，它可以阻止在外部定义的代码随意访问内部代码和数据。对黑匣子内代码和数据的访问通过一个适当定义的接口严格控制。

例如，电脑主机里有电路板、硬盘等电子部件，而从外面只能看到它的外观。人们在使用电脑时，只需了解它的外壳上的按钮都有哪些功能即可，而不需要知道主机是怎么实现这些功能的。这些按钮就是主机箱连接外界的接口。

封装的目的在于使对象的设计者和使用者分开，使用者不必知道对象行为实现的细节，只需要使用设计者提供的接口来访问对象。

封装是 OOP 设计者追求的理想境界，它可以为开发员带来两个好处：模块化和数据隐藏。模块化意味着对象代码的编写和维护可以独立进行，不会影响到其他模块，而且有很好的重用性；数据隐藏则使对象有能力保护自己，它可以自行维护自身的数据和方法。因此，封装机制提高了程序的安全性和可维护性。

四、继 承

继承是面向对象程序设计中两个类之间的一种关系，是一个类可以继承另一个类（即它的父类）的状态和行为。被继承的类称为超类或父类，继承父类的类称为子类。

例如，山地车、双人自行车都属于自行车，那么在面向对象程序设计中，山地车与双人自行车都是自行车类的子类，自行车类是山地车与双人自行车类的父类。

一个父类可以同时拥有多个子类，这时这个父类实际上是所有子类的公共变量和方法的集合，每一个子类从父类中继承了这些变量和方法。例如，山地车、双人自行车共享了自行车类的状态，如双轮、脚踏、速度等。同样，每一个子类也共享了自行车类的行为，如刹车、改变速度等。

然而，子类也可以不受父类提供的状态和行为的限制。子类除了具有从父类继承而来的变量和方法外，还可以增加自己的变量和方法。例如，双人自行车有两个座位，增加了一个变量即后座位，对父类进行了扩充。

子类也可以改变从父类继承来的方法，即可以覆盖继承的方法。例如，杂技人员使用的自行车不仅可以前进，还可以后退，这就改变了普通自行车（父类）的行为。

继承使父类的代码得到重用，在继承父类提供的共同特性的基础上增加新的代码，从而使编程不必一切从头开始，进而有效提高了编程效率。

五、多 态

多态性可以用"一个对外接口，多个内在实现方法"来表示。也就是说，我们可以在一个类中定义多个同名方法，程序在调用某个方法时，系统会自动根据参数类型和个数的不同调用不同的方法，这种机制被称为方法重载。

此外，当我们利用继承由父类创建子类时，如果父类中的某些方法不适合子类，我们无法删除它们，但可以重新定义它们，这被称为覆盖。如此一来，当我们利用子类创建对象时，如果调用对象的某个方法，系统会首先在子类中查找此方法。如果找到，则调用子类的方法；否则，将向上查找，即在父类中查找此方法。这种情况被称为父类与子类之间方法的多态性。

任务二 掌握类的使用方法

通过前面的学习，我们知道，所谓 Java 程序设计主要就是编写和使用类。下面我们结合 Java 程序的格式来详细介绍类的声明方法：

```
package 包名        // 声明程序所在包
import 包名.*       // 导入外部包，可包含多条 import 语句，以导入多个外部包中的类
import 包名.类名
// 声明和定义类
[类修饰符] class 类名[extends 父类名称][implements 接口名称列表]{
    // 声明成员变量或常量
    [访问控制修饰符][static][final]<数据类型> 变量名或常量名;
    ……           // 定义其他成员变量或常量
    // 声明和定义成员方法
     [访问控制修饰符][abstract][static][final][native][synchronized]
                    返回类型 方法名(参数列表) [throws 异常类型列表]
    {
        ……       // 方法体
    }
    ……           // 定义其他方法
}
……               // 定义其他类
```

下面我们首先从大的方面对类进行介绍，至于更细节的一些问题，将在后面进行说明。

（1）在一个 Java 文档中可以包含多个类，但最多只能有一个为公共类（即 public class，也可以没有）。如下所示：

```
public class 类名 {
```

```
      ……
   }
```

（2）如果存在 public class 的话，该类的类名必须与文档名相同。

（3）main 方法是 Java 应用程序的入口，如果文档中存在 public class 和 main 方法，则 main 方法必须位于 public class 中。

main 方法的格式如下：

```
public class 类名 {
    // 成员变量列表
    public static void main(String[] args) {
        // 局部变量声明
        // 方法体
    }
}
```

【例 1】下面定义了一个名为 Friut（水果）的类。我们可以利用其中的 setPrioperties 方法设置水果属性，而利用 printProperties 方法输出水果属性。程序中给出了详尽的注释，请大家务必仔细阅读。

```
// Fruit.java
package Chapter3; //声明程序所在包
//类声明，每个 Java 程序中只能有一个类被声明为 Public 类
//与此同时，Java 程序名必须与该类的名字相同
public class Fruit {
    private boolean seedless;      // 成员变量声明
    private boolean seasonal;
    private float price;
    // 成员方法，设置水果属性
    public void setPrioperties(boolean seed, boolean season, float cost) {
        seedless = seed;
        seasonal = season;
        price = cost;
    }
    // 成员方法，输出水果属性
    public void printProperties() {
        if (seedless) {
            System.out.println("Friut is seedless");
        } else {
            System.out.println("Friut is seedes");
        }
        if (seasonal) {
            System.out.println("Friut is seasonal");
```

```
        } else {
            System.out.println("Friut is not seasonal");
        }
        System.out.println("Price is " + price);
    }
    // 类中包含了 main 方法，说明该类为 Java 程序的主类，即可以被运行的类
    // 这是 Java Application 应用程序的入口
    public static void main(String[] args) {
        boolean myseed, myseason;    // 声明局部变量
        float mycost;
        myseed = false;              // 为局部变量赋值
        myseason = true;
        mycost = 25.86F;
        Fruit MyFruit = new Fruit();  // 基于类创建对象
        // 调用 setPrioperties 方法，为成员变量赋值
        MyFruit.setPrioperties(myseed, myseason, mycost);
        MyFruit.printProperties();    // 调用 printProperties 方法，输出水果属性
    }
}
```

程序运行结果如图 3-1 所示。

```
Problems @ Javadoc Declaration  控制台 ✕
<已终止> Fruit [Java 应用程序] C:\Program Files\Java\jre6\bin\javaw.exe ( 2010-6-16 下午06:06:51 )
Friut is seedes
Friut is seasonal
Price is 25.86
```

图 3-1　在"控制台"视图中查看程序运行结果

一、类声明

类声明定义了类的名字及其他属性。类声明的一般格式如下：

[类修饰符] class 类名[extends 父类名称][implements 接口名称列表]{

　　……

}

其中，class 关键字和类名是必需的，[]表示可选项。类名是要声明的类的名字，它必须是一个合法的 Java 标识符，习惯上首字母要大写。

1. 类修饰符

类修饰符有 public、abstract 和 final。如果没有声明这些类修饰符，Java 编译器默认该类为 friendly 类，对于这些类，只有同一包中的类可以访问。

（1）public（公共的）

带有 public 修饰符的类称为公共类，公共类可以被任何包中的类访问。不过，要在一个类中使用其他包中的类，必须在程序中增加 import 语句，如下例所示。

【例 2】本例基于例 1 中的类创建了一个对象，然后通过调用对象方法设置和输出水果属性。

```
// Fruit1.java
package 测试包; // 声明文件所属包
// 导入 Chapter3 包中的 Fruit 类库
// 如果本文件与 Fruit.java 在同一个包中，则无需导入，即无需此语句
import Chapter3.Fruit;
public class Fruit1 {
    public static void main(String[] args) {
        boolean myseed, myseason;    // 声明局部变量
        float mycost;
        myseed = true;               // 为局部变量赋值
        myseason = false;
        mycost = 15F;
        Fruit MyFruit = new Fruit();  // 基于类创建对象
        // 调用 setPrioperties 方法，为成员变量赋值
        MyFruit.setPrioperties(myseed, myseason, mycost);
        MyFruit.printProperties();    // 调用 printProperties 方法，输出水果属性
    }
}
```

（2）abstract（抽象的）

带有 abstract 修饰符的类称为抽象类，相当于类的抽象。一个抽象类可以包含抽象方法，而抽象方法是没有方法体的方法，所以抽象类不具备具体功能，只用于衍生出子类。因此，抽象类不能被实例化。

（3）final（最终的）

带有 final 修饰符的类称为最终类。不能通过扩展最终类来创建新类。也就是说，它不能被继承，或者说它不能派生子类。

2. 说明一个类的父类

extends 关键字用来告诉编译器创建的类是从父类继承来的子类，父类必须是 Java 系统的预定义类或用户已经定义好的类。一个类只能有一个父类，但一个父类可以有多个子类。例如：

```
class 类名 extends 父类名{
    …//类体
}
```

3．说明一个类所实现的接口

implements 关键字用来告诉编译器类实现的接口，一个类可以实现多个接口，多个接口之间用逗号分隔，其形式为：

implements interface1,interface2,…;

使用接口的主要目的是为了使程序的功能描述和功能的具体实现相分离，从而使程序结构更清晰。此外，由于 Java 中不支持一个类有多个直接的父类（称为多继承），而支持继承多个接口，因此，接口还用来实现多继承。

> 有关类继承、抽象类与接口的详细介绍将在项目四中进行。

4．类体

编写类的目的是为了描述一类事物共有的属性和功能。其中，类声明之后的一对大括号"{"、"}"以及它们之间的内容称为类体，大括号之间的内容称为类体的内容。

类体是类功能实现的主体，是 Java 语句的集合。类体中一般定义三类要素：成员变量和常量、构造方法和方法。其中，成员变量和常量用来刻画对象的状态，方法用来描述对象的行为，而构造方法一般用来初始化成员变量。

二、成员变量与常量

成员变量或常量声明必须放在类体中，其一般形式为：

[访问控制修饰符][static]<数据类型> 变量名;

[访问控制修饰符][static][final]<数据类型> 常量名;

由于成员常量与成员变量的特点类似，因此，下面将以成员变量为例，介绍其访问控制符和 static 修饰符，最后再来简要介绍一下成员常量的特点。

1．访问控制修饰符

使用访问控制修饰符可以限制访问成员变量或常量的权限。访问控制修饰符有 4 个等级：private、protected、public 以及默认（即不指定修饰符）。表 3-1 给出了访问控制修饰符的作用范围。

表 3-1　成员变量访问控制修饰符

类型	private	protected	public	默认
所属类	可访问	可访问	可访问	可访问
同一个包中的其他类	不可访问	可访问	可访问	可访问
同一个包中的子类	不可访问	可访问	可访问	可访问
不同包中的子类	不可访问	可访问	可访问	不可访问
不同包中的非子类	不可访问	不可访问	可访问	不可访问

其中，用 private 修饰的变量称为私有变量，用 protected 修饰的变量称为受保护变量，

用 public 修饰的变量称为公共变量，不加任何修饰符的变量称为默认变量。

【例3】输出当前日期和当前时间。

```java
// Time.java
package Chapter3;              // 声明程序所在包
import java.util.Calendar;     //导入外部包中的类
public class Time {
    private Calendar t;        // 定义私有变量
    private int y, m, d, hh, mm, ss;
    Time() {                   // 构造方法
        t = Calendar.getInstance();   // 获取当前日期和时间
        y = t.get(t.YEAR);            // 获取年
        m = t.get(t.MONTH) + 1;       // 获取月
        d = t.get(t.DATE);            // 获取日
        hh = t.get(t.HOUR_OF_DAY);    // 获取小时
        mm = t.get(t.MINUTE);         // 获取分
        ss = t.get(t.SECOND);         // 获取秒
    }
    public String getDate() {         // 返回日期的方法
        return y + "年" + m + "月" + d + "日";
    }
    public String getTime() {         // 返回时间的方法
        String s = hh + "时" + mm + "分" + ss + "秒";
        return s;
    }
    public static void main(String[] args) {
        Time time = new Time();                           // 创建对象
        System.out.println("当前日期:" + time.getDate());   // 输出当前日期
        System.out.println("当前时间:" + time.getTime());   // 输出当前时间
    }
}
```

程序的运行结果如图 3-2 所示。

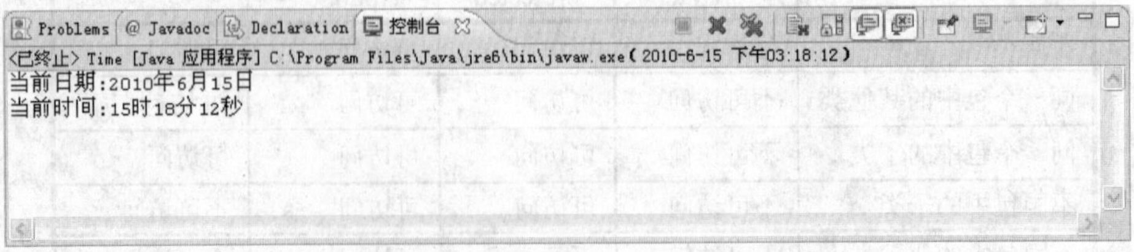

图 3-2　在"控制台"视图中查看程序运行结果

解释说明：

例 3 中定义了一个时间类 Time，它可以返回系统的当前日期和时间。

在该程序中，我们首先为 Time 类定义了一个构造方法，并用它来初始化类的私有成员变量。其中，使用日期类 Calendar 中的 getInstance()方法，可以获取系统当前日期和时间，并保存到 Calendar 对象 t 的相应成员变量中。然后通过调用对象 t 的 get()方法分别获得日期和时间，再赋值给类的成员变量。

类的方法 getDate()和 getTime()用来将获取的私有成员变量分别拼接成为日期字符串和时间字符串，并由方法返回。

在 main()方法中，我们首先创建了一个 Time 对象 time，然后调用对象的 getDate()和 getTime()方法取得日期和时间并输出。

> 声明类的成员变量时如果没有初始化，系统会自动为其进行初始化。其中，数值型变量会初始化为 0，字符类型变量会初始化'o'，复合型变量会初始化为 null。
>
> 在方法体中声明的变量称为局部变量。但是，与类的成员变量不同，系统不会对局部变量自动进行初始化。也就是说，局部变量没有默认值。

2. static 变量（类变量或静态变量）

Java 中包括两种类型的成员变量：实例成员变量和类成员变量，简称实例变量和类变量。如果用 static 关键字修饰成员变量，则该变量是一个类变量（又称静态变量）。不加 static 修饰的成员变量称为实例变量。

类变量跟实例变量的区别是，第一次调用类的时候，系统为类变量分配一次内存。不管以后类创建多少个对象，所有对象都共享该类的类变量。因此，可以通过类名或者某个对象来访问类变量。而声明实例变量之后，每次创建类的新对象的时候，系统就会为该对象创建实例变量的副本，即该对象每个实例变量都有自己的内存空间，然后可以通过对象名访问这些实例变量。

【例 4】下面的例子定义了一个同心圆类。其中，圆心坐标由于固定不变，因而被定义成了公共静态变量，而半径可变，因而被定义成了公共变量。

```
// ConcentCircle.java
package Chapter3
class ConcentCircle{
    public static int x=100,y=100;                   //定义圆心坐标变量
    public int r;                                    //定义半径变量
    public static void main(String args[]){
        ConcentCircle t1=new ConcentCircle();        //创建对象
        ConcentCircle t2=new ConcentCircle();
        t1.x+=100;                                   //设置圆心的横坐标
        t1.r=50;                                     //初始化半径变量
        t2.x+=200;
```

```
        t2.r=150;
        System.out.println("Circle1:x="+t1.x+",y="+t1.y+",r="+t1.r);
        System.out.println("Circle2:x="+t2.x+",y="+t2.y+",r="+t2.r);
    }
}
```

程序的运行结果如图 3-3 所示。

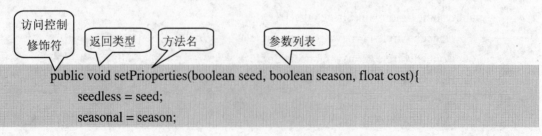

图 3-3   在"控制台"视图中查看程序运行结果

解释说明：

从例 4 中可以看出，两个对象 t1、t2 输出的圆心横坐标变量 x 值完全相同，这是因为 x 是一个类变量，类变量在内存中只存储唯一的版本，它被类的所有对象共享，包括 t1 和 t2。当在任意一个对象中改变 x 值的时候，也就改变了该类所有对象共享的 x 值。而实例变量 r 与对象实例有关，改变其中一个对象的实例变量值 r 并不会影响其他对象的实例变量值。

3. 成员常量（最终变量）

一旦成员变量被声明为 final，其数值就不能在初始化化后进行改变，这样的成员变量就是一个成员常量，又称最终变量。例如：

final double PI=3.1415;

该语句声明了一个成员常量 PI 并对它进行了初始化。如果在后面的程序中试图对它进行赋值，就会导致一个编译错误。

三、方法的声明与实现

对象的行为是由它的方法实现的，程序中可以通过调用一个对象的方法来完成某项功能，而对象的方法源自创建它的类。下面就来讨论如何为类编写方法。

1. 方法定义的一般形式

在 Java 中，方法在类体中定义。与类一样，方法的定义也包括两个部分：方法声明和方法体，如下例所示：

访问控制修饰符　　返回类型　方法名　　　　　参数列表

```
public void setProperties(boolean seed, boolean season, float cost){
        seedless = seed;
        seasonal = season;
```

```
        price = cost;
    }
```

由此看出，方法声明的一般形式为：

[访问控制修饰符][abstract][static][final][native][synchronized]
　　返回类型　方法名(参数列表) [throws　异常类型]{
　　……//方法体
　　}

下面按方法声明中各语法成分出现的顺序逐一进行讨论。

2．方法的修饰符

方法的修饰符分为访问控制修饰符和非访问控制修饰符。方法的访问控制修饰符与成员变量的访问控制修饰符的用法是一样的，在此不再详细讨论。下面讨论几种常用的非访问控制修饰符。

（1）abstract 方法（抽象方法）

带有 abstract 修饰的方法称为抽象方法，是指没有方法体的方法。不过，抽象方法只能出现在抽象类中。

（2）static 方法（类方法或静态方法）

方法与成员变量类似，也分为实例方法和类方法（又称静态方法）。带有 static 修饰符的方法称为类方法，不加 static 修饰的方法称为实例方法。

实例方法是属于某个对象的方法，即每个对象的实例方法都有自己专用的内存空间。类方法是属于整个类的，它被该类的所有对象共享。

【例 5】类方法与实例方法的使用方法。

```java
// StaticDemo.java
package Chapter3;
public class StaticDemo {
    private int x;                  // 声明实例变量
    private static int y;           // 声明类变量
    public static void setXY1(int newX, int newY) {  // 声明类方法
        x = newX;                   // 非法，类方法只能访问类变量
        y = newY;                   // 合法
    }
    public void setXY2(int newX, int newY) {          // 声明实例方法
        x = newX;                   // 合法
        y = newY;                   // 合法
    }
    public static void main(String args[]) {          // 声明类方法
        StaticDemo t1 = new StaticDemo();             // 创建对象
        StaticDemo.setXY1(10, 20);                    // 合法
        StaticDemo.setXY2(10, 30);                    // 非法，不能直接引用类的实例方法
```

```
        t1.setXY1(1, 18);                        // 合法
        t1.setXY2(9, 28);                        // 合法
    }
}
```

通过上例，我们可以得出如下结论：

➢ 类方法只能访问类变量，不能访问实例变量，而实例方法既可以访问类变量，也可以访问实例变量。

➢ 可以直接通过类名调用类方法，而不能调用实例方法，而通过对象名既可以调用类方法，也可以调用实例方法。

（3）final 方法（最终方法）

带有 final 修饰的方法称为最终方法。在面向对象程序设计中，子类可以覆盖父类的方法。但是，如果父类的某个方法被 final 修饰，则其子类就不能覆盖这个方法，只能继承这个方法。因此，这样可以防止子类对父类的关键方法进行修改，保证了程序的安全性。

> final 类中的方法以及类中的 private 方法都默认为是 final 方法。

（4）native 方法（本地方法）

用其他语言编写的方法在 Java 程序中称为本地（native）方法。由于 native 方法的方法体是使用其他语言在程序外部编写的，所以 native 方法没有方法体。

由于 Java 中提供了 Java 本地接口 JNI（Java Native Interface），使得 Java 虚拟机能够运行嵌入在 Java 程序中的其他语言的代码。这些语言包括 C/C++、FORTRAN 和汇编语言等。

在 Java 程序中使用本地方法，其目的主要有两个：充分利用已经存在的程序功能模块，避免重复工作和提高程序的执行效率；另一个目的是由于 Java 是解释型的语言，它的运行速度比较慢。对于某些实时性比较强或执行效率要求比较高的场合，Java 程序可能不能满足要求，这时就可以利用 native 方法借助于其他运行速度较高的语言。

下面程序实现了和 C 语言的接口：

```
class HelloWorld{
    public native void displayHelloWord();          //定义本地方法
    public HelloWorld(){                            //构造方法
        System.loadLibrary("hello");                //加载 hello.DLL 文件
    }
    public static void main(String args[]){
        new HelloWorld().displayHelloWord();        //调用本地方法
    }
}
```

displayHelloWord()方法被声明为本地方法，接下来的任务是用 C 语言编写程序实现这个方法，并用 C 语言编译成动态连接库文件 hello.DLL。

（5）synchronized 方法（同步方法）

同步方法用于多线程编程。多线程在运行时，可能会同时存取一个数据。为了避免数据的不一致性，可以将方法声明为同步方法，进而对数据加锁，以保证线程的安全。有关线程编程的详细内容请参考项目八。

（6）throws 异常类型列表

程序在运行时可能会发生异常现象。每一个异常都对应着一个异常类。如果希望方法忽略某种异常，可将其抛出，让它的"上级"（如调用它的对象等）来处理，从而使程序得以继续运行。有关异常处理的详细内容请参考项目六。

3. 方法的返回类型

一个方法必须声明其返回类型，方法的返回类型可以是 Java 中的任意数据类型。当一个方法不需要返回数据时，返回类型必须是 void（空）。例如：

```
public int getX();
void setXY(int x,int y);
public Object pop();
```

如果一个方法具有返回值，则在方法体中使用 return 语句把一个确定的值返回给调用该方法的语句。需要注意的是，return 语句中返回值类型必须和方法声明的返回类型一致。

4. 方法的参数传递

当编写一个方法时，一般会在方法名之后给出一个参数列表（称为方法的形参）来声明该方法所需要的参数类型和参数。参数列表由参数类型和参数名称组成，各参数之间用逗号分隔。但是，和前面介绍的声明变量的方式不同，声明方法时，每种参数类型后只能声明一个变量。例如，下面的语句就是错误的：

```
void mymethod(int i, j)        // 非法，每种数据类型后只能声明一个变量
```

它必须改为：

```
void mymethod(int i, int j)      // 合法
```

在 Java 中，可传递的参数（称为方法的实参）可以是任何数据类型，包括基本数据类型、数组或对象，它必须与方法的形参完全对应。其中，传递基本类型的参数时，编译器会将参数的值传递到方法中。在方法中修改传递过来的参数的值，并不会影响原参数的值。

【例 6】基本数据类型参数传递示例。

```
// PassValue.java
package Chapter3;
public class PassValue {
    static void doPower(int i, int j) {
        i += 5;
        j *= 3;
        System.out.println("传递之后 i 和 j 的数值分别是：" + i + "," + j);
    }
    public static void main(String[] args) {
        int a = 25, b = 5;
```

```
            System.out.println("传递之前 a 和 b 的数值分别是： " + a + "," + b);
            doPower(a, b);                          //调用方法
            System.out.println("传递之后 a 和 b 的数值分别是： " + a + "," + b);
        }
}
```

程序的运行结果如图 3-4 所示。

```
🗒 Problems  @ Javadoc  🔍 Declaration  🖳 控制台 ✕         ▦  ✖ 💥  🔃 🗐 💷 💷   📑 📑 ▾ 🗂 ▾ 📄 📄
<已终止> PassValue [Java 应用程序] C:\Program Files\Java\jre6\bin\javaw.exe（2010-6-16 上午12:34:22）
传递之前a和b的数值分别是: 25,5
传递之后i和j的数值分别是: 30,15
传递之后a和b的数值分别是: 25,5
```

图 3-4   在"控制台"视图中查看程序运行结果

解释说明：

例 6 程序的原意是对 a 和 b 进行算术运算，然后调用 doPower()方法对 a 和 b 进行算术运算，再由系统输出 a 和 b 的算术运算值。但这个程序得不到预期的结果，原因是 doPower()方法采用了传值调用。

调用 doPower()方法时，将产生两个参数 i 和 j，a 和 b 的值被传递给这两个参数。尽管在方法中进行了参数的算术运算，但从 doPower()方法返回后，参数消失，此时 a 和 b 的值仍然是初值。

传递复合数据类型参数与传递基本类型参数不同，传递的不是对象的内容，而是对象的引用地址。对参数的操作实际上是对引用地址的操作，改变引用地址的内容，即改变对象的内容会导致原参数的改变，因为原参数与传递过来的参数指向同一个地址。

【例 7】复合数据类型参数传递示例。

```java
// PassAdress.java
package Chapter3;
public class PassAdress {
    int a = 25, b = 5;
    static void doPower(PassAdress p) {
        p.a += 5;
        p.b *= 3;
    }
    public static void main(String[] args) {
        PassAdress p = new PassAdress();
        System.out.println("传递之前 a 和 b 的数值分别是： " + p.a + "," + p.b);
        doPower(p);                          //以对象为参数调用方法
        System.out.println("传递之后 a 和 b 的数值分别是： " + p.a + "," + p.b);
    }
}
```

程序的运行结果如图 3-5 所示。

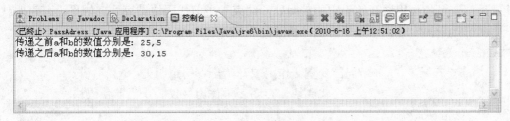

图 3-5 在"控制台"视图中查看程序运行结果

解释说明：

例 7 程序中在调用方法时传递了 PowerAdress 对象，因此，在方法中对 a 和 b 进行算术运算，会改变 a 和 b 的原来的值。

> 在 Java 中，根据是否有返回值，方法的调用分为以下几种方式。
> ① 以表达式方式被调用。例如，f3=2+add(1,5)。
> ② 以语句方式被调用。对于返回值为空（void）的方法，一般以独立语句的方式进行调用。比如例 7 中的 doPower(p);语句。
> ③ 通过对象来调用。一般通过形如"对象名.方法名()"的形式来调用，比如例 5 中的 t1.setXY1(1, 18);语句。

5. 重载方法

Java 支持重载方法，即多个方法可以共享一个名字。但是，各方法之间必须在参数个数、顺序或类型方面有所区别。唯有如此，系统在调用这些方法时才知道该调用哪个方法。如下例所示：

```java
public static String doubleIt(String data){        // 参数类型为 String
    System.out.println(data+data);
    return data+data;
}
public static int doubleIt(int data){              // 参数类型为 int
    System.out.println(2*data);
    return 2*data;
}
```

另外，从上例中可以看出，重载的方法可以具有不同的返回类型。例如，上面两个重载方法 doubleIt()一个返回 String 类型，另一个返回 int 类型。

6. 方法体中局部变量的特点

方法的主体称为方法体，它是方法的实现部分。方法体包含在一对大括号中，即使方法体没有语句，一对大括号也是必不可少的。

在方法体中声明的变量称为局部变量，它只能在方法体内使用。另外，我们也可以利用

"{……}"方式来声明代码块，从而限制局部变量的作用域（即变量可被使用的代码块范围）。因此，局部变量的作用域开始于它的声明处，结束于当前代码块结束处。如果没有声明代码块，则其开始于声明处，结束于方法体结束处。例如：

```
void func(){
    int z;              //局部变量 z 作用域开始于它的声明处
    {                   //程序代码块，声明变量作用域仅限于当前代码块
        int x=75;
    }                   //x 的作用域到此结束
    int y=23;           //局部变量 y 的作用域开始于此处
    z=x+y;              //非法，因为当前位置 x 变量已经消亡
}                       //局部变量 y 和 z 的作用域到此结束
```

方法形参实际上也是局部变量，其作用域为整个方法体。方法形参在方法被调用时创建，并以调用方法传来的实参作为其初始值。当方法终止，调用结束时，这些形参自动被释放，其生命周期也随着终止。

关于局部变量，需要注意以下两个原则。
➢ 局部变量不允许使用 Java 修饰符修饰。
➢ 局部变量和成员变量不同，它不会被自动初始化，故没有默认值。

7. 在方法体中使用 this 关键字

this 用来表示当前类，它主要有以下几种用法：
➢ 当成员变量的名字和局部变量的名字相同时，如果要在方法中访问成员变量，可以使用 this 关键字。例如：

```
class Circle{
    private int x,y;
    public void set(int x,int y){
        this.x=x;
        this.y=y;
    }
}
```

➢ 在方法体中，通过 this 关键字可访问当前类的成员变量和方法。例如：

```
class Circle {
    private int x;
    public void f(){
        this.x=10;
        this.h();
    }
```

```java
    private void h(){
    }
}
```

➤ 辅助调用类的构造方法，尤其是当构造方法有多个时。例如：

```java
class Point3D extends Point2D {
    protected int x, y, z;
    public Point3D(int x, int y) {              // 第一个构造方法
        // 调用类的另一个构造方法，调用该构造方法时，传来的实参 x 和 y 被
        // 赋予成员变量 x 和 y，而成员变量 z 被赋予了 0
        this(x, y, 0);
    }
    public Point3D(int x, int y, int z) {       // 第二个构造方法
        this.x = x;
        this.y = y;
        this.z = z;
    }
}
```

同样，当构造方法有多个时，创建对象时调用哪个构造方法，取决于用户给出的参数，例如，对上例而言，如果使用 Point3D ob2 = new Point3D(50, 60);语句创建 ob2 对象，由于此时只给出了两个参数，因此，此时系统将调用类的第一个构造方法。

四、类的构造方法

为了便于在基于类创建对象时向对象传递参数，以及对类的成员变量进行初始化。我们经常会为类编写一个或多个特殊的方法——构造方法。下面我们先来看一个例子：

【例 8】分别计算长、宽为 20、10 和 6、3 的两个长方形的面积。

```java
// ComputeRectArea.java
package Chapter3;
class RectConstructor {                 // 声明 RectConstructor 类
    private double length;               // 声明成员变量
    private double width;
    double area() {                      // 定义实例方法
        return length * width;
    }
    RectConstructor(double width, double length) {   // 带参数的构造方法
        this.length = length;// 为成员变量赋值
        this.width = width;
```

```
    }
}
public class ComputeRectArea {     // 声明 ComputeRectArea 类
    public static void main(String args[]) {
        // 基于创建 RectConstructor 类分别创建对象 rect1 和 rect2，并为对象赋初值
        RectConstructor rect1 = new RectConstructor(10, 20);
        RectConstructor rect2 = new RectConstructor(3, 6);
        double ar;                // 声明局部变量
        ar = rect1.area();        // 调用对象方法
        System.out.println("第一个长方形的面积是" + ar);
        ar = rect2.area();        //调用对象方法
        System.out.println("第二个长方形的面积是" + ar);
    }
}
```

运行程序，其结果如图 3-6 所示。

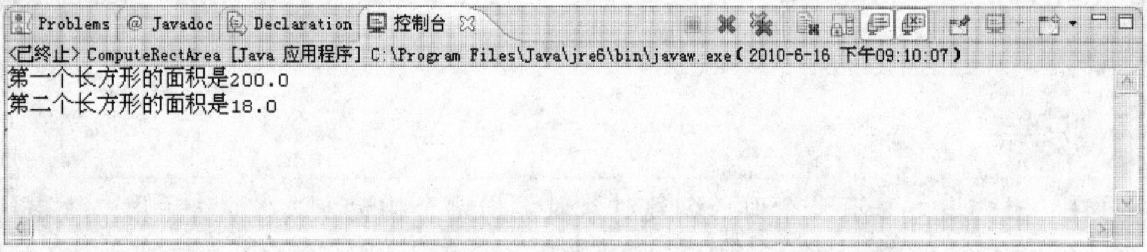

图 3-6   在"控制台"视图中查看程序运行结果

概括起来，类的构造方法主要有如下几个特点：

（1）每个类都有一个默认的构造方法，它既无参数又无返回值，其作用是使用 new 操作符创建新对象后初始化新建对象。但是，我们在程序中看不到默认的构造方法。

（2）一旦为类编写了构造方法，默认的构造方法将被覆盖，如下例所示：

```
class ConstructorTest{                              // 声明类
    int x;                                          // 声明成员变量
    public ConstructorTest(int y){                  // 定义构造方法
        x=y;
    }
    public static void main(String args[]){
        ConstructorTest t=new ConstructorTest();    //非法，默认的构造方法已不存在
        System.out.println(t.x);
    }
}
```

排除这个错误的方法是增加一个无参数的构造方法：

```
public ConstructorTest(){ }
```

或者在创建对象时使用带参数的构造方法，例如：

```
ConstructorTest t=new ConstructorTest(66);
```

（3）构造方法仅在使用 new 操作符创建新对象时执行一次，而且一般不能用"对象名.方法名"形式来显式调用。

（4）我们为类编写构造方法的目的通常是为了向对象传递参数，以及对类的成员变量进行初始化，通过前面的例子可以看到这一点。

> 基于程序安全性的考虑，类中的很多成员变量都被声明为 private 类型。对于这类变量，其他类都不能访问。因此，我们经常需要编写构造方法或其他存取 private 变量的类似方法，以便通过它们为 private 型变量赋值或获取其内容。

（5）构造方法同样支持方法重载，此时可通过为构造方法设置不同类型的参数，或不同个数、不同顺序的参数，将它们进行区分。使用 new 操作符创建对象时，可通过为对象设置不同的参数个数、类型或顺序来调用不同的构造方法，如下例所示：

【例 9】利用构造方法重载分别计算长方形和圆的面积。

```java
// ComputeRectCircleArea.java
package Chapter3;
class RectCircleConstructor {          // 声明 RectConstructor 类
    final double PI = 3.14;            // 声明常量
    double length;                     // 声明成员变量
    double width;
    double radius;
    double rectarea() {               // 定义实例方法，计算长方形的面积
        return length * width;
    }
    double circlearea() {             // 定义实例方法，计算圆的面积
        return PI * radius * radius;
    }
    // 第一个带参数的构造方法，传递长方形的长与宽
    RectCircleConstructor(double width, double length) {
        this.length = length;         // 为成员变量赋值
        this.width = width;
    }
    // 第二个带参数的构造方法，传递圆的半径
    RectCircleConstructor(double radius) {
        this.radius = radius;         // 为成员变量赋值
    }
}
```

```
public class ComputeRectCircleArea {          // 声明 ComputeRectArea 类
    public static void main(String args[]) {
            // 基于 RectCircleConstructor 类创建对象 rect
            // 并调用第一个构造方法为对象成员变量赋初值
            RectCircleConstructor rect = new RectCircleConstructor(10, 20);
            // 基于 RectCircleConstructor 类创建对象 circle
            // 并调用第二个构造方法为对象成员变量赋初值
            RectCircleConstructor circle = new RectCircleConstructor(6);
            // 调用对象的不同方法分别计算长方形和圆的面积并输出
            System.out.println("长方形的面积是" + rect.rectarea());
            System.out.println("圆的面积是" + circle.circlearea());
    }
}
```

该程序的运行结果如图 3-7 所示。

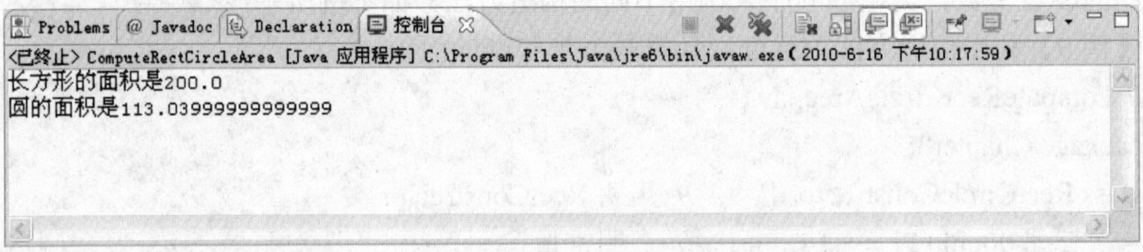

图 3-7　在"控制台"视图中查看程序运行结果

（6）构造方法的名称必须与类名完全相同，并且不返回任何值。自然，它也就没有类型，即使是"void"也不能有。

（7）构造方法不能被 static、final、abstract、synchronized 和 native 等修饰符修饰，并且带参数的构造方法不能被子类继承（项目四将会详细讨论这个问题）。

案例 3-1　计算斐波纳契数列

【案例描述】

意大利著名数学家斐波纳契曾经提出了"著名的兔子问题"：有一对兔子，从出生后第 3 个月起每个月都生一对兔子，小兔子长到第三个月后每个月又生一对兔子，假如兔子不死，问每个月的兔子总数为多少？

答案是一组非常特殊的数字，即 1、1、2、3、5、8、13、21…以上这些数字就是著名的"斐波纳契数列"。

分别采用递归算法和循环算法计算斐波纳契数列。

【技术要点】

① 斐波纳契数列的特点是：从第三个数开始，每个数都是前两个数的和。设数列由 f_1，f_2，f_3，f_4…f_n 组成，那么由数列特点可知：

$f_1=1$

$f_2=1$

$f_3 = f_1 + f_2$

...

$f_n = f_n-1 + f_n-2$

从而，总结出该数列的递推公式为：

$$\text{Fib}(n) = \begin{cases} 0(n=0) \\ 1(n=1) \\ \text{Fib}(n-1)+\text{Fib}(n-2)(n>1) \end{cases}$$

② 方法递归是指一个方法用自身的结构来描述自身，它直接或间接地调用自身方法。递归最典型的例子是求阶乘运算。例如：

n!=（n-1）!×n=（n-2）!×（n-1）×n=……=0!×1×2×3……×（n-1）×n

递归最终必须终止于某一条件，这一条件称为递归的结束条件。如上例中，递归的结束条件为 n=0 时，可以直接得到 0！=1。

【操作步骤】

步骤 1▶ 启动 Eclipse，在 Chapter3 包中创建类 Fibonacci，并编写如下代码。

```java
// Fibonacci.java
package Chapter3;
public class Fibonacci {
    public static long fib_1(int n) {        // 定义实现递归算法的方法
        long f1, f2;
        if (n == 0 || n == 1) {              // 如果 n=0 或 n=1 返回 n
            return n;
        } else {
            f1 = fib_1(n - 1);
            f2 = fib_1(n - 2);
            return (f1 + f2);                // 否则返回 fib（n-1）+fib（n-2）
        }
    }
    public static long fib_2(int n) {        // 定义实现循环算法的方法
        long f1 = 0, f2 = 1;
        long sum = 0;
        if (n == 0 || n == 1) {
            return n;
        }
        for (int i = 1; i < n; i++) {
            sum = f1 + f2;
            f1 = f2;
            f2 = sum;
```

```
        }
        return sum;
    }
    // 循环输出 1~10 月份的兔子总数
    public static void main(String[] args) {
        System.out.println("递归实现：");
        for (int i = 1; i < 11; i++) {
            System.out.print(fib_1(i) + ",");
        }
        System.out.println("\n 循环实现：");
        for (int i = 1; i < 11; i++) {
            System.out.print(fib_2(i) + ",");
        }
    }
}
```

步骤 2▶   保存文件并运行程序，程序运行结果如图 3-8 所示。

```
Problems  @ Javadoc  Declaration  控制台 ⌗
<已终止> Fibonacci [Java 应用程序] C:\Program Files\Java\jre6\bin\javaw.exe（2010-6-16 下午08:37:39）
递归实现：
1,1,2,3,5,8,13,21,34,55,
循环实现：
1,1,2,3,5,8,13,21,34,55,
```

图 3-8   在 "控制台" 视图中查看程序运行结果

任务三   熟悉对象的创建与使用方法

通过前面的学习，想必读者已经对对象的创建方法非常熟悉了。在本任务中，我们再来对对象的创建和使用方法进行一个简单的总结与回顾。

我们知道，类是创建对象的模板，即利用一个已存在的类可以创建多个对象，被创建的对象称为类的实例对象，简称类的实例（或对象）。我们把创建实例对象的过程称为类的实例化。下面先来看一个例子。

【例 10】定义一个 PaintRectangle 类，它在页面上创建了一个窗口，然后在窗口中绘制了两个矩形，并显示了矩形在窗口中的位置。

```
// PaintRectangle.java
package Chapter3;
import java.awt.*;
public class PaintRectangle extends Frame {
    private int x, y, width, height; // 声明私有变量
    // 绘制一个窗口并使其可见，此时系统会自动调用 paint 方法
```

```java
public void init() {
    setSize(400, 200);        // 设置窗口大小
    setVisible(true);          // 使窗口可见
}
// 无参数的构造方法，使全部成员变量均为 0
public PaintRectangle() {
    x = 0;
    y = 0;
    width = 0;
    height = 0;
}
// 带参数的构造方法，为成员变量赋值
public PaintRectangle(int xPos, int yPos, int w, int h) {
    x = xPos;
    y = yPos;
    width = w;
    height = h;
}
// 定义图形位置与大小的方法
public void setPosition(int xPos, int yPos, int w, int h) {
    x = xPos;
    y = yPos;
    width = w;
    height = h;
}
// 重定义 paint 方法，在屏幕上绘制矩形并输出坐标信息
// 该方法在绘画时会被自动调用
public void paint(Graphics g) {
    PaintRectangle b1; // 声明对象
    // 创建对象并调用无参数构造方法，使全部成员变量均为 0
    b1 = new PaintRectangle();
    // 创建对象并调用有参数构造方法
    PaintRectangle b2 = new PaintRectangle(170, 40, 60, 60);
    // 为成员变量赋值
    b1.setPosition(20, 40, 60, 60);
    b1.draw(g);     // 调用 b1 对象的 draw 方法，绘制矩形
    g.drawString("矩形 1 的 X 坐标：" + b1.x, 20, 120);
    g.drawString("矩形 1 的 Y 坐标：" + b1.y, 20, 140);
    b2.draw(g);     // 调用 b2 对象的 draw 方法，绘制矩形
```

```
        g.drawString("矩形 2 的 X 坐标：" + b2.x, 170, 120);
        g.drawString("矩形 2 的 Y 坐标：" + b2.y, 170, 140);
    }
    // 定义 draw 方法，绘制矩形
    public void draw(Graphics g) {
        g.drawRect(x, y, width, height);
    }
    public static void main(String[] args) {
        // 创建对象并调用无参数构造方法，然后调用 init 方法
        new PaintRectangle().init();
    }
}
```

该程序的运行结果如图 3-9 所示。由于该程序不能自动终止，因此，要终止程序运行，可单击控制台工具栏中的红色方框 ▣。

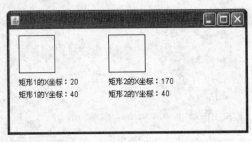

图 3-9　PaintRectangle 类运行的结果

解释说明：

例 7 程序中定义了四个私有变量，用来确定矩形的位置与大小；初始化方法 init()用来设置窗口的大小与可见性；两个构造方法用来初始化成员变量；在画图方法 paint()中使用 new 操作符创建了两个对象 b1 与 b2，然后操纵这两个对象完成画矩形并显示其位置的操作。

一、对象的创建

创建一个对象包括声明对象引用变量（即声明对象）和为对象分配内存空间（即创建对象）两个步骤。

1. 声明对象引用变量

声明对象引用变量即为对象指定所属类及命名该对象引用变量名称。对象引用变量简称对象变量。

声明对象的一般格式为：

类名　对象名；

例如：

PaintRectangle b1;　　　　　// PaintRectangle 是类名，b1 是对象名

2. 为声明的对象分配内存

声明对象后，系统只是分配了一个对象引用变量的空间，该引用变量类似于 C++的指针，此时对象并未真正创建，必须再进行为对象分配内存的步骤。

在 Java 中，使用 new 运算符和类的构造方法为声明的对象分配内存。new 称为操作符或运算符，它的任务是实例化对象，同时负责调用类的构造方法完成新对象的初始化任务。

创建对象的语法格式如下：

<对象名>=new <构造方法名>([参数列表]);

其中，参数列表是可选的，它取决于构造方法自身的情况。例如：

b1 = new PaintRectangle();
b2 = new PaintRectangle(170, 40, 60, 60);

对象声明和分配内存两个步骤也可以用一个等价的步骤完成，例如：

PaintRectangle b2 = new PaintRectangle(170, 40, 60, 60);

二、对象的使用

创建对象后，一般可通过如下格式来访问对象的变量和调用对象的方法：

<对象名>.<变量名>
<对象名>.<方法名>

比如，例 10 中通过调用 b1.setPosition(20,40,60,60)方法来设定对象 b1 的位置与大小，通过调用 b1. draw(g)方法来绘制矩形等。

三、Java 的垃圾回收机制——对象的清除

有些面向对象程序设计语言需要程序员跟踪所创建的对象，以便在对象不再使用时，将它从内存中清除。管理内存是一件既枯燥又容易出错的动作，而 Java 中引入了内存管理机制，由 Java 虚拟机承担起垃圾回收的工作。

Java 平台允许创建任意个对象（当然会受到系统资源的限制），Java 虚拟机会自动判断创建的对象是否还被引用，如果不再被引用，它会自动释放其占用的内存空间。这种定期检测不再使用的对象并自动释放内存空间的过程称为垃圾回收机制。

1. 垃圾回收器

Java 有一个垃圾回收器，它周期性扫描对象的内存区，并将没有被引用的对象作为垃圾收集起来，定期地释放不再被使用的内存空间。

我们也可以在 Java 程序中调用 System 类的 gc()方法来显式地运行垃圾回收程序。比如，在程序运行时产生大量垃圾数据之后，或者程序运行时需要大量内存之前运行垃圾回收器。

2. 撤销方法 finalize

在一个对象被垃圾回收器收集之前，垃圾回收器将给对象一个机会来调用自己的

finalize()方法，将对象从内存中清除。

finalize()方法位于类 java.lang.Object 中。如果要在一个类中调用该方法以释放该类所占用的资源，则在对该类处理工作完成后，一般要调用父类的 finalize()方法以清除对象使用的所有资源。

案例 3-2　计算一元二次方程的根

【案例描述】

编写一个一元二次方程的求解程序，实现功能：当判别式大于等于 0 时，输出两个实数根；当判别式小于 0 时，输出两个虚数根。

【技术要点】

在类中定义带参数的构造方法用于接收方程的二次系数、一次系数和常数，然后再创建两个方法分别用于计算方程的实根和虚根。利用 new 运算符为类创建对象时，可在构造方法中通过参数传递为类的成员变量赋值，最后可通过调用对象方法计算出一元二次方程的根。

相关数学公式如下（令：delt=b^2-4ac）：

（1）当 delt 判别式大于等于 0；　　　　（2）当 delt 判别式小于 0；

$$\begin{cases} x1=(-b+\sqrt{delt})/(2*a) \\ x2=(-b-\sqrt{delt})/(2*a) \end{cases} \quad \begin{cases} x1=real+imag\ i=-b/(2*a)+\sqrt{-delt}/(2*a)\ i \\ x2=real-imag\ i=-b/(2*a)-\sqrt{delt}/(2*a)\ i \end{cases}$$

在 Java 系统提供的类库中，Math 类的 sqrt(double a)方法返回参数 a 的正平方根。

【操作步骤】

步骤 1▶　启动 Eclipse，在 Chapter3 包中创建一元二次方程类 YYECFC，并编写如下代码。

```java
// YYECFC.java
package Chapter3;
public class YYECFC {
    double x1, x2;
    private double a, b, c;
    //带参数构造方法初始化成员变量
    public YYECFC(double a, double b, double c) {
        this.a = a;
        this.b = b;
        this.c = c;
    }
    //计算方程实根的方法
    void real_root(double delt) {
        x1 = (-b + Math.sqrt(delt)) / (2 * a);
        x2 = (-b - Math.sqrt(delt)) / (2 * a);
```

```
        System.out.println("delt>=0，方程的实根为\nx1=" + x1);  //输出方程的实根
        System.out.println("x2=" + x2);
    }
    //计算方程虚根的方法
    void imag_root(double delt) {
        double real, imag;
        real = (-b) / (2 * a);
        imag = Math.sqrt(-delt) / (2 * a);
        System.out.println("delt<0，方程的虚根为\nx1=" + real + "+" + imag + "i");
        System.out.println("x2=" + real + "-" + imag + "i");
    }
    //根据判别式 delt 的值，选择调用的方法
    void showRoot() {
        double delt = b * b - 4 * a * c;
        if (delt >= 0)
            real_root(delt);
        else
            imag_root(delt);
    }
    public static void main(String[] args) {
        YYECFC y1, y2;                       //声明对象
        y1 = new YYECFC(1, 5, 10);           //使用带参数的构造方法创建对象
        y1.showRoot();                       //调用对象方法
        y2 = new YYECFC(1, 10, 9);
        y2.showRoot();
    }
}
```

步骤 2▶ 保存文件并运行程序，程序运行结果如图 3-10 所示。

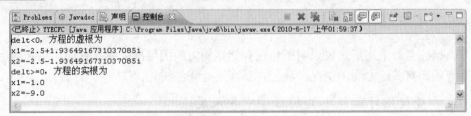

图 3-10　在"控制台"视图中查看程序运行结果

任务四　了解包的创建与使用方法

包（package）的组织方式同操作系统中文件夹的组织方式类似，是 Java 语言中有效管

理类的一个机制。

一、包的创建、声明与使用

包实际上就是一个存放.class 的文件夹，因此，创建包就是创建文件夹。文件夹的路径取决于我们如何设计包的路径。例如，假定我们希望包的路径为 jinqie.com.chapter1，那么我们应该在某个文件夹中按照如下方式创建文件夹：

C:\······\jinqie\com\chapter1

创建包后，我们应做如下几项工作，才能正确使用它：

1. 在希望放入某个包的程序中声明其所属包

在要放入包的程序中加入 package 语句，并且该语句一定要作为程序的第一条语句（程序注释除外），也是唯一的一条语句，其作用是声明该程序位于某个包中，例如：

package jinqie.com.chapter1;

另外，如果我们不在程序中利用 package 语句声明其所属包，则该程序属于无名包。由于无名包没有名字，因此，它将不能被其他程序引用。

在 Eclipse 集成开发环境中，如果我们在创建 Java 程序时不选择某个包，则该程序即被放在无名包中，此时程序中将不再出现 package 语句。反之，如果我们选择在某个包中创建 Java 程序，则系统会自动在程序开始处为该程序增加了一条"package 包名;"语句。如果用户删除了此语句，系统会指出该程序存在错误。

此外，在 Eclipse 开发环境中，由于我们可以在项目中创建包，而在包中可创建文件夹，在文件夹中还可继续创建文件夹，故可形成多层次的包结构，如图 3-11 所示。

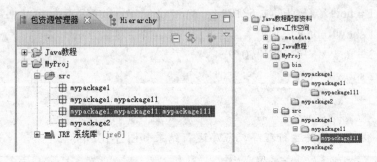

图 3-11　在 Eclipse 中创建多层次包

但是，请注意，上述形式仅说明了包在存储结构方面的层次关系，它们在实际应用方面是完全平等的。有关这方面的情况，我们在后面还会详细讲述。

2. 在希望使用外部包中类的程序中导入类

如果某个程序要使用某个包中的类，应在该程序中加入 import 语句，以便将外部类导入，从而在程序中使用该类。

其中，如果程序中有 package 语句的话，import 语句应紧跟在 package 语句后。如果程序中没有 package 语句的话，import 语句应作为程序的第一条语句，并且 import 语句可以有多条，以导入多个包中的类。例如：

```
package xxx;
import jinqie.com.chapter1.myjava;        // 导入 jinqie.com.chapter1 包中的 myjava 类
import java.io.*                           // 根据程序需要导入 java.io 包中的类
```

import 语句有如下两种使用方法：

（1）import 包名.公共类名（实际上就是 java 字节码文件名），例如，import jinqie.com.chapter1.file1，表示导入 chapter1 包中的 file1 类，file1 为类文件名（file1.class）。这种导入方式被称为单类导入。

（2）import 包名.*，例如，import java.io.*，表示根据程序需要导入当前程序中使用的 java.io 包中的类（而不是包中的全部类）。因此，这种导入方式又称按需导入。

此外，使用 import 命令时，大家应注意如下两点：

（1）尽管一个 Java 程序中可以包含多个类，但 import 只能导入其中的公共类。也就是说，在目标程序中只能使用包中的公共类。

（2）尽管包之间在存储结构上可以存在层次关系，但在使用方面是完全平等的。例如，如果我们要分别导入 mypackage1 和 mypackage1.mypackage11 包中的类，必须在程序中输入两条 import 语句，如下所示：

```
import mypackage1.*;                  // 按需导入 mypackage1 包中的公共类
import mypackage1.mypackage11.*; //  按需导入 mypackage1.mypackage11 包中的公共类
```

3. 新建或修改 CLASSPATH 变量

接下来的一个问题就是，当在某个程序中加入了导入外部包中类的 import 命令时，系统到哪里去找所要的包和类。这就用到 CLASSPATH 变量了。

CLASSPATH 类似于 DOS 操作系统中的 PATH，它指明了包的前导路径。例如，如果我们在程序中使用了 import jinqie.com.chapter1.myjava; 语句，而 CLASSPATH 的内容为 ".;c:\test;"，则系统会首先在当前文件夹内查找\jinqie\com\chapter1 文件夹和 myjava.class 文件。如果无法找到，则会在 c:\test 文件夹内查找\jinqie\com\chapter1 文件夹和 myjava.class 文件。如果依然无法找到，系统会提示程序错误。

换句话说，真正的包路径实际上是 CLASSPATH 变量值和 import 语句中指明的包路径的组合。因此，我们必须掌握设置 CLASSPATH 的方法。下面就来看看具体的设置步骤（此处假定包所在的根文件夹为 c:\test）。

步骤 1▶ 右击桌面上"我的电脑"图标，从弹出的快捷菜单中选择"属性"，打开"系统属性"对话框，然后打开"高级"选项卡，如图 3-12 所示。

步骤 2▶ 单击 `环境变量(N)` 按钮，打开"环境变量"对话框。如果在对话框下方的"系统变量"列表区没有 CLASSPATH 系统变量，则单击 `新建(W)` 按钮，创建 CLASSPATH 系统变量，并设置其值为"c:\test;"。

如果在"系统变量"列表区已存在 CLASSPATH 系统变量，则可在单击选中该系统变量后单击 `编辑(I)` 按钮，打开"编辑系统变量"对话框，然后在"变量值"编辑框中原有值的后面输入"c:\test;"，如图 3-13 所示。

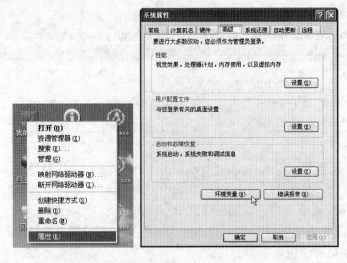

图 3-12　打开"系统属性"对话框的"高级"选项卡

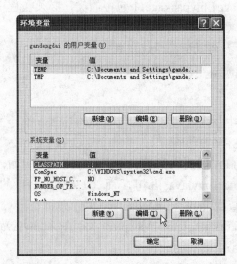

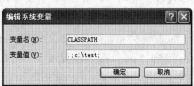

图 3-13　设置 CLASSPATH 系统变量的值

　　如果使用 Eclipse 集成开发环境，用户则无需自己动手设置 CLASSPATH 变量的值了，用户在创建包时系统会自动进行设置。

案例 3-3　包的创建与使用

【案例描述】

　　在本例中，我们创建了 4 个类文件，并分别将它们放在 3 个不同的包中。通过本例，读者可进一步了解使用 package 命令声明程序所属包的方法，以及使用 import 命令导入其他包中类的方法。

【技术要点】

（1）位于同一包中的程序可直接相互引用对方程序中的类（包括 public 类和默认类）。

（2）如果两个程序位于不同包中，则必须使用 import 命令导入外部包中的类，而且只能引用公共类。

（3）使用 import 包名.*;语句可以导入当前程序所需的包中的任何公共类，使用 import 包名.类名;语句只能导入包中的指定公共类。

【操作步骤】

步骤 1▶　启动 Eclipse，右击"Java 教程"项目，在弹出的快捷菜单中选择"新建" >"包"菜单，在该项目下新建一个 mypackage 包。

步骤 2▶　右击新创建的包 mypackage，在弹出的快捷菜单中选择"新建" >"文件夹"，在 mypackage 包中新建一个文件夹 entity。此时的"包资源管理器"将如图 3-14 所示。

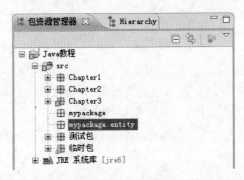

图 3-14　在项目中新建包和文件夹后的"包资源管理器"

步骤 3▶　右击包 mypackage，在弹出的快捷菜单中选择"新建" >"类"，在该包中创建类 Book，并输入如下代码。

```java
// Book.java
package mypackage;
public class Book{
    public void show(){
        System.out.println("Book 类所在的文件是 Book.java，包是 mypackage!");
    }
}
class Story{
    public void show(){
        System.out.println("Story 类所在的文件是 Book.java，包是 mypackage!");
    }
}
```

步骤 4▶　再次右击包 mypackage，在弹出的快捷菜单中选择"新建" >"类"，在该包中创建类 TextBook，并输入如下代码。

```java
// TextBook.java
package mypackage;
```

```
public class TextBook{
    public void show(){
        Story story = new Story();     // 根据 Story 类创建 story 对象
        story.show();                  // 调用 story 对象的 show 方法
        System.out.println("TextBook 类所在的文件是 TextBook.java，包是 mypackage!");
    }
}
```

显然，如果两个程序位于同一个包中，可以直接相互引用对方的类，而无需使用 import 命令导入。

步骤 5▶ 右击包 mypackage.entity，在弹出的快捷菜单中选择"新建" > "类"，在该包中创建类 Reader，并输入如下代码。

```
// Reader.java
package mypackage.entity;
public class Reader{
    public void show(){
        System.out.println("Reader 类所在的文件是 Reader.java，包是 mypackage.entity!");
    }
}
```

步骤 6▶ 右击包 Chapter3，在其中创建类文件 ImportSample.java，并输入如下代码。

```
// ImportSmaple.java
package Chapter3;
import mypackage.*;           //导入 mypackage 包中的所需类
import mypackage.entity.*;    //导入 mypackage.entity 包中的所需类
public class ImportSample {
    public static void main(String[] args) {
        Book book = new Book();     // 基于 Book 类创建 book 对象
        book.show();                // 调用 book 对象的 show 方法
        Story story=new Story();    // 基于 Story 类创建 story 对象，非法
        story.show();               // 调用 story 对象的 show 方法
        TextBook textbook = new TextBook(); // 基于 TextBook 类创建 textbook 对象
        textbook.show();            // 调用 textbook 对象的 show 方法
        Reader reader = new Reader();       // 基于 Reader 类创建 reader 对象
        reader.show();              // 调用 reader 对象的 show 方法
    }
}
```

程序中显示 Story story=new Story();和 story.show();语句有错，其原因是由于 Story 不是 public 类。删除这两条语句后，系统不再提示错误。这就说明，使用 import 语句只能导入外部包中的 public 类。

步骤 7▶ 将程序中第三行的 import mypackage.*;语句修改为：import mypackage.Book;

（表示只导入 mypackage 包中的 Book 公共类），TextBook textbook = new TextBook();语句报错，将光标移至此语句处，系统提示 "TextBook 无法解析为类型"，如图 3-15 所示。

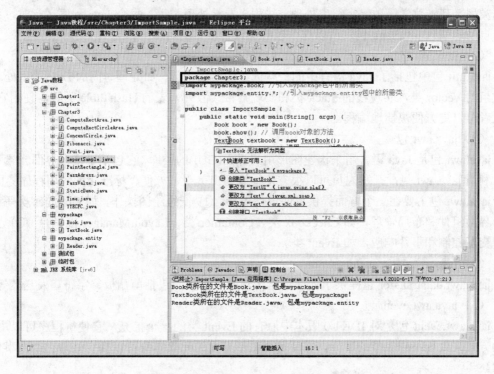

图 3-15　修改 import 语句后程序出错

步骤 8▶　将 import mypackage.Book;语句重新修改回 import mypackage.*;，保存文件并运行，程序运行结果如图 3-16 所示。

图 3-16　在"控制台"视图中查看程序运行结果

二、Java 的常用包

Java 系统中提供了大量的类，为方便管理和使用，这些类被分为若干个包，这些包又称为类库或 API 包，所谓 API（Application Program Interface）即应用程序接口。API 包一方面提供了丰富的类与方法供我们使用，如画图形等；另一方面又负责和系统硬件打交道，从而拓展用户程序的功能。

所有 Java API 包都以 "java." 开头，以区分用户创建的包。下面列出了 Java 常用的 API 包。

（1）java.lang 包

java.1ang 包是 Java 语言的核心类库，包含了运行 Java 程序必不可少的系统类，如基本数据类型、基本数学函数、字符串处理、线程、异常处理类等。每个 Java 程序运行时，系统都会自动地引入 java.lang 包，所以这个包的加载是缺省的。

（2）java.util 包

java.util 包中包括了 Java 语言中的一些低级的实用工具，如处理时间的 Date 类，处理变长数组的 Vector 类，实现栈的 Stack 类和实现哈希（散列）表的 HashTable 类等，使用它们开发者可以更方便快捷地编程。

（3）java.awt 包

java.awt 包是 Java 语言用来构建图形用户界面(GUI)的类库，它包括了许多界面元素和资源。利用 java.awt 包，开发人员可以很方便地编写出美观、方便、标准化的应用程序界面。

java.awt 包主要在三个方面提供界面设计支持：① 低级绘图操作，如 Graphics 类等；② 图形界面组件和布局管理，如 Checkbox 类、Container 类、LayoutManager 接口等；③ 界面用户交互控制和事件响应，如 Event 类。

（4）java.awt.datatransfer 包

java.awt.datatransfer 包提供了处理数据传输的工具类，包括剪贴板、字符串发送器等。

（5）java.awt.event 包

java.awt.event 包是对 JDK1.0 版本中原有的 Event 类的一个扩充，它使得程序可以用不同的方式来处理不同类型的事件，并使每个图形界面的元素本身可以拥有处理它上面事件的能力。

（6）java.awt.image 包

java.awt.image 包是用来处理和操纵来自于网上图片的 Java 工具类库。

（7）java.io 包

java.io 包中包含了实现 Java 程序与操作系统、用户界面以及其他 Java 程序进行数据交换所使用的类，如基本输入／输出流、文件输入／输出流、过滤输入／输出流、管道输入／输出流、随机输入／输出流等。总之，凡是需要完成与操作系统有关的较底层的输入输出操作的 Java 程序，都要用到 java.io 包。

（8）java.sql 包

java.sql 包是实现 JDBC(Java database connection)的类库。利用这个包可以使 Java 程序具有访问不同种类数据库（如 Oracle，Sybase，DB2，SQLServer 等）的功能。只要安装了合适的驱动程序，同一个 Java 程序不需修改就可以存取、修改这些不同数据库中的数据。JDBC 的这种功能，再加上 Java 程序本身具有的平台无关性，大大拓宽了 Java 程序的应用范围，尤其是商业应用的适用领域。

（9）java.applet 包

java.applet 包是用来实现运行于 Internet 浏览器中的 Java Applet 的工具类库，它仅包含少量几个接口和一个非常有用的类 java.applet.Applet。

（10）java.net 包

java.net 包是 Java 语言用来实现网络功能的类库。由于 Java 语言还在不停地发展和扩充，它的功能，尤其是网络功能，也在不断地扩充。目前已经实现的 Java 网络功能主要有：底层的网络通信，如实现套接字通信的 Socket 类、ServerSocket 类；编写用户自己的 Telnet、FTP、邮件服务等实现网上通信的类；用于访问 Internet 上资源和进行 CGl 网关调用的类，如 URL 等。利用 java.net 包中的类，开发者可以编写自己的具有网络功能的程序。

（11）java.rmi 包、java.rmi.registry 包和 java.rmi.server 包

这三个包用来实现 RMl(remote method invocation，远程方法调用)功能。利用 RMI 功能，用户程序可以在远程计算机(服务器)上创建对象，并在本地计算机(客户机)上使用这个对象。

（12）java.security 包、java.security.acl 包和 java.security.interfaces 包

这三个包提供了更完善的 Java 程序安全性控制和管理，利用它们可以对 Java 程序加密，也可以把特定的 Java Applet 标记为"可信赖的"，使它能够具有与 Java Application 相近的安全权限。

综合实训　模拟贷款

【实训内容】

设计一个贷款类 Loan，Loan 类包含贷款年利率（annualInterestRate）、贷款年限（numberOfYears）、货款额（loanAmount）、贷款日期（loanDate）成员变量，还包含获取和设置贷款年利率、贷款年限、贷款额的方法，以及贷款的月支付额和总支付额的方法。

【实训目的】

（1）进一步熟悉类的成员变量和成员方法的定义。

（2）进一步熟悉对象的创建与使用方法。

（3）进一步熟悉包的创建与引用方法。

（4）进一步了解类的访问权限。

java.util.Date 类可以用于创建当前日期和时间的实例。当一个贷款 Loan 类对象创建后，它的创建日期存入 Date 类的对象中。

java.util.Math 类包含了基本数据的操作，如指数、对数、开平方等。它的 pow(double a,double b)方法返回参数 a 的 b 次幂的值。

【操作步骤】

步骤 1▶　启动 Eclipse，在 Chapter3 包中创建贷款类 Loan，并输入如下代码。

```java
// Loan.java
package Chapter3;
public class Loan {
    private double monthlyInterestRate; // 定义贷款月利率
    private int numberOfMonths; // 定义贷款总月数
    private double loanAmount; // 定义贷款额
    // 构造方法，初始化成员变量
    public Loan(double annualInterestRate, int numberOfYears, double loanAmount) {
```

```
        // 一般情况下，我们说贷款利息是 5.5，它实际上应是 5.5%，因此，
        // 真正的利息值应是该数值除以 100。至于月息，当然应再除以 12
        this.monthlyInterestRate = annualInterestRate / (100 * 12);
        this.numberOfMonths = numberOfYears * 12;
        this.loanAmount = loanAmount;
    }
    // 返回等额本息还款方式下的月均还款额公式为：
    // (贷款本金*月利率*(1+月利率)^还款月数)/
    // ((1+月利率)^还款月数-1)
    public double getMonthlyPayment() {
        return (loanAmount * monthlyInterestRate * Math.pow(
                1 + monthlyInterestRate, numberOfMonths))
                / (Math.pow(1 + monthlyInterestRate, numberOfMonths) - 1);
    }
    // 返回等额本息还款方式下支付的总本息
    public double getTotalPayment() {
        return getMonthlyPayment() * numberOfMonths;
    }
}
```

步骤 2▶ 创建测试类 LoanMain，并编写如下代码。

```
// LoanMain.java
package Chapter3;
import java.util.Scanner;
import java.text.DecimalFormat;
public class LoanMain {
    public static void main(String[] args) {
        double interestrate, loanvalue;      // 定义贷款利率和贷款额变量
        int loanperiod;                      // 定义贷款年限
        Scanner in = new Scanner(System.in);
        System.out.println("请输入贷款年利率：");
        interestrate = in.nextDouble();      // 输入贷款利率
        System.out.println("请输入贷款年限：");
        loanperiod = in.nextInt();           // 输入贷款年限
        System.out.println("请输入贷款总额：");
        loanvalue = in.nextDouble();         // 输入贷款总额
        // 创建贷款类对象
        Loan loan = new Loan(interestrate, loanperiod, loanvalue);
        // 创建 DecimalFormat 对象 df，以控制输出时小数的位数
        DecimalFormat df = new DecimalFormat("#.00");
```

```
        System.out.println("等额本息情况下的月均还款额为："
                + df.format(loan.getMonthlyPayment()) + "￥");
        System.out.println("贷款" + loanperiod + "年的总还款额为:"
                + df.format(loan.getTotalPayment()) + "￥");
    }
}
```

步骤 3▶ 保存文件并运行程序，程序运行结果如图 3-17 所示。

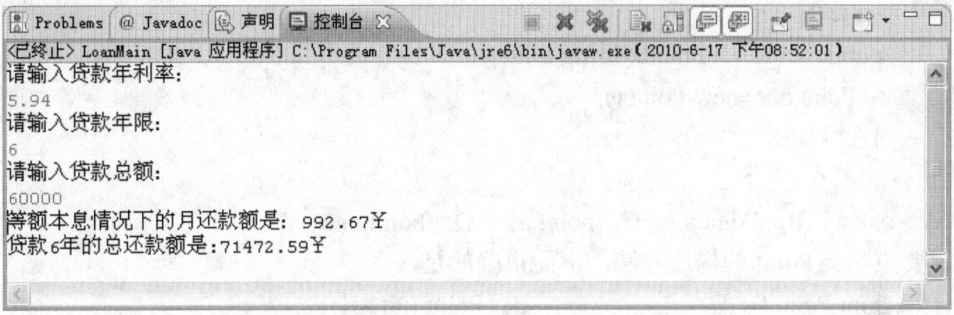

图 3-17 在 "控制台" 视图中查看程序运行结果

项目小结

本项目主要介绍了 Java 面向对象程序设计的基本概念和基本方法，其中包括类的定义方法，对象的创建和使用方法，包的创建和使用方法等。

学习本项目时，大家应着重掌握如下一些内容：

➢ 了解公共类和主类的概念；
➢ 了解成员变量和成员方法各种访问控制修饰符的意义；
➢ 了解成员变量和实例变量的区别；
➢ 了解使用方法参数进行数据传递时传值和传地址的区别；
➢ 了解 this 关键字的意义和用法；
➢ 了解构造方法的作用与创建和使用方法；
➢ 了解对象的创建与使用方法；
➢ 了解包的创建、声明和使用方法。

思考与练习

一、选择题

1. 对于静态变量和实例变量来说，下面说法错误的是（　　）
    A. 实例变量是类的成员变量
    B. 静态变量在第一次用到时被初始化，以后创建其他对象时不再进行初始化
    C. 实例变量在每次创建对象时都被初始化和分配内存空间
    D. 实例变量是用 static 修饰的成员变量

2. 用 private 修饰成员变量时，下面说法正确的是（　　）

  A．可以被其他包中的类访问

  B．只能被同一个包中的其他类访问

  C．只能被所在类访问

  D．可以被任意 public 类访问

3. 下面是一段程序，要调用成员变量 a，语句正确的是（　　）

```
public class Point {
    int a=2;
    public static void main(String args[]){
        Point one=new Point ();
    }
}
```

  A．one.a B．Point.a C．point.a D．Point.one

4. 要声明类 Point 的构造方法，下面正确的是（　　）

  A．int Point (){ }   B．Point (int x){ }

  C．void point (int x){ }   D．point (int x){ }

5. 设 Point 为已定义的类，下面声明 Point 对象 a 语句正确的是（　　）

  A．Point a=Point();   B．public Point a;

  C．Point a =new Point (); D．public Point a=new Point();

6. 为类 Point 定义一个没有返回值的方法 move，如果想通过类名访问该方法，则该方法的声明形式为（　　）

  A．final void move()   B．public void move()

  C．abstract void move() D．static void move()

二、简答题

1. 静态变量和实例变量有何区别？

2. 什么是局部变量？局部变量的作用域是什么？

3. 成员变量和成员方法的访问控制修饰符有哪些？其意义是什么？

4. 什么是重载方法？

5. this 关键字的作用是什么？

6. 包的作用是什么？如何在程序中引入已定义的其他包中的类？

三、编程题

1. 定义一个盒子类 Box，包括三个私有变量（width、length、height）、一个构造方法和 showBox()方法。构造方法用来初始化变量，showBox()方法无参数，用于输出变量（width、length 和 height）的值。

2. 定义一个类，该类具有 x 和 y 两个静态变量，定义构造方法初始化这两个变量。再定义 4 个方法，分别求这两个数的和、差、乘、除结果并输出。在 main 方法中，用户应能输入这两个数。

项目四 类的深入解析

【引 子】

继承是面向对象程序设计中实现程序重用的一种重要手段。通过继承，可以利用已有的类来创建新类，从而充分利用现有资源。

简单地讲，多态就是"一个对外接口（相同的方法名），多种实现方式（对应多个方法体）"。在 Java 中，我们可以通过方法覆盖（利用子类方法覆盖父类方法）和重载方法（方法名相同，参数的个数、类型或顺序不同）来实现程序的多态。

抽象类通过定义成员变量和抽象方法（只声明，不实现，即没有方法体）来"描述"一类对象的属性和行为，而抽象方法的实现是由基于抽象类派生的一个或多个子类来完成的，这就将程序的功能描述和功能实现进行了分离，并实现了程序的多态性，从而使程序的结构看起来更清晰。

抽象类除了可以包含抽象方法外，与普通类基本相同。另外，抽象类不能实例化，即我们不能基于抽象类创建对象。

接口可以看成是更严格的抽象类，其中只能声明 public static final 型常量和抽象方法（抽象类中可以声明各种类型的成员变量和成员方法）。使用接口的目的主要有两个：（1）和抽象类相似，解决程序功能描述和功能实现相分离的问题；（2）解决类的多继承问题。在 Java 中，一个类只能继承一个父类，但可以继承多个接口。

【学习目标】

◇ 掌握继承的概念及使用方法
◇ 掌握多态性的实现方式
◇ 了解抽象类和接口的定义和用法

任务一 掌握类继承的方法

在面向对象程序设计中，继承表示两个类之间的一种关系，是一种由已有类创建新类的机制。子类不仅可以从父类中继承成员变量和方法，还可以重新定义它们以及扩充新的内容。

一个父类可以同时拥有多个子类，此时该父类实际上是所有子类的公共属性和方法的集合，而每一个子类则是对公共属性和方法在功能等方面的扩展。

子类和父类的关系具有：

➤ 共享性 即子类可以共享父类的公共属性和方法
➤ 差异性 即子类和父类一定会存在某些差异，否则就应该是同一个类。
➤ 层次性 由于 Java 中只支持单继承，每个类都处于继承关系中的某一个层面。

采用类继承方式编写程序时，可以在父类中定义一些公共属性和公共方法，其派生的多个子类可以继承这些属性和方法。当公共属性或公共方法发生变化时，只需要在父类中修改一次即可，从而有效减少程序维护的工作量。

在 Java 中，所有类（包括用户自己编写的类）都默认继承 Object 类（java.lang.Object）。也就是说，Object 类位于类的最上层，所有类都是 Object 类的子类。它主要有 clone 方法（创建并返回对象一个副本）、equals 方法（用来判定两个对象是否相等）、toString 方法（返回对象字符串表示）等。

在 Java 中，子类对父类的继承是在类的声明中使用 extends 关键字来指明的。其一般格式为：

```
[类的修饰符]class <子类名> extends <父类名> {
....//类体的内容
}
```

一、成员变量的继承与隐藏

使用继承方法创建新类时，新定义的子类可以从父类继承所有非私有的成员变量和方法作为自己的成员，如下例所示。

案例 4-1   成员变量的继承与隐藏示例

【案例描述】

通过创建父类和子类，并在其中声明若干同名和不同名成员变量演示成员变量继承和隐藏的特点。

【技术要点】

基于父类创建子类时，子类可以继承父类的成员变量和成员方法。但是，如果在父类和子类中同时声明了一个同名变量，则这两个变量在程序运行时同时存在。也就是说，子类在使用父类的同名变量时，父类中的同名变量只是被隐藏了。

【操作步骤】

步骤 1▶　启动 Eclipse，在 Chapter4 包中创建类 VarInherit，并编写如下代码。

```
// VarInherit.java
package Chapter4;
class Person {
    String name;   // 声明两个成员变量
    int age;
    // 有参构造方法
    public Person(String name, int age) {
        this.name = name;
        this.age = age;
```

```java
    }
    // 无参构造方法
    public Person() {
        this.name = "person name";
        this.age = 23;
    }
    // 成员方法，此时显示的是父类中成员变量的结果
    void pprint() {
        System.out.println("class:Person;    " + "Name: " + this.name + ";    age: "
                + this.age);
    }
}
// 基于 Person 类定义 Student 子类
class Student extends Person {
    String name;    // 在派生类中声明自己的成员变量
    int classno;    // 声明新成员变量
    // 无参构造方法
    public Student() {
        this.name = "student name";
        this.age = 20;
    }
    // 有参构造方法
    public Student(String name, int age, int classno) {
        this.name = name;
        this.age = age;
        this.classno = classno;
    }
    // 成员方法，此时显示的是子类中成员变量的结果
    void sprint() {
        System.out.println("class:Student;    " + "Name: " + this.name + ";    age: "
                + this.age + ";    classno: " + this.classno);
    }
}
// 声明公共类
public class VarInherit {
    public static void main(String[] args) {
        // 调用无参构造方法创建对象
        Student obj1 = new Student();
        // 调用有参构造方法创建对象
```

```
        Student obj2 = new Student("LiXiao", 18, 1);
        obj1.pprint();  // 调用父类的成员方法
        obj1.sprint();  // 调用子类的成员方法
        obj2.pprint();  // 调用父类的成员方法
        obj2.sprint();  // 调用子类的成员方法
    }
}
```

步骤 2▶ 保存文件并运行程序，程序运行结果如下：

```
class:Person;   Name: person name;   age: 20
class:Student;   Name: student name;   age: 20;   classno: 0
class:Person;   Name: person name;   age: 18
class:Student;   Name: LiXiao;   age: 18;   classno: 1
```

这个程序功能虽然很简单，但说明了很多问题。下面我们就首先来结合这个程序及其运行结果来说明使用类继承时成员变量的继承特点。

（1）由于 Student 子类中未定义成员变量 age，因此，该成员变量源自其父类，这说明了子类可以继承父类的成员变量。

（2）name 变量同时在父类和子类中进行了声明。当我们通过 Student obj1 = new Student(); 语句创建对象 obj1 时，系统会首先调用父类的无参构造方法，然后再调用子类的无参构造方法，故父类中的 name 被赋值 person name，子类中的 name 被赋值 student name，而公共成员变量 age 被赋值 20。另外，由于子类成员变量 classno 未被显式赋值，故输出系统自动为其初始化的默认值 0。

这说明，如果一个成员变量同时在父类和子类中定义，那么，创建对象后，它们是同时存在的，并且父类中的成员变量用于父类方法，子类中的成员变量用于子类方法，互不干扰。因此，我们说：当子类中定义了与父类类型和名称都相同的成员变量时，子类从父类继承的成员变量将被隐藏（注意：不是被覆盖）。

二、方法的继承与覆盖

子类可以继承父类中所有可以被子类访问的成员方法，但是如果子类重新定义了从父类继承来的方法，此时父类的这个方法在子类中将不复存在，此时称为子类方法覆盖了父类的方法，简称方法覆盖（override）。方法覆盖为子类提供了修改父类方法的能力，进而实现自身的行为。请看下面的例子。

案例 4-2　方法的继承与覆盖示例

【案例描述】

通过创建父类和子类，并在其中声明若干同名和不同名方法演示方法继承和覆盖的特点。

【技术要点】

基于父类创建子类时，子类可以继承父类的成员方法。但是，如果在父类和子类中同时定义了一个同名、同类型、同参数的方法，则程序运行时父类中的同名方法将被子类中的同名方法覆盖。

【操作步骤】

步骤 1▶　启动 Eclipse，在 Chapter4 包中创建类 MethodInherit，并编写如下代码。

```java
// MethodInherit.java
package Chapter4;
// 声明父类
class parentclass {
    // 声明成员方法
    void pprint() {
        this.print();
        this.print1(0);
    }
    // 声明同类型、同名、同参数成员方法
    void print() {
        System.out.println("父类：同类型、同名、同参数成员方法！");
    }
    // 声明同类型、同名但参数不同的成员方法
    void print1(int a) {
        System.out.println("父类：同类型、同名但参数不同的成员方法！");
    }
}
// 基于 parentclass 类定义 subclass 子类
class subclass extends parentclass {
    // 声明成员方法
    void sprint() {
        this.print();
        this.print1();
    }
    // 声明同类型、同名、同参数成员方法
    void print() {
        System.out.println("子类：同类型、同名、同参数成员方法！");
    }
    // 声明同类型、同名但参数不同的成员方法
    void print1() {
        System.out.println("子类：同类型、同名但参数不同的成员方法！");
    }
}
// 声明公共类
```

```
public class MethodInherit {
    public static void main(String[] args) {
        subclass obj = new subclass();
        obj.pprint(); // 调用父类的成员方法
        obj.sprint(); // 调用子类的成员方法
    }
}
```

步骤 2▶ 保存文件并运行程序，程序运行结果如下：

子类：同类型、同名、同参数成员方法！

父类：同类型、同名但参数不同的成员方法！

子类：同类型、同名、同参数成员方法！

子类：同类型、同名但参数不同的成员方法！

通过这个例子，我们可以得出如下结论：

（1）使用子类创建对象时，可以直接引用父类中的方法，如利用 obj.pprint();语句调用父类中的 pprint 成员方法。这体现了方法的继承性。

（2）要使子类中的方法完全覆盖父类中的方法，方法的类型、名称和参数必须完全相同（如两个 print 方法），否则，任何一项不同均不能覆盖（如两个 print1 方法）。

方法覆盖与成员变量隐藏的不同之处在于：子类隐藏父类的成员变量只是使之不可见，父类的同名成员变量在子类对象中仍然拥有自己独立的内存空间，而子类方法对父类方法的覆盖将清除父类方法占用的内存空间，从而使父类方法在子类对象中不复存在。

此外，子类不能覆盖父类中的 final 方法和 static 方法，但可以隐藏这类方法，即在子类中声明与父类同名的 final 方法或 static 方法。

总的来说，成员变量隐藏与方法覆盖的意义在于：通过隐藏成员变量和覆盖方法可以把父类的状态和行为改造为符合自身要求的状态和行为，从而提供程序设计上的继承性和灵活性。

三、构造方法的继承

实际上，我们在本项目的案例 4-1 中已经看到构造方法是如何继承的。当我们基于子类创建一个对象时，系统会首先调用父类的无参构造方法，然后才会执行子类的构造方法。这体现了构造方法的继承性。

接下来的问题是，如果我们希望使用父类的有参构造方法，又该怎么办呢？我们先来看下面的例子。

案例 4-3　构造方法的继承示例

【案例描述】

通过创建父类和子类，并分别为其创建若干构造方法演示构造方法的继承特点。

【技术要点】

基于父类创建子类时，如果我们基于子类创建了一个对象，则程序运行时，系统会首先调用父类的无参构造方法，然后才会执行子类的构造方法。如果希望调用父类的有参构造方法，可使用 super 关键字。

【操作步骤】

步骤 1▶　启动 Eclipse，在 Chapter4 包中创建类 ConstructorInherit，并编写如下代码。

```java
// ConstructorInherit.java
package Chapter4;
class PersonA {
    String name; // 声明两个成员变量
    int age;
    // 有参构造方法
    public PersonA(String name, int age) {
        this.name = name;
        this.age = age;
    }
    // 无参构造方法
    public PersonA() {
        this.name = "person name";
        this.age = 23;
    }
    // 成员方法，此时显示的是父类中成员变量的结果
    void pprint() {
        System.out.println("class:Person;   " + "Name: " + this.name
                + ";   age: " + this.age);
    }
}
// 基于 Person 类定义 Student 子类
class StudentA extends PersonA {
    String name; // 在派生类中声明自己的成员变量
    int classno; // 声明新成员变量
    // 无参构造方法
    public StudentA() {
        super("xyz", 30); // 调用父类的有参构造方法
        this.name = "student name";
        this.age = 20;
    }
    // 有参构造方法
    public StudentA(String name, int age, int classno) {
        super(name, age); // 调用父类的有参构造方法
        this.name = name;
```

```
            this.age = age;
            this.classno = classno;
        }
        // 成员方法，此时显示的是子类中成员变量的结果
        void sprint() {
            System.out.println("class:Student;   " + "Name: " + this.name
                        + ";  age: " + this.age + ";   classno: " + this.classno);
            // 成员方法，利用 super 命令显示父类成员变量
            System.out.println("父类中的 name 成员变量：" + super.name);
        }
    }
// 声明公共类
public class ConstructorInherit {
    public static void main(String[] args) {
        // 调用无参构造方法创建对象
        StudentA obj1 = new StudentA();
        // 调用有参构造方法创建对象
        StudentA obj2 = new StudentA("LiXiao", 18, 1);
        obj1.pprint(); // 调用父类的成员方法
        obj1.sprint(); // 调用子类的成员方法
        obj2.pprint(); // 调用父类的成员方法
        obj2.sprint(); // 调用子类的成员方法
    }
}
```

步骤 2▶ 保存文件并运行程序，程序运行结果如下：

```
class:Person;   Name: xyz;   age: 20
class:Student;   Name: student name;   age: 20;   classno: 0
父类中的 name 成员变量：xyz
class:Person;   Name: LiXiao;   age: 18
class:Student;   Name: LiXiao;   age: 18;   classno: 1
父类中的 name 成员变量：LiXiao
```

这个例子和案例 4-1 类似，只是增加了使用 super 关键字调用父类构造方法和成员变量的语句。在 java 中，super 代表当前对象的直接父类对象，其使用格式如下：

➢ 访问父类的无参构造方法：super();

➢ 访问父类的有参构造方法：super(参数列表);

➢ 访问父类的成员变量：super.成员变量名称;

总体而言，构造方法的继承遵循以下原则：

➢ 子类无条件地继承父类的无参数的构造方法。

> ➤ 如果子类没有定义构造方法，则它将继承父类无参数的构造方法作为自己的构造方法；如果子类定义了构造方法，则在创建子类对象时，将先执行来自继承父类的无参数的构造方法，然后再执行自己的构造方法。

> ➤ 对于父类带参数的构造方法，子类可以通过在自己的构造方法中使用 super 关键字来调用它，但这个调用语句必须是子类构造方法中的**第一条可执行语句**。

四、使用类继承时子类对象和父类对象的特点

使用类继承时，使用子类创建的对象可以赋值给父类对象。此时父类对象虽然名义上调用的仍是父类方法或成员变量，但实际上已变成了子类的方法和成员变量。在某些场合下，该特性对于简化程序设计非常有用。如下例所示。

【例 1】使用类继承时子类对象和父类对象的特点。

```java
// ClassInherit.java
package Chapter4;
// 创建父类 Pclass
class Pclass {
    void Draw() {
        System.out.println("Pclass 类，Draw 方法！");
    }
}
// 创建子类 Sclass
class Sclass extends Pclass {
    void Draw() {
        System.out.println("Sclass 类，Draw 方法！");
    }
    void NewDraw() {
        System.out.println("Sclass 类，NewDraw 方法！");
    }
}
// 创建公共类
public class ClassInherit {
    public static void main(String[] args) {
        Pclass obj1 = new Pclass();        // 创建 Pclass 类对象 obj1
        Sclass obj2 = new Sclass();        // 创建 Sclass 类对象 obj2
        obj1.Draw();        // 调用 Obj1 的 Draw 方法
        obj2.Draw();        // 调用 obj2 的 Draw 方法
        obj2.NewDraw();     // 调用 obj2 的 NewDraw 方法
        obj1 = obj2;        // 将子类对象赋值给父类对象
        // 调用转换后 obj1 对象的 Draw 方法（实际上已是子类对象的 Draw 方法）
```

```
        obj1.Draw();
    }
}
```

但是，此时请注意两点：一是只能把子类对象赋值给父类对象，而不能相反，即把父类对象赋值给子类对象；二是即使将子类对象赋值给了父类对象，父类对象也只能调用父类中的方法和成员变量（虽然它们已被偷梁换柱，置换成了子类的方法和成员变量）。因此，下面的语句是非法的：

```
obj1.NewDraw();        // 非法，父类对象只能调用父类中的方法
obj2 = obj1            // 非法，不能父类对象赋值给子类对象
```

任务二　掌握类的多态性的使用方法

多态性是面向对象程序设计中的又一特性。多态性是指同名的不同方法在程序中共存。即同一个方法定义几个版本，程序运行时根据不同情况执行不同的版本。当发生方法调用时，系统会根据不同情况，调用相应的不同方法，从而实现不同的功能。多态性又被称为"一个对外接口，多个内在实现方法"。

一、多态性的概念

在面向过程的程序设计中，各函数是不能重名的，否则在用名字调用时就会产生歧意和错误。而在面向对象程序设计中，有时却需要利用这种"重名"现象来提高程序的简洁性。

多态性的实现有两种方式。

（1）方法覆盖实现多态性

此时通过子类对继承父类的方法进行重定义来实现。

（2）方法重载实现多态性

通过定义多个同名的不同方法来实现，系统会根据参数（类型、个数、顺序）的不同来区分不同方法。

二、通过方法覆盖实现多态性

如果我们基于某个父类创建了多个子类，而在子类中分别重定义了父类的某些方法，那么当我们分别基于父类和子类创建多个对象时，就可以利用这些对象分别调用不同的同名方法，如下例所示。

案例 4-4　通过类继承和方法覆盖实现多态性

【案例描述】

通过创建父类和若干子类，演示了通过将不同子类对象赋给父类对象实现程序多态性的方法。

【技术要点】

基于父类和子类创建对象时，可以将子类对象赋给父类对象，反之则不能。不过，此时

父类对象依然只能调用其自身的成员方法（被子类覆盖的方法除外，由于此时只存在子类的覆盖方法，因此，此时父类对象调用的实际是子类对象的覆盖方法），以及访问自身的成员变量。

【操作步骤】

步骤 1▶　启动 Eclipse，在 Chapter4 包中创建类 Shapes，并编写如下代码。

```java
// Shapes.java
package Chapter4;
import java.util.*;
// 创建一个 Shape 基类
class Shape {
    public void draw() {
    }
    public void erase() {
    }
}
// 基于 Shape 类创建 Circle 子类
class Circle extends Shape {
    public void draw() {
        System.out.println("Circle.draw()");
    }
    public void erase() {
        System.out.println("Circle.erase()");
    }
}
//基于 Shape 类创建 Square 子类
class Square extends Shape {
    public void draw() {
        System.out.println("Square.draw()");
    }
    public void erase() {
        System.out.println("Square.erase()");
    }
}
//基于 Shape 类创建 Triangle 子类
class Triangle extends Shape {
    public void draw() {
        System.out.println("Triangle.draw()");
    }
    public void erase() {
```

```
            System.out.println("Triangle.erase()");
        }
    }
    // 创建随机形状发生器类 RandomShapeGenerator
    class RandomShapeGenerator {
        // 创建 Random 类型 rand 随机数发生器，其种子为长整型数 47
        private Random rand = new Random(47);
        // 创建 Shape 类型方法 next
        public Shape next() {
            // rand.nextInt(3)用来产生 0——3 之间的随机数
            switch (rand.nextInt(3)) {
            default:
            case 0:
                return new Circle();        // 返回 Circle 对象
            case 1:
                return new Square();        // 返回 Square 对象
            case 2:
                return new Triangle();      // 返回 Triangle 对象
            }
        }
    }


    // 定义公共类
    public class Shapes {
        // 基于 RandomShapeGenerator 类创建私有静态对象 gen
        private static RandomShapeGenerator gen = new RandomShapeGenerator();
        public static void main(String[] args) {
            Shape[] s = new Shape[9];            // 基于 Shape 类创建对象数组 s
            // 为对象数组 s 赋值，其内容应为 Circle、Square 或 Triangle 子类对象
            for (int i = 0; i < s.length; i++)
                s[i] = gen.next();
            // 遍历数组 s，将其值赋给临时 Shape 对象 shp
            for (Shape shp : s)
                // 调用 shp 对象的 draw 方法。由于 shp 对象内容分别为 Circle、
                // Square 或 Triangle 类型，故 draw 方法也分别隶属于这三种类型
                shp.draw();
        }
    }
```

步骤 2▶ 保存文件并运行程序，程序运行结果如下：

```
Triangle.draw()
Triangle.draw()
Square.draw()
Triangle.draw()
Square.draw()
Triangle.draw()
Square.draw()
Triangle.draw()
Circle.draw()
```

三、通过重载方法实现多态性

比较而言，重载方法（overloaded method）使用起来就更简单了。我们在定义多个重载方法时，除了使它们的方法名相同外，必须采用不同形式的参数，包括参数的个数不同、类型不同或顺序不同。如此一来，调用重载方法时，系统会根据参数的个数、类型或顺序来确定调用哪一个方法，如下例所示。

【例1】通过重载方法实现多态性。

```java
// MethodOverloaded.java
package Chapter4;
public class MethodOverloaded {
    // 两个整数相加，返回整数
    int add(int x1, int x2) {
        return x1 + x2;
    }
    // 两个浮点数相加，返回浮点数
    double add(double x1, double x2) {
        return x1 + x2;
    }
    public static void main(String[] args) {
        // 创建 MethodOverloaded 类对象 obj
        MethodOverloaded obj = new MethodOverloaded();
        // 分别调用不同的重载方法
        System.out.println("int add= " + obj.add(10, 23));
        System.out.println("double add= " + obj.add(10.0, 23));
    }
}
```

程序运行结果如下：

```
int add= 33
double add= 33.0
```

任务三　了解抽象类的使用方法

如前所述，抽象类即为类的抽象，是对相似类的归纳与总结。因此，抽象类中通常只包括了抽象方法（只包含方法声明，而不包含方法体），而方法的具体实现则由其派生出的各子类来完成，这使得程序的功能描述和功能实现得以分离。此外，由于一个抽象类可派生多个子类，因此，抽象类中的一个抽象方法可以在多个子类中有多种实现方式，这也实现了程序的多态性。

下面我们对抽象类的声明和使用要点给出一个简单的总结：

（1）抽象类的定义格式通常如下：

```
public abstract class PlaneGraphcs1 {     // 声明抽象类
    private String shape;                  // 声明成员变量
    ......
    public abstract double area();         // 声明抽象方法，并且分号必不可少
    ......
}
```

（2）抽象类是不能实例化的，也就是说，不能基于抽象类来创建对象。

（3）抽象类也可以包含普通成员变量和成员方法。但是，抽象方法只能出现在抽象类中。也就是说，非抽象类是不能包含抽象方法的。

案例 4-5　抽象类和抽象方法的用法

【案例描述】

本例演示了抽象类与抽象方法的用法。其中，分别定义了抽象类 PlaneGraphics 及两个子类，子类分别覆盖了抽象类中的 area()抽象方法，从而使得程序能够用一种方法计算不同类型图形的面积。

【技术要点】

通过基于抽象类创建若干子类，并且在每个子类中分别实现抽象类中相同的抽象方法；以及声明一个抽象类对象，然后分别基于不同子类实例化对象，则使用抽象类对象调用其抽象方法时，可以调用不同子类的覆盖方法，从而实现了程序的多态性。

【操作步骤】

步骤 1▶　启动 Eclipse，在 Chapter4 包中创建类 PlaneGraphics_ex，并编写如下代码。

```
// PlaneGraphics_ex.java
package Chapter4;
abstract class PlaneGraphics { // 平面图形类，抽象类
    private String shape;        // 形状
    // 构造方法，将形状类型字符串赋予变量 shape
    public PlaneGraphics(String shape) {
        this.shape = shape;
    }
}
```

```java
        // 无参构造方法，图形类型为"未知图形"
        public PlaneGraphics() {
            this("未知图形");
        }
        // 计算面积的抽象方法，分号";"必不可少
        public abstract double area();
        // 显示面积，非抽象方法
        public void print() {
            System.out.println(this.shape + "面积为  " + this.area());
        }
}
// 设计长方形类 Rectangle，继承平面图形类
class Rectangle extends PlaneGraphics {
        protected double length; // 长度
        protected double width; // 宽度
        // 长方形构造方法
        public Rectangle(double length, double width) {
            super("长方形");
            this.length = length;
            this.width = width;
        }
        // 正方形构造方法，正方形是长方形的特例
        public Rectangle(double width) {
            super("正方形");
            this.length = width;
            this.width = width;
        }
        // 无参构造方法，将 length 和 width 均赋 0，此时图形形状为"未知图形"
        public Rectangle() {
        }
        // 计算长方形面积，实现父类的抽象方法
        public double area() {
            return width * length;
        }
}
// 设计椭圆类 Eclipse，继承平面图形类
class Eclipse extends PlaneGraphics {
        protected double radius_a; // a 轴半径
        protected double radius_b; // b 轴半径
```

```java
        // 椭圆构造方法
        public Eclipse(double radius_a, double radius_b) {
            super("椭圆");
            this.radius_a = radius_a;
            this.radius_b = radius_b;
        }
        // 圆构造方法，圆是椭圆的特例
        public Eclipse(double radius_a) {
            super("圆");
            this.radius_a = radius_a;
            this.radius_b = radius_a;
        }
        // 无参构造方法，将 radius_a 和 radius_b 均赋 0，此时图形形状为"未知图形"
        public Eclipse() {
        }
        // 计算椭圆的面积，实现父类的抽象方法
        public double area() {
            return Math.PI * radius_a * radius_b;
        }
}
// 声明公共类
public class PlaneGraphics_ex {
    // 使用平面图形类及子类
    public static void main(String[] args) {
        // 获得长方形子类实例
        PlaneGraphics g = new Rectangle(10, 20);
        // 调用抽象类中的 print()方法
        g.print();
        g = new Rectangle(10); // 正方形
        g.print();
        g = new Rectangle(); // 图形形状未知
        g.print();
        g = new Eclipse(10, 20); // 椭圆
        g.print();
        g = new Eclipse(10); // 圆
        g.print();
        g = new Eclipse(); // 图形形状未知
        g.print();
    }
```

}

步骤 2▶　保存文件并运行程序，程序运行结果如下：

长方形面积为　200.0

正方形面积为　100.0

未知图形面积为　0.0

椭圆面积为　628.3185307179587

圆面积为　314.1592653589793

未知图形面积为　0.0

任务四　了解接口的定义

　　和抽象类的作用类似，接口也可以把"做什么"和"怎么做"，即程序的功能和实现分离开来。接口中只能定义若干个抽象方法和公共静态常量，从而形成一个属性集合，该属性集合通常会对应某一种特定功能。凡是需要这种功能的类，都可以继承这个接口并实现它的功能。

　　在 Java 中，一个类只能直接继承一个父类，但可以同时实现若干个接口。因此，利用接口实际上就获得了多个特殊父类的属性，即实现了多继承。

　　从某种意义上讲，接口应该属于更严格的抽象类，两者之间的关系如下：

➢　接口中只能定义抽象方法，而抽象类中可以定义非抽象方法。

➢　接口中只能定义 public static final 类型常量，而不能包含成员变量。抽象类则不然，它可以包含各种形式的成员变量和常量。

➢　类可以继承（实现）多个接口，但只能继承一个抽象父类。

➢　类有严格的层次结构，而接口不是类层次结构的一部分，没有联系的类可以实现相同的接口。

一、接口的定义

　　接口是由常量和抽象方法组成的特殊类。定义一个接口与定义一个类是相似的。接口的定义包括两个部分：接口声明和接口体。声明接口的一般格式如下：

[public] interface　接口名　[extends　父接口名列表]{
　　　//常量声明
　　　//抽象方法声明
}

　　接口声明中有两个部分是必需的：interface 关键字和接口的名字。用 public 修饰的接口是公共接口，可以被所有的类和接口使用；没有 public 修饰的接口则只能被同一个包中的其他类和接口使用。

　　接口也具有继承性，子接口可以继承一个或多个父接口的所有属性和方法。继承多个父接口时，各父接口名以逗号分隔。

　　下面给出了一个简单的接口声明。该接口中定义了两个常量，它们表示所监视的股票符号。接口中定义了 valueChanged()方法，实现这个接口的类将为这个方法提供具体的实现。

```
public interface StockWatcher{
    String oracleTicker="ORCL";        // 接口常量声明
    String ciscoTicker="CSCO";
    void valueChanged(String tickerSymbol, double newValue);        //接口方法声明
}
```

> 由于定义在接口中的所有常量都默认为 public static final 类型，所有方法都默认为 public abstract 类型，因此，编写程序时可以省略这些用修饰符。

二、接口的实现

为了使用接口，要编写实现接口的类。如果一个类实现一个接口，那么这个类就应该提供接口中定义的所有抽象方法的具体实现。

为了声明一个类来实现一个接口，在类的声明中要包括一条 implements 语句。此外，由于 Java 支持接口的多继承，因此可以在 implements 后面列出要实现的多个接口，这些接口名称之间应以逗号分隔。例如：

```
class Stock implements StockWatcher, FundWatcher {
    public void valueChanged(String tickerSymbol, double newValue) {
        if(tickerSymbol.equals(oracleTicker)){…}
        else if(tickerSymbol.equals(ciscoTicker)){ …}
    }
}
```

由于实现接口的类继承了接口中定义的常量，因此，用户可以直接使用常量名来引用常量。例如，Stock 类就直接引用了定义在 StockWatcher 接口中的常量 oracleTicker 和 ciscoTicker。此外，也可以使用下面的方式来引用接口中的常量：

```
StockWatcher.oracleTicker
```

另外，由于 Stock 类实现了 StockWatcher 接口，因此它应该提供 valueChanged()方法的实现。当一个类实现一个接口中的抽象方法时，这个方法的名字和参数类型、数量和顺序必须与接口中的方法相匹配。

> 如果一个类没有实现接口中声明的所有方法，那么，这个类是抽象类，此时 Eclipse 系统会自动给出错误提示。

三、接口的使用

总体而言，接口的定义和使用很容易。但要注意一点，由于系统要求继承接口的类中必

须实现接口的全部方法。因此，一旦修改了接口内容，很可能会导致相关类变成了抽象类，而抽象类是不能实例化的。

例如，假如想在 StockWatcher 接口中添加一个返回当前股票价格的方法，则 StockWatcher 接口的定义如下：

```
public interface StockWatcher{
    String oracleTicker="ORCL";
    String ciscoTicker="CSCO";
    void valueChanged(String tickerSymbol, double newValue);
    void currentValue(String tickerSymbol, double newValue);
}
```

重新定义 StockWatcher 接口后，继承 StockWatcher 接口的所有类由于没有实现接口中的所有方法，都会变成抽象类。

在这种情况下，为了确保使用原接口的类的继承和实现关系不中断，我们可以创建一个新的继承接口，然后为这个新的继承接口创建一个新方法，如下例所示：

```
public interface StockTracker extends StockWatcher{
    void currentValue(String tickerSymbol, double newValue);
}
```

如此一来，我们只需修改需要使用新接口的类声明中的接口名，并在类体中编写新方法的实现程序就可以了。

案例 4-6 接口用法示例

【案例描述】

在本例中，我们利用一组接口定义了获取电脑各配件的型号、类型、速度等数据的方法，而在对应的类中实现了这些方法，即显示了相应的数据。

【技术要点】

在 Mainboardiml 类中，我们定义了一组方法，其参数分别为各个接口，其内容为利用接口的方法获取相关数据。

在公共类的 main 方法中，我们利用 Mainboardiml 类创建了对象 mb，然后调用了其各方法，并将基于各类创建的对象作为参数。

【操作步骤】

步骤 1▶ 启动 Eclipse，在 Chapter4 包中创建类 InterfaceExample，并编写如下代码。

```
// InterfaceExample.java
package Chapter4;
// 定义了一系列接口
interface VideoCard {                    // 显卡
    void getName();                      // 获取显卡名称
    void getVideoMemory();               // 获取显存容量
}
```

```java
interface Memory {                          // 内存条
    void getMemoryVolume();                 // 获取内存条容量
    void getMemoryType();                   // 获取内存条类型
}
interface CPU {                             // CPU
    void getName();                         // 获取 CPU 名称
    void getSpeed();                        // 获取 CPU 速度
}
interface AudioCard {                        // 声卡
    void getName();                         // 获取声卡名称
}
interface Mainboard {                        // 主板
    void setCPU(CPU cpu);                   // CPU
    void setMemory(Memory memory);          // 内存条
    void setVideoCard(VideoCard vc);        // 显卡
    void setAudioCard(AudioCard ac);        // 声卡
}
// 一组类，用来继承和实现上面的接口
class VideoCardImpl implements VideoCard {
    public void getName() {
        System.out.println("The video card name is Winfast");
    }
    public void getVideoMemory() {
        System.out.println("The video memory is 256M");
    }
}
class MemoryImpl implements Memory {
    public void getMemoryVolume() {
        System.out.println("The memory volume is 2GB");
    }
    public void getMemoryType() {
        System.out.println("The memory type is DDR2");
    }
}
class CPUImpl implements CPU {
    public void getName() {
        System.out.println("The CPU name is Intel");
    }
    public void getSpeed() {
```

```java
            System.out.println("The CPU speed is 2.8G");
        }
}
class AudioCardImpl implements AudioCard {
        public void getName() {
                System.out.println("The audio card name is Ac97");
        }
}
class MainboardImpl implements Mainboard {
        public void setCPU(CPU cpu) {
            cpu.getName();
            cpu.getSpeed();
        }
        public void setMemory(Memory memory) {
            memory.getMemoryVolume();
            memory.getMemoryType();
        }
        public void setVideoCard(VideoCard vc) {
            vc.getName();
            vc.getVideoMemory();
        }
        public void setAudioCard(AudioCard ac) {
            ac.getName();
        }
}
// 定义公共类
public class InterfaceExample {
        public static void main(String args[]) {
            Mainboard mb = new MainboardImpl();
            mb.setCPU(new CPUImpl());
            mb.setMemory(new MemoryImpl());
            mb.setVideoCard(new VideoCardImpl());
            mb.setAudioCard(new AudioCardImpl());
        }
}
```

步骤 2▶ 保存文件并运行程序，程序运行结果如下：

The CPU name is Intel

The CPU speed is 2.8G

The memory volume is 2GB

The memory type is DDR2
The video card name is Winfast
The video memory is 256M
The audio card name is Ac97

综合实训　学生管理系统

【实训目的】

（1）进一步熟悉抽象类和抽象方法的定义。

（2）进一步掌握继承和多态的实现方式。

【实训内容】

设计一个学生抽象类，包括学号、学生姓名和班级状态及学生注册、学生注销的操作，再设计一个本科生类和一个研究生类，分别实现注册和注销的操作，最后设计一个学生管理类，完成不同学生的注册和注销。

步骤 1▶　启动 Eclipse，在 Chapter4 包中依次创建抽象学生类 Student、本科生类 UnderGraduate、研究生类 Graduate 和学生管理类 StudentManager，程序代码如下：

```java
//  StudentManager.java
package Chapter4;
abstract class Student {                    // 抽象类
    public String id;                       // 学生学号
    public String name;                     // 学生姓名
    public String className;                // 班级
    public abstract void logIn();           // 注册方法
    public abstract void clearOut();        // 注销方法
}
// 本科生类
class UnderGraduate extends Student {
    private String counsellors;             // 辅导员
    public void logIn() {                   // 本科生注册
        // 注册过程.....
        System.out.println("本科生注册，注册成功！");
    }
    public void clearOut() {                // 本科生注销
        // 注销过程.....
        System.out.println("本科生注销，注销成功！");
    }
}
// 研究生类
class Graduate extends Student {
```

```
        private String instrutor;              // 导师
        private String research;               // 研究方向
        public void logIn() {                  // 研究生注册
            //注册过程......
            System.out.println("研究生注册，注册成功！");
        }
        public void clearOut() {               // 研究生注销
            //注销过程....
            System.out.println("研究生注销，注销成功！");
        }
    }
    // 学生管理公共类 StudentManager
    public class StudentManager {
        public void add(Student s) {           // 学生注册
            s.logIn();
        }
        public void delete(Student s) {        // 学生注销
            s.clearOut();
        }
        public static void main(String[] args) {
            StudentManager manager = new StudentManager();
            Student underGraduate = new UnderGraduate();
            Student graduate = new Graduate();
            manager.add(underGraduate);            //本科生注册
            manager.delete(underGraduate);         //本科生注销
            manager.add(graduate);                 //研究生注册
            manager.delete(graduate);              //研究生注销
        }
    }
```

步骤 2▶ 保存文件并运行程序，结果如下：

本科生注册，注册成功！
本科生注销，注销成功！
研究生注册，注册成功！
研究生注销，注销成功！

项目小结

　　本项目进一步介绍了 Java 语言中面向对象编程的相关知识，主要包括类的继承和多态的实现方式，以及抽象类和接口的定义与使用方法。

学习本项目时，大家应着重掌握如下一些知识：

➤ 在使用子类创建对象时，可以利用子类对象名直接引用父类中的成员变量和成员方法，这被称为成员变量和方法的继承；

➤ 如果在子类中重定义了某个父类中的成员变量，则使用子类创建对象时，子类中的方法操作的是子类中的成员变量，而父类中的方法操作的是父类中的成员变量，这被称为成员变量的隐藏；

➤ 如果在子类中重新定义了父类中的某个方法，则利用子类创建对象时，父类中的同名方法将被覆盖。即无论是子类还是父类，其他方法调用本方法时，实质上调用的都是子类中的方法；

➤ 使用子类创建对象时，父类的无参构造方法总是优先被执行，这被称为构造方法的继承。当然，我们也可以利用 super 关键字显式调用父类的其他构造方法；

➤ 在 Java 中，我们可以将基于子类创建的对象声明为父类对象，或者说可以将基于子类创建的对象赋值给父类对象，这对实现程序的多态性非常有用；

➤ 多态性被称为"一个对外接口，多个内在实现方法"，它可以通过方法覆盖和重载方法来实现。其中，所谓重载方法是指：多个方法的方法名相同，但方法参数的个数、类型或顺序有区别，并且返回数据类型也可以不同。在调用这类方法时，系统会自动依据参数情况来决定调用哪个方法；

➤ 抽象类和接口的主要目的都是为了使程序的功能描述和功能实现相分离，并且一个功能描述可以对应多个实现方法，从而实现了程序的多态性；

➤ 抽象类除了可以包含抽象方法外，其他性质与普通类完全相同。抽象类自身不能实例化，抽象方法的实现应通过其派生子类来完成；

➤ 接口是更严格的抽象类，其中只能包含 public static final 成员常量和抽象方法；

➤ 一个子类只能继承一个抽象类，但可以继承多个接口，这实现了程序设计中的多继承关系。

思考与练习

一、选择题

1. 下面关于方法覆盖的正确说法是（　　）
   A. 发生方法覆盖时返回类型不一定相同
   B. 子类可以覆盖父类中定义的任何方法
   C. 方法覆盖不一定发生在父类与子类之间
   D. 子类不能覆盖父类的静态方法

2. 下面关于抽象类和抽象方法的正确说法是（　　）
   A. 抽象类中至少有一个抽象方法
   B. 抽象类中只能定义抽象方法
   C. 利用抽象类也可以创建对象
   D. 有抽象方法的类一定是抽象类

3. 下面关于接口的正确说法是（　　）

    A．接口中可以定义实例方法

    B．接口中可以定义各种形式的成员变量

    C．接口也可以实例化

    D．接口中的方法都为抽象方法

4. 下面程序运行的结果是（　　）

```
class Pclassx {
    protected void f() {
        System.out.print("A's method! ");
    }
}
public class Temp2 extends Pclassx {
    protected void f() {
        System.out.println("B's method!");
    }
    public static void main(String[] args) {
        Pclassx a = new Temp2();
        a.f();
    }
}
```

    A．A's method!　　　　　　　B．A's method! B's method!

    C．B's method!　　　　　　　D．B's method! A's method!

二、简答题

1. 方法覆盖与重载方法有什么区别？

2. 什么是多态？如何实现多态？

3. 抽象类和抽象方法是如何定义的？

4. 如何定义接口和实现接口？

5. 抽象类和接口有什么区别？

三、编程题

1. 定义一个 Person 类和它的子类 Employee。Person 类有姓名、地址、电话号码和电子邮箱，然后定义一个方法 showMessage()用于输出人的信息。Employee 类有办公室、工资和受聘日期成员变量，定义一个方法 showMessage()用于输出雇员的信息。 将 Employee 定义为 public 类，在其 main()方法中分别为基于父类和子类创建两个对象，并分别为父类和子类的成员变量赋值，然后分别调用父类和子类的 showMessage()方法来输出信息。

2. 模仿本项目中的练习，将其中的抽象类改为接口，然后基于接口派生出若干子类，以分别计算三角形、长方形和椭圆的面积。

项目五　数组和字符串

【引　子】

在编写程序过程中，经常需要处理一些相互联系、有一定顺序、同一类型的数据。例如，一个班级所有学生的成绩、一个城市中所有公交车的车牌号码等。Java提供了数组来保存和处理这类数据。而字符串是 Java 的应用程序中经常使用的一种复合数据类型。在本项目中，我们将详细介绍数组的创建及使用，以及字符串的常用方法。

【学习目标】

◆　掌握一数组的创建及使用方法
◆　掌握二维或多维数组的创建及使用方法
◆　掌握字符串 String 和 StringBuffer 类的常用方法

任务一　熟悉数组声明与使用方法

在 Java 中，数组是具有相同数据类型的有序数据的集合，它是一个对象。其中，这些数据使用同一标识符作为数组名；数组中的每个数据称为数组元素，可通过下标来访问。数组分为一维数组和多维数组，下面我们分别介绍。

一、一维数组

在 Java 中，数组和变量有所不同，必须先声明并初始化后才能使用它。下面我们就来介绍声明、初始化和使用数组的具体方法。

　1．一维数组的声明

声明一个数组仅为数组指定了数组名和元素的数据类型，并未指定数组元素的个数和初始值，此时系统不会为数组分配内存空间。

一维数组的声明格式如下：

数据类型[] 数组名；

数据类型 数组名[]；

解释说明：

➤　数据类型可以是简单数据类型或复合数据类型。

➤　[]表示声明的是数组，其个数表示数组的维数。它可以放在数据类型右侧（此为最常用的方法）或数组名称右侧。

➤　数组名应为合法的标识符。

例如：要声明一个 char 类型的数组，其格式如下：

```
char[] charArray;
char charArray[];
```

2. 一维数组的初始化

数组声明后需要初始化才可以使用，通过初始化可以为数组分配内存空间，或者为数组元素赋值。数组的初始化分为静态初始化和动态初始化。

（1）静态初始化

静态初始化是指声明数组的同时为数组元素赋值，其语法格式如下：

数据类型[]　数组名= {元素 1 初值，元素 2 初值，元素 3 初值…};

静态初始化数组时，无需指定数组的大小，系统会根据元素的个数自动算出数组的长度，并分配相应的内存空间。静态初始化数组适用于元素个数不多或可列举的情况。例如：

```
double score[] = {78.0, 89.5, 66.0, 93.0 };
int[] years = {1980, 1997, 2008};
```

（2）动态初始化

动态初始化是指利用 new 运算符为数组分配内存空间。此时，数组的声明和初始化是分开进行的，它常用于数组元素较多或无法列举的情况。其语法格式如下：

数据类型[]　数组名;
数组名= new　数据类型[数组长度];

解释说明：
➢ new 关键字用来为数组分配内存空间。
➢ 数组长度应为是整型常量或表达式。

例如：要创建一个长度为 4 的整型数组，其格式如下。

```
int[] salary;
salary = new int[4];
```

当数组创建后，每个数组元素都将自动初始化为一个默认值。其中，整型数组的默认值为 0，Boolean 型数组的默认值为 false，char 型数组的默认值为'\u0000'，复合类型数组的默认值为 null。

> 数组的声明和初始化也可以放在一条语句中完成，例如：int[] salary=new int[4]。

3. 一维数组的使用

当数组创建并初始化后，就可以使用数组中的各个元素了。其语法格式如下：

数组名[数组下标];

解释说明：
➢ 数组下标用来唯一标识数组中的每一个元素，它可以是整数或表达式。在 Java 中，所有数组下标都是从 0 开始到"数组长度-1"结束，如 name[0], name[1]等。
➢ 数组对象有 length 属性表示数组的长度。

例如：

```
int[] salary= new int[3];
salary [0] = 1000;                    //为第 1 个元素赋值
salary [1] = 1800;
salary [2] = 1500;
int len = salary.length;              //取得数组的长度
for(int i=0;i<len;i++){
    System.out.println(salary[i]);    //输出数组中的元素
}
```

上面例子中，通过 salary.length 取得数组的长度并设定为循环次数。当数组的长度发生改变时，循环次数也会随之改变，这样可以有效地避免数组越界。

案例 5-1　冒泡排序

【案例描述】

采用冒泡排序算法将 10 个整数按照从小到大的顺序排列。

【技术要点】

冒泡排序是一种简单的交换排序。其基本思路是，从数列左边开始扫描待排序的元素，在扫描过程中依次对相邻元素进行比较，将较大值元素后移。每经过一轮排序后，值最大的元素将移到末尾，此时记下该元素的位置，下一轮排序只需比较到此位置即可。如此重复，直到比较最后两个元素。

对 n 个元素冒泡排序时，总共需要进行 n-1 轮。第 1 轮需要比较 n-1 次，第 2 轮需要比较 n-2 次，第 i 轮需要比较 n-i 次，最后一轮需要比较 1 次。

【操作步骤】

步骤 1▶　　启动 Eclipse，在 Chapter5 包中创建类 NumberSort，并编写如下代码。

```
// NumberSort.java
package Chapter5;
public class NumberSort {
    public static void main(String[] args) {
        int[] array = { 3, 1, 6, 2, 9, 0, 7, 4, 5, 8 };
        System.out.print("数组排列前的顺序为：");
        for (int i = 0; i < array.length; i++) {        //输出数组中的每个元素
            System.out.print(array[i] + " ");
        }
        int temp;                                       //存储交换的变量值
        for (int i = 0; i < array.length-1; i++) {      //比较 n-1 轮
            for (int j = 0; j < array.length - i - 1; j++) {    //每轮比较
                if (array[j] > array[j + 1]) {
                    temp = array[j];
```

```
                    array[j] = array[j + 1];
                    array[j + 1] = temp;
                }
            }
        }
        System.out.println();
        System.out.print("数组排列后的顺序为：");
        for (int i = 0; i < array.length; i++) {          //输出数组中的每个元素
            System.out.print(array[i] + " ");
        }
    }
}
```

步骤 2▶　保存文件并运行程序，程序运行结果如下：

数组排列前的顺序为：3 1 6 2 9 0 7 4 5 8
数组排列后的顺序为：0 1 2 3 4 5 6 7 8 9

二、多维数组

我们日常工作中用到的行列式、矩阵等数据集合，一般是由两个下标确定一个元素；对于三维或多维空间的描述，则需要三个或更多下标来确定一个元素。对于这些问题，Java 提供了多维数组来解决。多维数组被看成是数组的数组，即高维数组中的元素又是一个低维数组。下面我们以二维数组为例进行说明。

1. 二维数组的声明

二维数组的声明格式如下：

数据类型[][] 数组名;
数据类型 数组名[][];

例如：int[][] a;　int a[][];

2. 二维数组的初始化

二维数组的初始化也分为静态初始化和动态初始化。

（1）静态初始化

静态初始化是指在声明数组的同时给元素赋初值。例如：

int a[][] ={{34,25},{100,43},{1000,453,39}};

由于二维数组可以看作是一维数组的数组，上例中的数组 a 可以看作是由 3 个一维的数组组成，但这 3 个一维数组的长度不相同。

（2）动态初始化

动态初始化是指用 new 关键字为数组分配内存空间，并指定数组元素的行数和列数，但不给数组元素赋初值。二维数组的动态初始化有两种方式：

① 直接方式

在数组初始化时直接指定二维数组的行数和列数，这种方式适合数组的每行列数都相同的情况，例如：

int a[][] = new int [3][2];　　　//定义一个 3 行 2 列的数组

② 逐级方式

逐级方式是指首先为二维数组分配行数，再为每一行分配列数。例如：

int a[][] = new int [2][];　　　　//定义一个两行的二维数组

a[0]= new int[1];　　　　//定义第一行 a[0]为 1 个元素

a[1]= new int[2];　　　　//定义第二行 a[1]为 2 个元素

3. 二维数组的使用

二维数组的使用和一维数组相似，其语法格式如下：

数组名[index1][index2];

解释说明：

index1 和 index2 是标识二维数组中每一个元素的下标，可以是整型数或表达式，如 a[0][2]，a[1][1]等。同样，二维数组中每一维的下标也是从 0 开始的。例如：

int a[][] = new int [2][];

a[0]= new int[1];

a[1]= new int[2];

a[0][0]=5;　　　　//为第一行第一个数组元素赋值

a[1][0]=20;　　　　//为第二行第一个数组元素赋值

a[1][1]=13;　　　　//为第二行第二个数组元素赋值

案例 5-2　选择题评分

【案例描述】

编写程序，给选择题进行评分。假设有 5 个学生和 10 个问题，学生对问题给出的答案存储在二维数组中，每行记录一名学生对所有问题的答案。程序将每个学生的答案与正确的答案进行比较，最后统计正确答案的个数并将其显示出来。

【技术要点】

学生的答案存储在一个二维数组中，如下所示。

学生给出的答案

	0	1	2	3	4	5	6	7	8	9
学生 0	A	B	A	C	C	D	E	E	A	D
学生 1	D	B	A	B	C	A	E	E	A	D
学生 2	E	D	D	A	C	B	E	E	A	D
学生 3	C	B	A	E	D	C	E	E	A	D
学生 4	A	B	D	C	C	D	E	E	A	D

正确答案存储在一个一维数组中，如下所示。

问题的正确答案

	0	1	2	3	4	5	6	7	8	9
正确答案	D	B	D	C	C	D	A	E	A	D

【操作步骤】

步骤 1▶ 启动 Eclipse，在 Chapter5 包中创建类 GradeExam，并编写如下代码。

```java
// GradeExam.java
package Chapter5;
public class GradeExam {
    public static void main(String[] args) {
        char[][] answers = {                                  //定义存储学生答案的数组
                { 'A', 'B', 'A', 'C', 'C', 'D', 'E', 'E', 'A', 'D' },
                { 'D', 'B', 'A', 'B', 'C', 'A', 'E', 'E', 'A', 'D' },
                { 'E', 'D', 'D', 'A', 'C', 'B', 'E', 'E', 'A', 'E' },
                { 'C', 'B', 'A', 'E', 'D', 'C', 'E', 'E', 'A', 'D' },
                { 'A', 'B', 'D', 'C', 'C', 'D', 'E', 'E', 'A', 'D' } };
        char[] keys = { 'D', 'B', 'D', 'C', 'C', 'D', 'A', 'E', 'A', 'D' };//定义正确答案的数组
        for (int i = 0; i < answers.length; i++) {
            int correctCount = 0;                             //记录答对的题目个数
            for (int j = 0; j < answers[i].length; j++) {
                if (answers[i][j] == keys[j])                 //判断给出的答案是否正确
                    correctCount++;                           //改变答对的题目个数
            }
            System.out.println("学生" + i + "'答对题目的个数为："
                    + correctCount);
        }
    }
}
```

步骤 2▶ 保存文件并运行程序，程序运行结果如下：

```
学生 0'答对题目的个数为：7
学生 1'答对题目的个数为：6
学生 2'答对题目的个数为：4
学生 3'答对题目的个数为：4
学生 4'答对题目的个数为：8
```

三、对象数组

Java 是一种面向对象的编程语言，在数组定义中，数组元素可以定义为基本数据类型，也可以定义为类对象等引用类型。数组元素的类型为类对象的数组称为对象数组。对象数组的定义与基本类型数组的定义在形式上是一致的。

【例 1】定义一个学生对象数组。

```java
// Exam_1.java
package Chapter5;
```

```
class Student {                     // 声明 Student 类
    String name;                    // 声明成员变量
    int age;
    public Student(String name, int age) {   // 构造方法
        this.name = name;
        this.age = age;
    }
}
public class Exam_1 {
    public static void main(String args[]) {
        Student[] stu = new Student[3];        // 声明对象数组
        stu[0] = new Student("lily", 20);      // 为对象数组元素初始化
        stu[1] = new Student("lucy", 18);
        stu[2] = new Student("john", 21);
        for (int i = 0; i < stu.length; i++) {  // 输出对象的信息
            System.out.println(stu[i].name + "    "+stu[i].age);
        }
    }
}
```

程序的运行结果如下:

```
lily   20
lucy   18
john   21
```

  在定义对象数组时，只是创建了数组对象引用，并未对对象元素初始化，也未给对象数组分配内存空间，因此在定义对象数组后，还要对其初始化。

  对象数组中的每个元素都是一个对象，故可以使用运算符 "." 访问对象中的成员。

四、数组作为方法的参数

  在 Java 中，数组可以作为方法的参数传递。数组作为方法的实参时传递的是引用，从而会使实参和形参拥有相同的内存空间。若在方法中更改了形参的值，实参的值也将被改变。

  数组作为参数传递时，应注意以下几点：

➢ 数组作为形参时，数组名后的括号不能省略，括号的个数和数组的维数相等，不需要给出数组元素的个数。

➢ 数组作为实参时，数组名后的括号要省略。

【例 2】编写一个方法，求一组数的最大值、最小值和平均值。

// Exam_2.java

```
package Chapter5;
public class Exam_2 {
    public static void main(String args[]) {
        double a[] = { 1.1, 3.4, -9.8, 10 };        // 定义数组并初始化
        //定义存储最大值、最小值和平均值的数组，将数组 a 作为方法的实参
        double b[] = max_min_ave(a);
        for (int i = 0; i < b.length; i++)              // 输出最大值、最小值与平均值
            System.out.println("b[" + i + "]=" + b[i]);
    }
    //取得数组的最大值、最小值和平均值的方法，返回值为数组类型
    static double[] max_min_ave(double a[]) {
        double res[] = new double[3];
        double max = a[0], min = a[0], sum = a[0];
        for (int i = 0; i < a.length; i++) {
            if (max < a[i])
                max = a[i];             // 取得数组中的最大值
            if (min > a[i])
                min = a[i];             // 取得数组中的最小值
            sum += a[i];               // 取得数组中元素的总和
        }
        res[0] = max;
        res[1] = min;
        res[2] = sum / a.length;       // 得到数组元素的平均值
        return res;                    // 返回数组引用
    }
}
```

程序运行结果如下：

```
b[0]=10.0
b[1]=-9.8
b[2]=1.4499999999999997
```

　　数组元素也可以作为方法的参数传递，当数组元素作为方法的实参传递时，传递的是数组元素的数值。若在形参中更改了形参的值，实参的值不会被更改。

任务二　了解字符串的创建与使用方法

　　字符串是字符的序列，它是组织字符的基本数据结构。Java 使用 java.lang 包中的 String 类来创建一个字符串变量，因此字符串变量是类类型变量，是一个对象。

一、String 类

1. 声明字符串

```
String s;
```

2. 创建字符串

通过 String 类提供的构造方法可创建字符串，有以下几种方式：

（1）创建字符串对象时直接赋值，例如：

```
String s1="hello";
String s2 = new String("hello");
```

（2）由一个字符串创建另一个字符串。例如：

```
String s1 = "hello";
String s2 = new String(s1);
```

（3）由字符型数组来创建字符串，例如：

```
char[] c = {'a','b','c'};
String s = new String(c);
```

二、获取字符串的长度

使用方法 length()可以获取一个字符串的长度。例如：

```
String s = "hello world!";
int len = s.1ength();            //len 的值为 12
```

三、字符串的连接

Java 中除了可使用 "+" 运算符进行字符串的连接外，还提供了 concat()方法进行两个字符串的连接。例如：

```
String s1 ="hello";
String s2="world";
String s3 = s1.concat(s2);        //s3 的值为 "helloworld"
```

四、字符串的比较

1. equals 方法

字符串对象调用 String 类的 public boolean eaquals(String s)方法，可比较当前字符串对象的内容是否与参数指定的字符串 s 的内容相同，例如：

```
String s1=new String("hello");
String s2=new String("hello");
s1.equals(s2);                    //true，s1、s2 的内容都为 hello
```

> 比较字符串是否相等不能使用 "=="。当用 "==" 来比较两个对象时，实际上是判断两个字符串是否为同一个对象。因此，即使字符串内容相同，由于它们是不同的对象（也就是对应的引用地址不同），返回值也为 false。所以，表达式 "s1==s2" 的值是 false。

2. equalsIgnoreCase 方法

字符串对象调用 public boolean equalsIgnoreCase(String s)方法，也可比较当前字符串对象与参数指定的字符串 s 是否相同，并且比较时忽略大小写，例如：

```
String s1=new String("hello");
String s2=new String("Hello");
s1.equalsIgnoreCase(s2);            //true
```

3. compareTo 方法

字符串对象使用 public int compareTo(String s)方法，可按照字典顺序与参数 s 指定的字符串比较大小。如果当前字符串与 s 相同，该方法返回值 0；如果当前字符串对象大于 s，该方法返回正值；如果小于 s，该方法返回负值。例如：

```
String s=new String("abcde");
s.compareTo("boy");                 //小于 0
s.compareTo("aba");                 //大于 0
s.compareTo("abcde");               //等于 0
```

按字典顺序比较两个字符串还可以使用 public int compareToIgnoreCase(String s)方法，该方法忽略大小写。

五、字符串的检索

1. 搜索指定串出现的位置

- ➤ public int indexOf(String s)：字符串调用该方法从当前字符串的头开始检索字符串 s，并返回首次出现 s 的位置。如果没有检索到字符串 s，该方法返回值为-1。
- ➤ public int lastIndexOf(String s)：字符串调用该方法从当前字符串的头开始检索字符串 s，并返回最后出现 s 的位置。如果没有检索到字符串 s，该方法返回值为-1。

例如：

```
String s=new String("I am a good cat");
s.indexOf("a");                     //值是 2
s.lastIndexOf("a");                 //值是 13
```

2. 搜索指定字符出现的位置

- ➤ public int indexOf(int char)：字符串调用该方法从当前字符串的头开始检索字符 char，并返回首次出现 char 的位置。如果没有检索到字符 char，该方法返回值是-1。
- ➤ public int lastIndexOf(int char)：字符串调用该方法从当前字符串的头开始检索字符

char，并返回最后出现 char 的位置。如果没有检索到字符 char，该方法返回值是-1。

例如：

```
String s=new String("I am a good cat");
s.indexOf('a');                    //值是 2
s.lastIndexOf('a');                //值是 13
```

六、String 类的其他常用方法

1. 字符串的截取

➢ public String substring(int startpoint)：字符串对象调用该方法获得一个当前字符串的子串，该子串是从当前字符串的 startpoint 处截取到最后所得到的字符串。

➢ public String substring(int start,int end)：字符串对象调用该方法获得一个当前字符串的子串，该子串是从当前字符串的 start 处截取到 end 处所得到的字符串，但不包括 end 处所对应的字符。

例如：

```
String china="I love China";
String s=china.substring(2,5);     //s 是 lov
String s1=china.substring(2);      //s1 是 love China
```

2. 字符串转换为大小写

➢ public String toLowerCase()：字符串对象调用该方法使得当前字符串的全部字符转换为小写。

➢ public String toUpperCase()：字符串对象调用该方法使得当前字符串的全部字符转换为大写。

例如：

```
String s=new String("Hello");
s.toLowerCase();                   //值是 hello
s.toUpperCase();                   //值是 HELLO
```

3. 字符的替换

➢ public String replace(char old,char new)：字符串对象 s 调用该方法可以获得一个字符串对象，这个对象是用参数 new 指定的字符替换 s 中由 old 指定的所有字符而得到的字符串。

➢ public String replaceAll(String old,String new)：字符串对象 s 调用该方法可以获得一个字符串对象，这个字符串对象是通过用参数 new 指定的字符串替换 s 中由 old 指定的所有字符串而得到的字符串。

➢ publicString trim()：一个字符串 s 通过调用该方法得到一个字符串对象，该字符串对象是 s 去掉前后空格后的字符串。

例如：

```
String s="I mist sheep";
```

```
String temp=s.replace('t','s');        //temp 是 I miss sheep
String s1="   I am a student   ";
String temp1=s1.trim();                //temp1 是 I am a student
```

七、字符串转化为相应的数值

1. 字符串转换为数值

通过调用 java.lang 包中 Integer 类的类方法 public static int parseInt(String s)，可以将数字格式的字符串，如"1234"，转化为 int 型数据。例如：

```
String s="1234";
int x=Integer.parseInt(s);             //x 值是 1234
```

类似地，可使用 java.lang 包中 Byte、Short、Long、Double 类的类方法，将数字格式的字符串转化为相应的基本数据类型。

➤ public static Byte parseByte(String s)
➤ public static short parseShort(String s)
➤ public static Long parseLong(String s)
➤ public static double parseDouble(String s)

2. 数值转换为字符串

使用 String 类的 valueOf 方法可将 byte、int、long、float、double 等类型的数值转换为字符串，例如：

```
String s=String.valueOf(7894.4467);
float x=345.6675f;
String s1=String.valueOf(x);
```

八、字符串与字符数组和字节数组之间的转换

借助字符串类 String 的构造方法和成员方法，我们可以方便地将字节数组和字符数组转换为字符串，或者将字符串转换为字节数组或字符数组。其主要用法如下：

```
// 声明字节数组和字符数组
byte[] b = { 65, 66, 67, 68, 69, 70, 71, 72, 73, 74, 75 };
char[] c = { 'a', 'b', 'c', 'd', 'e', 'f', 'g', 'h', 'i', 'j', 'k' };
// 声明字符串对象
String str;
// 将字节数组转换为字符串
str = new String(b);
// 将字节数组中指定位置（5）开始的指定长度（20）的字节转换为字符串
str = new String(b, 2, 8);
// 将字符数组转换为字符串
str = new String(c);
```

```
// 将字符数组中指定位置（5）开始的指定长度（20）的字符转换为字符串
str = new String(c, 2, 8);
// 将字符串转换为字节数组
b = str.getBytes();
// 将字符串转换为字符数组
c = str.toCharArray();
```

案例 5-3　检测回文串

【案例描述】

利用 String 类的常用方法检测字符串是否为回文串。

【技术要点】

对于一个字符串，如果从前向后和从后向前读都一样，则称为回文串。例如：单词 mom、dad 和 noon 等都是回文串。

判断是否为回文串的方法是：先判断该字符串的第一个字符和最后一个字符是否相等，如果相等，检查第二个字符和倒数第二个字符是否相等。这个过程一直进行，直到出现不匹配的情况或者串中所有的字符都检查完毕。

【操作步骤】

步骤 1▶　启动 Eclipse，在 Chapter5 包中创建类 CheckString，并编写如下代码。

```java
// CheckString.java
package Chapter5;
import java.util.Scanner;
public class CheckString {
    public static void main(String[] args) {
        String checkStr = null;
        System.out.println("请输入要检测的字符串：");
        Scanner in = new Scanner(System.in);
        checkStr = in.nextLine();           // 存储用户输入的字符串
        if (isPaildrome(checkStr)) {        // 判断输入的字符串是否为回文串
            System.out.println(checkStr + "是回文串。");
        } else {
            System.out.println(checkStr + "不是回文串。");
        }
    }
    private static boolean isPaildrome(String check) {
        int low = 0;                        // 定义首字符的索引
        int high = check.length() - 1;      // 定义尾子符的索引
        while (low < high) {
            // 检测首尾两个字符是否相等
```

```
                if (check.charAt(low) != check.charAt(high))
                    return false;
                low++;
                high--;
            }
            return true;
        }
}
```

步骤2▶　保存文件并运行程序，程序运行结果如图 5-1 所示。

图 5-1　在"控制台"视图中查看程序运行结果

九、StringBuffer 类

1. StringBuffer 类字符串的定义

在 Java 中，String 类的对象一旦被初始化，它的值和所分配的内存就不能被改变了。如果想要改变它的值，则必须创建一个新的 String 对象。因此，String 类的对象会消耗大量的内存空间。例如，下面的代码创建了一个 String 对象并使用串联符号（+）来为它添加多个字符：

```
String sample1 = new String("Hello");
sample1 += "my name is";
sample1 += "xiaohong";
```

系统会创建三个 String 对象来完成上面的替换。其中第一个对象是 Hello，然后每次添加字符串时都会创建一个新的 String 对象。

显然，这种方法的问题在于一个简单的字符串拼接消耗了太多的内存资源。为了解决这种问题，Java 中提供了 StringBuffer 类。

2. 用 StringBuffer 类处理字符串

StringBuffer 类用于创建和操作动态字符串，为该类对象分配的内存会自动扩展以容纳新增的文本。因此，StringBuffer 类适合于处理可变字符串。

StringBuffer 类的构造方法有以下几种：

➢　StringBuffer()：构造一个不带字符的字符串对象，其初始容量是 16 个字符。

➢　StringBuffer(int capacity)：构造一个不带字符但具有指定初始容量 capacity 的字符串对象。

➢ StringBuffer（String s）：构造一个字符串对象，并将其内容初始化为指定字符串 s。例如：

```
StringBuffer sb1=new StringBuffer();              //创建一个空的字符串
StringBuffer sb2=new StringBuffer(30);            //创建容量大小为 30 的空字符串
StringBuffer sb3=new StringBuffer("Hello");       //创建初始值为 Hello 的字符串
```

StringBuffer 类的主要操作方法是 append()和 insert()方法，它们能将给定字符追加或插入到当前字符串内容中。append()方法将给定的字符追加到当前字符串的末尾；而 insert()方法则在当前字符串的指定位置插入字符。例如：

```
class Exam_3{
    public static void main(String args[]){
        StringBuffer s1=new StringBuffer();
        StringBuffer s2=new StringBuffer(5);
        StringBuffer s3=new StringBuffer("hello");
        s1.append("hello");
        s2.insert(0,"hello");
    }
}
```

上述程序中通过构造方法创建了 StringBuffer 类的三个对象 s1、s2、s3，并且都存储了字符串 hello，s1 在创建后通过 append()方法向其中追加了"hello"字符串，s2 则先定义了容量，然后通过 insert()方法，在索引 0 处插入字符串"hello"，s3 直接通过构造方法初始化了字符串"hello"。

　　append()和 insert()方法有十余种重载形式，它们允许将各种数据类型的数值追加到当前对象的末尾或插入到当前对象中。

　　无论是 append()方法，还是 insert()方法，它们都是在原有对象基础上进行操作的，并没有创建新的对象。

　　例如：StringBuffer sb=new StringBuffer();
　　　　　sb.append("Hello ");
　　　　　sb.append("china");

　　上述代码只创建了一个 sb 字符串对象。如果使用 String 类创建，则创建了两个 sb 对象。

综合实训　电话号码分析与处理

【实训目的】
熟悉一维数组的创建和使用，掌握字符串操作的常用方法。

【实训内容】
设计一个方法统计给定的电话号码中每个数字出现的频率，然后根据该方法返回的结果，把出现频率最高的数字与数字 8 互换。

【操作步骤】

步骤 1▶　启动 Eclipse，在 Chapter5 包中创建类 NumberManager，并编写如下代码。

```java
// NumberManager.java
package Chapter5;
public class NumberManager {
    /*统计每个数字（0、1...、8、9）出现的频率*/
    public static int[] countNumbers(String[] numbers) {
        int[] numberArray = new int[10];
        for (int i = 0; i < numbers.length; i++) {
            for (int j = 0; j < numbers[i].length(); j++) {
                /*numbers[i].charAt(index)方法返回索引位置处的字符,
                *它与字符'0'的差值为对应数字符的数值。
                *例如，'1'-'0'=1，'5'-'0'=5 等。因此，如果字符'5',
                *则相当于 numberArray[5]加 1，其他字符与此类似。
                */
                numberArray[numbers[i].charAt(j) - '0']++;
            }
        }
        return numberArray;
    }
    /*打印整型数组*/
    private static void printArray(int[] numArr) {
        for (int i = 0; i < numArr.length; i++) {
            System.out.printf(i + ":" + numArr[i] + ",");
        }
        System.out.println();
    }
    /*替换数字*/
    public static String[] replaceNumbers(String[] numbers, int[] numberCounts) {
        String[] results = new String[numbers.length];
        int replaceNum = getMaxNumber(numberCounts);        // 得到最大数的索引下标
        for (int i = 0; i < numbers.length; i++) {
            String replaceString = replaceOneString(replaceNum, numbers[i]);
            results[i] = replaceString;                      // 逐个给 results[i]赋值
        }
        return results;
    }
```

```
/*得到出现频率最高数字的下标*/
private static int getMaxNumber(int[] numberCounts) {
    int currenMaxNumber = -1;
    int index = -1;
    //获取 numberCounts 数组中的最大数
    for (int i = 0; i < numberCounts.length; i++) {
        if (numberCounts[i] > currenMaxNumber) {        // 记录当前最大数
            currenMaxNumber = numberCounts[i];          // 记录最大数的下标
            index = i;
        }
    }
    return index;
}
/*将字符串数组中的某个字符与'8'进行互换*/
private static String replaceOneString(int replaceNum, String oldString) {
    StringBuffer strBuf = new StringBuffer();
    // 将数值转换为字符格式的数字，例如 1->'1'
    char replacedChar = (char) (replaceNum + '0');
    for (int i = 0; i < oldString.length(); i++) {
        // 获取 oldString 字符串中的字符
        char ch = oldString.charAt(i);
        // 如果字符串中字符为指定字符，则将其换为'8'
        if (ch == replacedChar) {
            ch = '8';
        } else if (ch == '8') {
            ch = replacedChar;        // 将'8'换为指定字符
        }
        strBuf.append(ch);            // 将 ch 字符添加到 strBuf 的尾部
    }
    //   toString()方法用于把字符缓冲区里的所有字符连接在一起并返回
    return strBuf.toString();
}
/*打印字符串*/
private static void printString(String[] newArr) {
    for (int i = 0; i < newArr.length; i++) {
        System.out.printf(newArr[i]);
        System.out.println();
    }
}
```

```java
public static void main(String[] args) {
    String[] numbers = { "13701192543", "82876650", "33933" };
    System.out.println("原始电话号码：");
    for (int i = 0; i < numbers.length; i++) {            // 输出原始号码
        System.out.println(numbers[i]);
    }
    // 统计各数字串中数字字符'0'、'1'...'9'出现的频率
    int[] numArr = countNumbers(numbers);
    System.out.println("各数字在电话号码中出现的频率：");
    // 打印数字字符'0'、'1'...'9'出现的频率
    printArray(numArr);
    // 将数字串中高频数字符与字符'8'互换
    String[] newArr = replaceNumbers(numbers, numArr);
    System.out.println("高频数字与 8 互换后的电话号码: ");
    printString(newArr);
}
```

步骤 2▶　保存文件并运行程序，程序运行结果如下：

```
原始电话号码：
13701192543
82876650
33933
各数字在电话号码中出现的频率：
0:2,1:3,2:2,3:6,4:1,5:2,6:2,7:2,8:2,9:2,
高频数字与 8 互换后的电话号码：
18701192548
32376650
88988
```

项目小结

本项目首先重点介绍了一维数组的创建和使用方法，并且通过二维数组的学习，熟悉了多维数组的创建和使用方法。最后介绍了 String 类及 StringBuffer 类及其常用的方法。

总体而言，本项目的内容比较简单，大家需要特别注意的是：数组在作为方法参数时，实参与形参之间传递的是引用（也就是地址），因此，在方法中修改形参时会同时改变实参的内容。

思考与练习

一、选择题

1. 下面是关于数组的声明，其中正确的是（　　）

    A．int i = new int();　　　　　　　　B．double d[] = new double[30];

    C．char[] c = new char(1...30);　　　　D．int[][] i= new int[][3]

2. 下面表达式中，用来访问数组 a 中的第一个元素的是（　　）

    A．a[1]　　　　B．a[0]　　　　C．a.1　　　　D．a.0

3. 数组作为参数传递的是（　　）

    A．值　　　　B．引用　　　　C．名称　　　　D．以上都不对

4. 将字符串 a 由大写字母变成小写字母的方法是（　　）

    A．A.toUpperCase()　　　　　　B．A.toLowerCase()

    C．a.toUpperCase()　　　　　　D．a.toLowerCase()

5. 比较两个字符串内容是否相等，正确的方法是（　　）

    A．s==s1　　　B．s.equals(s1)　　　C．s.compareTo(s1)　　　D．s.equalsIgnoreCase(s1)

6. 执行 "StringBuffer s1=new StringBuffer("abc");s1.insert(1,"efg");" 的正确结果是（　　）

    A．s1="abcefg"　　　B．s1="abefgc"　　　C．s1="efgabc"　　　D．s1="aefgbc"

二、简答题

1. 如何创建数组？

2. 如何访问数组中的元素？

3. 怎样将数值型数据转换为一个字符串？

4. 怎样将字符串转化为相应的数值型数据？

5. String 类和 StringBuffer 类有什么区别？

三、编程题

1. 编写一个程序，找出一维数组中元素的最大值、最小值及其差值。

2. 编写一个程序，将一维数组中元素顺序倒置。例如，若数组元素的顺序原来是 1、2、3，则倒置后的顺序变为 3、2、1。

3. 定义一个二维数组，然后利用属性 length 输出数组的行数和各行的列数。

4. 编写一个程序，使用 StringBuffer 对象实现对字符串的编辑操作，包括：替换字符串中的某些字符，在字符串中插入或尾部加入新的字符串。

项目六　异常处理

【引　子】

　　编写程序时往往会因为环境变化、数据差异等因素给程序带来各种错误。为了增强程序的健壮性与易维护性，Java 中提供了异常机制来处理程序运行过程中可能发生的各种非正常事件。通过本项目的学习，读者应该掌握异常的的概念及异常的处理机制等内容。

【学习目标】

◇　掌握异常的概念、异常类的层次结构
◇　理解 Java 异常的处理机制
◇　掌握常见异常处理的方式
◇　了解自定义异常的用法

任务一　了解 Java 中的异常

　　异常（Exception）也叫例外。在 Java 编程语言中，异常就是程序在运行过程中由于硬件设备问题、软件设计错误或缺陷等导致的程序错误。在软件开发过程中，很多情况都将导致异常的产生，例如：

　　（1）想打开的文件不存在；
　　（2）网络连接中断；
　　（3）操作数超出预定范围；
　　（4）正在装载的类文件丢失；
　　（5）访问的数据库打不开等。

　　由此可见，在程序中产生异常的现象是非常普遍的。在 Java 编程语言中，系统对异常的处理提供了一套非常完备的机制。下面我们就来具体学习。

一、熟悉 Java 中异常的产生与处理方法

　　为了帮助读者更直观地理解 Java 中异常的产生与处理方法，我们先来看一个例子。

1．非运行时异常

【例1】编写一个程序，按字节方式读取文件内容并显示。

```java
// Exception1.java
package Chapter6;
import java.io.*;
class Exception1 {
```

```
public static void main(String args[]){
    //创建 FileInputStream 对象
    FileInputStream fis =new FileInputStream("text.txt");
    int b;
    while((b=fis.read())!=-1) {           //读文件字节数据有效时循环
        System.out.print(b);              //显示读出的字节数据
    }
    fis.close();                          //关闭文件
}
}
```

在 Eclipse 编辑环境下，我们看到程序中的某些语句下面被加上了波浪线，这表示程序存在错误。将光标移至这些语句，系统会弹出一个窗口，告诉读者程序出现错误的原因和快速修改方法，如图 6-1 所示。

图 6-1　程序错误提示

当编译并运行这个程序时，控制台中会输出下面的编译错误信息：

```
Exception in thread "main" java.lang.Error: Unresolved compilation problems:
    Unhandled exception type FileNotFoundException
    Unhandled exception type IOException
    Unhandled exception type IOException
    at Exception1.main(Exception1.java:5)
```

此时出现的异常被称为非运行时异常，异常类型包括了 FileNotFoundException 与 IOException 两类。

为了解决这个问题，我们首先利用 throws 声明对程序做如下改进，如例 2 所示。

2. 使用 throws 声明抛出异常

【例2】使用 throws 声明解决非运行时异常问题。

```java
// Exception2.java
package Chapter6;
import java.io.*;
class Exception2 {
    public static void main(String args[])
        throws FileNotFoundException,IOException{
        //创建 FileInputStream 对象
        FileInputStream fis =new FileInputStream("text.txt");
        int b;
        while((b=fis.read())!=-1) {          //读文件字节数据有效时循环
            System.out.print(b);             //显示读出的字节数据
        }
        fis.close();                         //关闭文件
        System.out.println("程序正常结束");
    }
}
```

此时程序中的所有波浪线均已消失，说明程序中的非运行时错误已清除。编译并运行程序，如果在工程文件夹中存在"text.txt"文件，系统将按字节读出文件内容并显示。否则，将显示如下信息：

```
Exception in thread "main" java.io.FileNotFoundException: text.txt (系统找不到
        指定的文件。)
    at java.io.FileInputStream.open(Native Method)
    at java.io.FileInputStream.<init>(Unknown Source)
    at java.io.FileInputStream.<init>(Unknown Source)
    at Exception2.main(Exception2.java:8)
```

我们说此时系统发生了运行时异常。main 方法名后面的 throws 声明的意思是抛出异常，其后为要抛出的异常列表。throws 声明的意思是：对于本方法出现的指定异常将不在本方法中处理，而是将其交由调用本方法的对象处理（逐级回溯）。如果对象也不处理，则程序终止。否则，处理后程序将正常运行。

就本例而言，由于 main 方法已是最上层，故异常无处上交，因此，程序在出现异常时将自动终止。

3. 使用 try-catch 语句捕获异常并进行处理

为了便于程序设计人员对出现的各种异常进行处理，Java 提供了 try-catch 语句。其中，应将可能出现异常的语句放在 try 代码块中，而将各种异常处理代码按类型放在多个 catch 代码块中，如下面的程序所示。

【例 3】使用 try-catch 语句解决异常问题（包括非运行时异常和运行异常）。

```java
//Exception3.java
package Chapter6;
import java.io.*;
public class Exception3 {
    public static void main(String args[]) {
        // try 代码块，其中可能会出现异常
        try {
            FileInputStream fis = new FileInputStream("text.txt");
            int b;
            while ((b = fis.read()) != -1) {
                System.out.print(b);
            }
            fis.close();
        } catch (FileNotFoundException e) {
            // 利用 catch 语句捕捉 FileNotFoundException 异常并处理
            // FileNotFoundException 为异常类型，e 为异常对象
            System.out.println(e);
            System.out.println("message（异常提示）: " + e.getMessage());
        } catch (IOException e) {
            // 利用 catch 语句捕捉 IOException 异常并处理
            System.out.println(e);
        }
        System.out.println("程序正常结束");
    }
}
```

编译并运行该程序，如果在工程文件夹中不存在"text.txt"文件，系统将显示如下提示信息：

```
java.io.FileNotFoundException: text.txt (系统找不到指定的文件。)
message（异常提示）: text.txt (系统找不到指定的文件。)
程序正常结束
```

其中，第 1 行为异常对象 e 的内容，第 2 行显示了异常提示信息，第 3 行显示了程序正常结束信息。

我们通过上述提示信息可以得出，当程序执行 FileInputStream fis = new FileInputStream("text.txt");语句时将产生 FileNotFoundException 异常，而该异常将被 catch (FileNotFoundException e)语句捕捉，从而执行该代码块内容。执行结束后，程序将继续执行 try-catch 代码块后面的内容（显示"程序正常结束"信息）。

二、Java 中异常的特点和处理机制

想必读者通过前面的几个小例子已对异常有了一定的认识，下面我们再来对 Java 中异常的特点和处理机制进行一个简单的总结。

（1）从大的方面讲，Java 的异常可以分为非运行时异常和运行异常。就像前面的例子那样，如果程序出现非运行时异常，程序将无法通过编译，我们必须通过为程序增加 throws 声明或 try-catch 语句加以解决。

所谓运行时异常是指程序在运行时出现的异常。当出现这样的异常时，总是由虚拟机接管。出现运行时异常后，系统会把异常一直往上层抛，一直遇到处理代码。如果没有处理代码，到最上层后，如果程序是多线程就由 Thread.run() 抛出，如果程序是单线程就被 main() 抛出。抛出之后，如果是线程，这个线程也就退出了；如果是主程序，那么整个程序也就退出了。

也就是说，如果用户在编程时不对运行时异常进行处理，那么出现运行时异常之后，要么是线程中止，要么是主程序终止。

如果在程序出现运行时异常时不想终止程序的运行，则必须通过编程捕捉所有的运行时异常。正常的处理应该是把异常数据舍弃，然后记录日志，让程序继续运行。

（2）在 Java 中，系统把程序在运行时可能出现的故障分为两类：一类是非致命性的，通过某种程度的处理后，程序还能继续运行，这类情况称为异常（Exception），如打开一个文件，发现文件不存在；另一类是致命性的，即程序不能恢复运行，这类情况称为错误（Error），如程序在运行过程中内存耗尽。

在本项目中，我们主要讲述异常的处理方法。而当程序运行中出现错误时，由于大多数情况下都应中断程序运行，因此，对于这类问题不再加以介绍。

（3）在 Java 程序运行期间，如果出现了异常事件，系统会自动生成一个异常对象。该对象包含了一组信息，指明了异常的类型，以及异常发生时程序的状态等。对于这些信息，我们可以通过直接访问对象，或者调用对象方法来获取。

此外，通常情况下，异常都是由虚拟机产生的。不过，用户也可在编程时利用 throw 语句手工抛出异常。

（4）对于异常的处理，我们可以采用如下几种方法：

➢ 在方法体中增加 try-catch 语句，从而告知系统，当 try 代码块出现异常时，利用 catch 语句捕捉异常，并利用 catch 代码块对异常加以处理，从而让程序能继续运行。

➢ 为方法名增加 throws 声明，抛出一些异常。在这种情况下，如果系统沿着方法的调用栈逐层回溯，并且能够找到处理这种异常的方法后，系统将把当前异常对象交给该方法进行处理，然后程序可继续运行。否则，如果当前方法为 main（已处于顶层），或者无法在方法的调用栈中找到处理这种异常的方法，则程序将终止。

➢ 如果用户能够明确预测到异常，则可通过在程序中增加 throw 语句，让程序自身而不是系统来抛出异常。

➢ 如果希望在程序退出异常处理代码时对程序进行一些统一处理，可以将必须执行的代码放在 finally 代码块中。

三、Java 异常类及其方法

在 Java 中，每一个异常都由一个异常类来代表，所有异常类都继承了 java.lang.Throwable 类，如图 6-2 所示。其中，Error 为错误类，Exception 类为异常类。异常类又可以分为运行时异常类（RuntimeException）和非运行时异常类两种。常见的运行时异常类如表 6-1 所示，而非运行时异常类如表 6-2 所示。

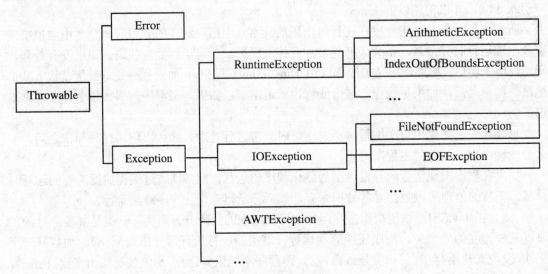

图 6-2　异常类的层次结构

表 6-1　常见运行时异常类

异常名称	相关说明
ArithmeticException	算数错误，如被 0 除
ArrayIndexOutOfBoundsException	数组下标越界
ClassCastException	非法类型转换
IllegalArgumentException	调用方法的参数非法
IndexOutOfBoundsException	类型索引越界
NullPointerException	非法使用空引用
NumberFormatException	字符串到数字格式非法转换
OutOfMemeoryException	内存溢出

表 6-2　常见非运行时异常类

异常名称	相关说明
ClassNotFoundException	找不到类或接口
FileNotFoundException	文件找不到
IOException	一般情况下不能完成 I/O 操作

续表 6-2

异常名称	相关说明
EOFException:	打开文件没有数据可以读取
IllegalAccessException	类定义不明确

如前所述，我们可以通过访问异常类和调用异常类的方法来了解异常信息。其中，异常类常用的方法主要有：fillInStackTrace()、getLocalizedMessage()、getMessage()、printStackTrace()、printStackTrace(PrintStream)、toString()等。这些方法的意义如下。

（1）public native Throwable fillInStackTrace()

填写执行堆栈跟踪信息。该方法在应用程序重新抛出错误或异常时有用，例如：

```
try {
    a = b / c;
} catch(ArithmeticThrowable e) {
    a = Number.MAX_VALUE;
    throw e.fillInStackTrace();
}
```

（2）public String getLocalizedMessage()

生成该 Throwable 的本地化描述。子类可能会覆盖该方法以便产生一个特定于本地的消息。对于未覆盖该方法的子类，缺省地返回调用 getMessage()的结果。

（3）public String getMessage()

返回该 throwable 对象的详细信息。如果该对象没有详细信息，则返回 null。

（4）public void printStackTrace()

把该 Throwable 和它的跟踪情况打印到标准错误流。

（5）public void printStackTrace(PrintStream s)

把该 Throwable 和它的跟踪情况打印到指定打印流。

（6）public String toString()

返回该 throwable 对象的简短字符串描述。

任务二　异常的处理

通过前面的学习，读者应该对 Java 中的异常特点及其处理方法有了全面的了解了。接下来我们将详细介绍常用的异常处理声明和语句。

一、try-catch 语句

try-catch 语句的一般格式为：

```
try{
    //可能发生异常的代码块
}catch(异常类型 异常对象名){
```

```
    //异常处理代码块
}
```

解释说明：

➢ try 语句块用大括号 "{}" 指定了一段代码，此段代码在运行过程中可能会生成一个或多个异常对象。

➢ try 语句块后面跟随一个或多个 catch 语句，用于处理 try 代码块中生成的的异常对象。catch 语句中的参数类型指明了它能够捕获的异常类型，这个类必须为 Throwable 类的子类。此外，catch 语句还给出了异常对象名，以便后面访问该对象。

➢ 当 try 语句块中的某条语句抛出一个异常对象时，如果与 catch 语句指定的参数相匹配，那么就会执行这个 catch 语句（其他的语句则被跳过）。

> 如果 try 代码块中指定的代码没有抛出异常，那么 try 代码块执行结束后，会跳过一个或多个 catch 语句，程序从最后一个 catch 语句后面的第一个语句继续执行。因此，catch 语句只有在有异常抛出时才会执行。

下面我们再来看两个例子。

【例 4】通过为程序增加 try-catch 语句，捕捉并处理被 0 除异常。

```java
// Exception4.java
package Chapter6;
class Exception4 {
    public static void main(String args[]) {
        int a = 0;
        try {
            System.out.println(5 / a);
        } catch (ArithmeticException e) {
            System.out.println("除数不能为零！");
        }
        System.out.println("程序正常结束");
    }
}
```

编译并运行程序，控制台中将显示如下信息。它表示系统产生的 ArithmeticException 异常被 catch (ArithmeticException e) 语句捕获和处理，并且处理结束后程序继续运行。

```
除数不能为零！
程序正常结束
```

显然，一旦引发异常，程序控制由 try 代码块转到 catch 块，执行完 catch 语句后，程序将从 try/catch 代码块下面的语句继续执行，并不会从 catch 语句返回到 try 代码块中。

另外，try/catch 代码块还可放在循环中，此用法经常用于检查输入数据是否有效。如无效，应提示用户数据无效，重新输入。请看下面的例子。

案例 6-1　数据输入格式检查

【案例描述】

利用 try/catch 代码块检查用户输入的数据是否是有效的浮点数。如果是，则将其记录下来，否则提示用户重新输入。

【技术要点】

基于 Scanner 类创建对象时，其数据源为 System.in，表示来自键盘。

在 try 代码块内，我们利用 Scanner 类的 nexrDouble()方法来读取数据并分析它是不是双精度浮点数。如果是，则读取数据并输出，然后通过设置循环变量来退出 do-while 循环；否则，如果读取的数据不是双精度浮点数，则系统将产生一个 InputMismatchException（输入不匹配异常）异常。

该异常将被 catch 语句捕捉，catch 代码块用来显示数据输入错误提示信息，并提示用户重新输入数据，然后通过设置循环变量使 do-while 循环继续运行，要求用户重新输入数据。

【操作步骤】

步骤 1▶　启动 Eclipse，在 Chapter6 包中创建类 DataInFormatCheck，并编写如下代码:

```java
// DataInFormatCheck.java
package Chapter6;
import java.io.*;
import java.util.*;
public class DataInFormatCheck {
    public static void main(String[] args) throws IOException {
        // 创建 Scanner 对象 in
        Scanner in = new Scanner(System.in);
        // 设置控制变量 dataright 并赋值
        boolean dataright = false;
        // 循环控制
        do {
            try {
                System.out.print("请输入一个浮点数: ");
                // 将字符串解析为带符号的 double 类型数据
                double numberx = in.nextDouble();
                // 如果输入正确，则执行如下的语句
                System.out.println(numberx);
                // 修改循环变量，使循环结束
                dataright = false;
            // 捕捉输入数据错误异常
            } catch (InputMismatchException e) {
                System.out.println("数据无效，请重新输入！ ");
```

```
                    // 修改循环变量，使之有效，继续循环
                    dataright = true;
                    // 读取数据换行
                    String x = in.nextLine();
                }
        } while (dataright);
    }
}
```

步骤 2▶ 保存文件并运行程序，程序运行结果如下：

```
请输入一个浮点数: xyz
数据无效，请重新输入！
请输入一个浮点数: 2345
2345.0
```

二、使用多重 catch 语句

在某些情况下，一段代码块可能引发多个异常，处理这种情况时就需要定义多个 catch 语句，每个 catch 语句捕获一种类型的异常。

当异常发生时，每一个 catch 语句依次被检查，第一个匹配异常类型的子句被执行。当一个 catch 语句执行后，其他的 catch 语句将被忽略，程序从 try/catch 代码块后面的语句继续执行。其一般格式为：

```
try{
    //可能发生异常的代码块
}catch(异常类型 1 异常对象名 1){
    //异常处理代码块 1
}catch(异常类型 2 异常对象名 2){
    //异常处理代码块 2
...
catch(异常类型 n 异常对象名 n){
    //异常处理代码块 n
}
```

【例 5】多重 catch 语句应用示例。

```
//Exception5.java
package Chapter6;
public class Exception5{
    public static void main(String args[]){
        try{
            int i=args.length;              //i 值存储 main()方法数组参数的长度
            System.out.println("i="+i);
```

```
                int j=5/i;
                int k[]={1,2,3};
                k[3]=5;
        }catch(ArithmeticException e){
           System.out.println("除数不能为零：  "+e);
        }catch(ArrayIndexOutOfBoundsException e){
           System.out.println("数组下标越界：  "+e);
        }
        System.out.println("执行 catch 语句后的代码块！ ");
    }
}
```

编译并运行程序，控制台中将显示如下信息：

```
i=0
除数不能为零：java.lang.ArithmeticException: / by zero
执行 catch 语句后的代码块！
```

三、finally 语句

finally 语句用来为异常处理提供一个统一的出口。通常，finally 语句主要用于资源清理等工作，如关闭打开的文件、断开网络连接等。不论在 try 代码块中是否发生了异常，finally 代码块中的语句都会被执行。其一般格式为：

```
try{
    //可能发生异常的代码块
}catch(异常类型,异常对象名){
    //异常处理代码块
}
…
finally{
    //最终处理代码块
}
```

【例 6】finally 语句应用示例。

```
//Exception6.java
package Chapter6;
public class Exception6{
    public static void main(String args[]){
        try{
            int a[]=new int[4];
            a[4]=2;
        }catch(ArithmeticException e){
```

```
            System.out.println(e);
        }finally{
            System.out.println("finally 语句总被执行！");
        }
        System.out.println("程序正常终止！");
    }
}
```

编译并运行程序，控制台中将显示如下信息：

finally 语句总被执行！Exception in thread "main"
java.lang.ArrayIndexOutOfBoundsException: 4
    at Exception7.main(Exception6.java:6)

> finally 语句需要与 try/catch 语句配合使用，并且出现在 try/catch 语句之后。
>
> 不论 try 代码块中的语句怎样执行，finally 块中的语句总要执行一次。
>
> finally 语句不是必需的，如果没有 finally 语句，程序在执行完 try/catch 语句后，直接跳转到之后的语句继续执行。

四、throw 语句

利用 throw 语句可以明确地抛出一个异常。一般格式如下：

throw <exception>;

其中，exception 是 Throwable 类或其子类，而且不能为多个。

程序执行完 throw 语句之后立即停止，其后面的语句将不被执行。运行时系统将会寻找处理这一异常类型的代码。如果找到，则执行相应的处理语句；如果没有找到，异常会被默认处理程序处理，进而终止程序并输出异常描述信息。

【例 7】使用 throw 语句抛出异常。

```java
//Exception7.java
package Chapter6;
public class Exception7 {
    private static void throwException() {
        try {
            String s = null;
            if (s == null) {
                //s 为 null 时抛出 NullPointerException 异常
                throw new NullPointerException("s is null");
            }
        } catch (NullPointerException e) {
            System.out.println
```

```
                        ("方法 throwException()中抛出一个 NullPointerException 异常。");
                throw e;                        //抛出异常 e
            }
        }
        public static void main(String[] args) {
            try {
                throwException();                //监控方法
            } catch (NullPointerException e) {
                System.out.println
                        ("捕获方法 throwException()中的异常 NullPointerException");
            }
        }
    }
```

程序的运行结果如图 6-3 所示。

```
Problems  @ Javadoc  声明  控制台 ✕                        
<已终止> Exception8 [Java 应用程序] C:\Program Files\Java\jre6\bin\javaw.exe (2010-6-17 下午11:18:07)
方法throwException()中抛出一个NullPointerException异常。
捕获方法throwException()中的异常NullPointerException
```

图 6-3　在"控制台"中查看程序的运行结果

解释说明：

首先，在 main 方法调用 throwException()方法后，throwException()方法使用 throw new NullPointerException("s is null");语句抛出了一个 NullPointerException 异常，该异常被该方法中的 catch (NullPointerException e)语句捕捉并处理。接下来在 catch 语句块中又利用 throw e; 语句又抛出了一个 NullPointerException 异常，该异常最终被 main 方法中的 catch (NullPointerException e)语句捕捉并处理。

五、throws 声明

如前所述，对于方法中可能出现的异常，如果不想在方法中进行捕获，可以在方法声明时利用 throws 声明进行抛出，将其交给自己的"上级"（调用此方法的程序）处理。如果"上级"也不处理，则程序终止。当然，如果是 main 方法抛出的异常，由于它本身处于最顶层，已交无可交，程序只有终止了。

对于非运行时异常，如果程序中没有进行捕获，则必须在方法声明时使用 throws 声明进行抛出，否则将会导致编译错误。

throws 声明的一般格式如下：

```
返回类型　方法名（<参数列表>）　throws　异常列表{
    //方法体
```

}

其中，异常列表是 throwable 类的子类，多个异常类之间用逗号分隔。

【例 8】使用 throws 声明抛出异常。

```
//Exception8.java
package Chapter6;
public class Exception8 {
    //声明抛出异常 IllegalAccessException
    private static void throwException() throws IllegalAccessException {
        throw new IllegalAccessException("非法访问异常");
    }
    public static void main(String[] args) {
        try {
            throwException();              //监控方法
        } catch (IllegalAccessException e) {
            System.out.println("捕获" + e);
        }
        System.out.println("程序正常结束");
    }
}
```

程序的运行结果如图 6-4 所示：

```
Problems  @ Javadoc  声明  控制台 ⊠                          ✕ ⚙  ▫ ▫ ▫ ▫ ▫ ▫ ▾ ▫ ▾
<已终止> Exception9 [Java 应用程序] C:\Program Files\Java\jre6\bin\javaw.exe ( 2010-6-17 下午11:54:16 )
捕获java.lang.IllegalAccessException: 非法访问异常
程序正常结束
```

图 6-4 在"控制台"中查看程序的运行结果

六、自定义异常

Java 的类库中定义了许多异常类，它们主要用来处理程序中一些常见的运行错误，这些错误是系统可以预见的。若程序中有特殊的要求，则可能出现系统识别不了的错误，这时需要用户自己创建自定义异常类，使系统能够识别这种错误并进行处理。

例如，我们开发一个统计河堤水位的软件，水位过高的时候，对程序本身只是一个比较大的数字而已，并不会引发 Java 类库中的异常，但对于现实中的情况，水位过高是一个致命的异常。这时需要我们自己定义异常来提示水位过高。

用户可以通过继承 Exception 类来自定义异常，一般格式如下：

```
class <自定义异常名> extends Exception{
…}
```

【例9】自定义一个水位过高的异常。

```java
//Exception9.java
package Chapter6;
class MyException extends Exception {        // 定义自定义异常类 MyException
    MyException(String s) {                   // 构造方法
        super(s);                             // 调用父类的构造方法
    }
}
public class Exception9 {
    //声明抛出 MyException 异常
    static void method(int level) throws MyException {
        System.out.println("调用方法  method(" + level + ")");
        if (level > 10) {
            throw new MyException("水位过高！ ");
        }
        System.out.println("没有发生异常！ ");
    }
    public static void main(String args[]) {
        try {
            method(1);
            method(11);
        } catch (MyException e) {
            System.out.println("捕捉自定义异常" + e);
        }
    }
}
```

解释说明：

　　程序中首先自定义了异常类 MyException，该类继承了 Exception 类。然后定义了类 Exception10，并且在其 method()方法中，当 if 语句判断 level 值大于 10 时，抛出一个自定义异常 MyException 对象。程序的运行结果如图 6-5 所示。

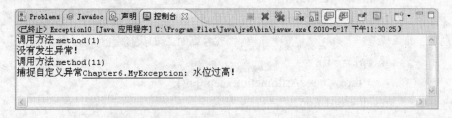

图 6-5　在"控制台"中查看程序的运行结果

案例 6-2　　算数运算中的异常处理

【案例描述】

利用异常处理机制，设计一个简单的 Java 程序，要求用户输入两个数值（op1 和 op2）以及一个算术运算符（+、－、*、/），然后计算出结果并显示输出；如果用户输入不正确，则给出错误提示。

【技术要点】

程序在运行中可能出现的异常情况分为四种：

➢　　输入的数字有可能不是合法数字，比如输入了字母或字符串，此时程序会抛出 NumberFormatException 异常。

➢　　没有输入所需的数据，此时程序会抛出 ArrayIndexOutOfBoundsException 异常。

➢　　进行除运算时，如果除数为 0，需要手动抛出 ArithmeticException 异常。

➢　　如果输入的运算符不合法，需要手动抛出 IllegalSignException 自定义异常。

【操作步骤】

步骤 1▶　　启动 Eclipse，在 Chapter6 包中创建类 Calculator，并编写如下代码。

```java
// Caclulator.java
package Chapter6;
public class Calculator {
    static private float result;          //定义计算结果变量
    // calculate()方法用于计算结果，并判断输入的运算符的合法性
    static void calculate(float op1, char sign, float op2)
            throws IllegalSignException, ArithmeticException {
        switch (sign) {
        case '+':                         //加法运算
            result = op1 + op2;
            break;
        case '-':                         //减法运算
            result = op1 - op2;
            break;
        case 'x':                         //乘法运算
            result = op1 * op2;
            break;
        case '/':                         //除法运算时，如果除数为 0，抛出异常
            if (op2 == 0)
                throw new ArithmeticException();
            result = op1 / op2;
            break;
        default:                          //抛出自定义异常 IllegalSignException
```

```
                    throw new IllegalSignException("你输入的运算符不对！");
                }
        }
        public static void main(String[] args) {
            float in0, in2;                        //定义输入的两个数
            char in1;                              //定义输入的运算符
            try {
                in0 = Float.parseFloat(args[0]);   //接收第一个数字
                in1 = args[1].charAt(0);           //接收运算符
                in2 = Float.parseFloat(args[2]);   //接收第二个数字
                calculate(in0, in1, in2);          //进行算数运算
                System.out.println(in0 + " " + in1 + " " + in2 + "=" + result);
            } catch (NumberFormatException e) {
                System.out.println("你输入的数有的可能不是合法数字。" +
                                  "注意：乘号用字母 x 代替。");
            } catch (ArrayIndexOutOfBoundsException aie) {
                System.out.println("你没有输入所需的数据，" +
                                  "程序需要两个数字和一个运算符。");
            } catch (ArithmeticException ae) {
                System.out.println("进行除法运算时，第二个数字不能为 0！");
            } catch (IllegalSignException ise) {
                System.out.println(ise.getMessage());
                System.out.println("每次只能输入（+、-、x、/）其中的一个。" +
                                  "注意：乘号用字母 x 代替。");
            } finally {
                System.out.println("谢谢使用！");
            }
        }
}
```

步骤 2▶ 创建自定义异常类 IllegalSignException，并编写如下代码。

```
// IllegalSignException.java
package Chapter6;
// 自定义异常类，当输入的运算符不是合法的运算符时抛出此异常
public class IllegalSignException extends Exception {
    private String message;
    public IllegalSignException(String message) {
        this.message = message;
    }
```

```
    public String getMessage() {
        return message;
    }
}
```

步骤 3▶　编译并运行程序，程序运行的可能结果如下：

① 运行参数：5 x 8

　　5.0 x 8.0=40.0

　　谢谢使用！

② 运行参数：a x 8

　　你输入的数有的可能不是合法数字。注意：乘号用字母 x 代替。

　　谢谢使用！

③ 运行参数：5 x

　　你没有输入所需的数据，程序需要两个数字和一个运算符。

　　谢谢使用！

④ 运行参数：5 / 0

　　进行除法运算时，第二个数字不能为 0！

　　谢谢使用！

⑤ 运行参数：5 * 0

　　你输入的运算符不对！

　　每次只能输入（+、-、x、/）其中的一个。注意：乘号用字母 x 代替。

　　谢谢使用！

综合实训　用户登录系统

【实训目的】

熟悉异常处理机制及创建自定义异常。

【实训内容】

很多网站或软件系统出于安全或其他方面的考虑，都要求用户先登录再使用。为此，系统建立了一个账号数据库，用户在注册时应首先为自己注册一个用户名，并设置相应的密码（即一个完整的帐号）。

用户登录时，系统会首先提示用户输入自己的用户名和密码，然后系统会据此判断该帐号是否正确，随后决定用户是否有权登录。

在本例中，我们将利用 Java 的异常处理机制建立一个有效的用户登录系统。

【操作步骤】

步骤 1▶　创建账号不存在自定义异常类 AccountNotExistException，并编写如下代码。

```
// AccountNotExistException.java
package Chapter6;
public class AccountNotExistException extends Exception {          //继承 Exception 类
```

```java
    public AccountNotExistException() {
    }
    public AccountNotExistException(String message) {
        super(message);
    }
}
```

步骤 2▶ 创建密码不正确自定义异常类 PasswordIncorrectException，并编写如下代码。

```java
// PasswordIncorrectException.java
package Chapter6;
public class PasswordIncorrectException extends Exception {
    public PasswordIncorrectException() {
    }
    public PasswordIncorrectException(String message) {
        super(message);
    }
}
```

步骤 3▶ 创建验证用户名和密码类 Validate，并编写如下代码。

```java
// Validate.java
package Chapter6;
public class Validate {
    private String account, password;                 //定义用户名和密码
    public String getAccount() {
        return account;
    }
    public void setAccount(String account) {
        this.account = account;
    }
    public String getPassword() {
        return password;
    }
    public void setPassword(String password) {
        this.password = password;
    }
    public void login(String account, String password)      //验证用户名或密码是否正确
            throws AccountNotExistException, PasswordIncorrectException {
        if (!validateAccout(account)) {
            throw new AccountNotExistException("账号不存在");
        }
```

```
        if (!validatePassword(account, password)) {
            throw new PasswordIncorrectException("密码不正确");
        }
    }
    //验证账号是否存在
    private boolean validateAccout(String account) {
        if (account.equals("aaa")) {
            return true;
        }
        return false;
    }
    //验证密码是否正确
    private boolean validatePassword(String account, String password) {
        if (account.equals("aaa") && password.equals("111")) {
            return true;
        }
        return false;
    }
}
```

步骤 4▶ 创建测试类 LoginMain，并编写如下代码。

```
// LoginMain.java
package Chapter6;
import java.util.Scanner;
public class LoginMain {
    public static void main(String[] args) {
        Validate test = new Validate();
        System.out.println("请输入用户名：");
        Scanner inAccount = new Scanner(System.in);
        test.setAccount(inAccount.nextLine());              //为用户名变量赋值
        System.out.println("请输入密码：");
        Scanner inPassword = new Scanner(System.in);
        test.setPassword(inPassword.nextLine());            //为密码变量赋值
        try {
            test.login(test.getAccount(), test.getPassword()); //调用方法进行验证
            System.out.println("登录成功！");
        } catch (PasswordIncorrectException e) {            //捕获密码不正确异常
            System.out.println("捕捉密码不正确异常\n" + e);
        } catch (AccountNotExistException e) {              //捕获用户名不存在异常
```

```
            System.out.println("捕捉账户不正确异常：\n" + e);
        }
    }
}
```

步骤 5▶　保存文件并运行程序，程序运行结果如图 6-6 所示。

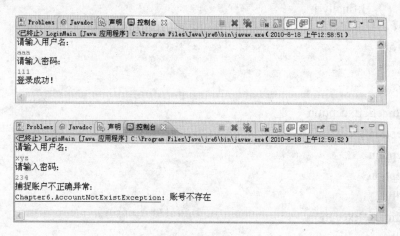

图 6-6　程序运行结果

项目小结

本项目介绍了 Java 的异常处理机制，包括异常的概念、异常的处理以及自定义异常等知识。其中，异常处理的方法是本项目的重点和难点，也是 Java 编程中经常用到的。

思考与练习

一、选择题

1. 异常产生的原因很多，常见的有（　　）

    A．程序运行环境发生改变　　B．程序设计本身存在缺陷

    C．硬件设备出现故障　　D．以上都是

2. 除数为零是（　　）异常

    A．ClassCastException　　B．ArithmeticException

    C．RuntimeException　　D．ArrayIndexOutOffBoundException

3. 用来手工抛弃异常的关键字是（　　）

    A．throws　　　　B．throw　　C．try　　　D．catch

4. 下列程序输出的结果是（　　）

```
class Test{
    public static void main(String args[]) {
        try {
```

```
                int i = 1/0;
            } catch (ArithmeticException e) {
                System.out.println("ArithmeticException");
            } catch (Exception e) {
                System.out.println("exception");
            } finally {
                System.out.println("finally");
            }
        }
    }
}
```

A. ArithmeticException
exception

B. exception

C. exception
finally

D. ArithmeticException
finally

二、简答题

1. Java 中的异常处理机制是怎样的?
2. Java 中的异常处理语句有哪些? 其作用是什么?
3. finally 语句起什么作用? 在异常处理中是否一定需要 finally 语句?
4. throw 语句和 throws 声明有什么区别?

三、编程题

1. 编写贷款类 Loan, 如果贷款总额、利率或年数小于或等于零, 抛出 IllegalArgumentException 异常。

2. 电力公司的电费计算标准如下: 200 度以下, 以每度 0.10 元计算。200~500 度之间以每度 0.30 元计算。超过 500 度, 则以 0.60 元计算。输入本月用电度数, 输出本月电费和用电量的比值。

编写一个程序实现该功能, 要考虑电费计算过程中程序出现的各种异常, 必要时可用自定义异常。

项目七　数据输入与输出

【引 子】

　　输入和输出是程序与用户之间沟通的桥梁，也是所有程序必备的功能。因此，Java 提供了专用于输入输出功能的包 java.io，其中包含了一组非常重要的类。在本项目中，我们将主要围绕这些类来介绍 Java 的输入输出功能。

【学习目标】

◇　理解输入/输出流的概念
◇　理解字节流与字节流的概念
◇　掌握标准输入、输出类 System 的功能与用法
◇　掌握字节流类和字符流类的功能与基本用法
◇　掌握使用文件相关类读写文件数据和管理文件的方法

任务一　了解 Java 的输入与输出

一、什么是输入流与输出流

　　在 Java 中，把所有的输入和输出都当作流（stream）来处理。流是按一定顺序排列的数据集合。例如，从键盘或文件输入的数据，向显示器或文件输出的数据等都可以看作是一个个的数据流。

　　输入数据时，一个程序打开数据源上的一个流（文件或内存等），然后按照顺序输入这个流中的数据，这样的流称为输入流，如图 7-1 上图所示。

　　输出数据时，一个程序可以打开一个目的地的流（如文件或内存等），然后按顺序向这个目的地输出数据，这样的流称为输出流，如图 7-1 下图所示。

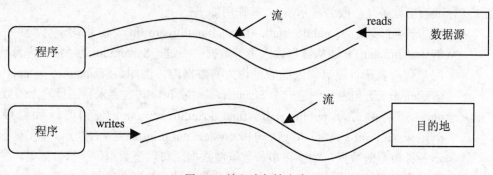

图 7-1　输入流与输出流

输入流和输出流的方向还可以这样理解，它们是以程序为基准的。向程序中输入数据的流定义为输入流，从程序输出数据的流称为输出流。因此，我们把从输入流向程序中输入数据称为读数据（read），而把从程序中将数据输出到输出流称为写数据（write）。

二、什么是字节流和字符流

输入/输出流根据处理数据的类型不同可分为两类：一类是字节流，另一类是字符流。字节流表示按照字节的形式读/写数据，字符流表示按照字符的形式读/写数据。

在 Java 中，抽象类 InputStream 和 OutputStream 及其派生子类用来处理字节流的输入与输出，抽象类 Reader 和 Writer 及其派生子类用来处理字符流的输入与输出。

另外，系统还提供了用于标准输入、输出的 System 类，以及用来解析各种类型数据（如整数、浮点数、字符串等）的 Scanner 类。

但是，请注意，虽然 Java 从本质上来说将输入/输出流分成了字节流和字符流，但这并不是说，我们只能以这两种最低级的形式来输入/输出数据。事实上，我们可以通过调用很多类的构造方法和成员方法来输入/输出各种类型的数据。通过下面的讲解，我们就会逐步看到这一点。

三、标准输入/输出类 System

无论是调试程序，还是在程序调试成功交付工作时，我们经常需要通过键盘向程序输入一些数据，以及通过显示器显示一些程序运行的状态信息或数据处理结果。因此，基本的输入/输出功能使用非常频繁。为此，Java 专门提供了一个 System 类来帮助用户处理基本的输入/输出问题。对于这一点，我们在前面的程序中已多次使用，如下面的语句所示：

```
// 声明一个 Scanner 类对象 inStatus，其内容来自键盘输入（System.in）
Scanner inStatus = new Scanner(System.in);
// 输出字符串和变量值
System.out.println("纳税人需要缴纳的税额为" + tax + "￥");
```

System 类属于 java.lang 包，它提供的一些方法可用来终止当前正在运行的 Java 虚拟机，运行垃圾回收器，以及获取指定的环境变量值等。

System 类有两个非常有用的静态成员常量 in 和 out，分别表示标准输入设备（一般为键盘）和标准输出设备（一般为显示器），其作用如下：

➤ in：声明形式为 public static final InputStream in。使用时，我们可以利用 System.in.read()方法从键盘读入字节数据。不过，System.in 更经常被作为其他对象的参数，表示将键盘输入的数据作为其数据源。例如，Scanner in = new Scanner (System.in);语句表示创建一个 Scanner 类对象 in，其内容来自键盘输入的数据。

➤ out：声明形式为 public static final PrintStream out。使用时，我们可以利用 System.out.print ("字符串");语句和 System.out.println("字符串");语句在显示器上显示各种类型的数据，如字符串、数值型数据、布尔型数据、字符数据等，并且前者表示在当前行显示数据，后者表示在当前行显示数据并换行。

> PrintStream 类为字节输出流类 OutputStream 的子类 FilterOutputStream 的子类，利用其 print()方法和 println 方法可输出各种类型的数据。
> 由于 in 和 out 均为静态成员常量，因此，可以通过"类名.成员变量或成员常量名"形式来直接调用它们。

【例 1】创建一个公共类 SystemIOExample1，使用 System 类从键盘读入数据并在显示器上输出，其代码如下。

```java
// SystemIOExample1.java
package Chapter7;
import java.io.IOException;
public class SystemIOExample1 {
    public static void main(String[] args) throws IOException {
        int b;
        System.out.println("请输入数据：");
        // 循环读取数据，遇到输入字符'N'终止循环
        while ((char) (b = System.in.read()) != 'N') {
            System.out.print((char) b);
        }
    }
}
```

程序的运行结果如下：

```
请输入数据：
1234.567
1234.567
We are ready!
We are ready!
我们
????
N
```

通过上例我们可以得出如下结论：

（1）系统遇到 read()方法后将等待，只有在换行时才逐个读入字符。这在 Java 中称为阻塞，实际上就是等待。

（2）由于 read()方法是逐个读入字符的，因此，它无法识别用户输入的整数、浮点数、字符串等。

（3）由于 read()方法是按字节读取字符，因此，它只能识别单字节的字符（如英文字母、数字和英文标点符号等），而无法识别双字节的汉字。

有鉴于此，我们下面就来书归正传，详细介绍一下如何将字节流类和字符流类与 System

类相结合，以帮助用户完成各种形式数据的输入/输出任务。

四、字节与字符输入/输出流类

如前所述，抽象类 InputStream 和 OutputStream 及其派生子类用来处理字节流的输入与输出，抽象类 Reader 和 Writer 及其派生子类用来处理字符流的输入与输出。下面我们就来详细介绍一下这几个类的特点。

1. 字节输入流类 InputStream

字节输入流类 InputStream 用于以字节形式从数据源中读取数据，它是所有字节输入流类的父类。此外，由于该类是抽象类，因而不能被实例化，即无法基于该类创建对象。

　　再次强调一下，抽象类虽然无法用于创建对象，但可用于声明对象，例如，在 System 类中，系统利用 public static final InputStream in;语句声明了一个 InputStream 类对象 in。
　　另外，在例 1 程序中，我们使用了 System. in.read()语句来读取从键盘输入的数据。此时的 in 已被实例化为 InputStream 类的某个子类的对象，因此，此时调用的 read()方法实际上是某个子类的 read()方法。

InputStream 类的主要派生子类包括：FileInputStream（按字节读取文件中的数据）、BufferedInputStream（将按字节形式读入的数据保存到缓冲区）等。其层次结构如下：

InputStream
　　　　ByteArrayInputStream
　　　　FileInputStream
　　　　FilterInputStream
　　　　　　BufferedInputStream
　　　　　　DataInputStream
　　　　　　LineNumberInputStream
　　　　　　PushbackInputStream
　　　　ObjectInputStream
　　　　PipedInputStream
　　　　SequenceInputStream
　　　　StringBufferInputStream

在上面的各子类中，BufferedInputStream 是一个非常有用的类，它可以缓冲输入的数据，从而提高数据输入效率。其构造方法为：public BufferedInputStream(InputStream in)。其中，in 可以是文件输入流或键盘输入流。

另外，该类有如下几个主要方法：

➢ public void close()：关闭此输入流并释放与该流关联的所有系统资源。
➢ public abstract int read()：从输入流中读取数据的下一个字节。其返回值为整数。如果到达流的末尾，则返回 -1。

从键盘输入数据时（即数据源为 System.in），read()方法被阻塞，直至按回车键。

如果按【Ctrl+Z】组合键，表示输入流结束，此时该行输入的内容均被忽略，read()返回值为-1。

读取文件时（此时的数据源为 FileInputStream 类对象），如果到达文件结尾，read()方法返回值为-1。

> public int read(byte[] b)：将从输入流读取的内容存储在字节数组 b 中。其返回值为读入的字节数。如果因为已经到达流末尾而不再有数据可用，则返回-1。

【例2】创建一个公共类 SystemIOExample2，演示字节缓冲输入流的使用方法。在执行本例前，请首先打开 Windows 的"记事本"程序，在其中输入"These data are from d:\test.txt file!"，然后将文件保存到 D:盘根目录下，并命名为 test.txt。该程序的代码如下：

```java
// SystemIOExample2.java
package Chapter7;
import java.io.BufferedInputStream;
import java.io.FileInputStream;
import java.io.IOException;
public class SystemIOExample2 {
    public static void main(String args[]) throws IOException {
        // 定义一个文件输入流对象，其内容源自 d:\test.txt 文件
        FileInputStream in = new FileInputStream("d:\\test.txt");
        // 定义一个缓冲输入流对象，其内容源自文件输入流
        BufferedInputStream bufin = new BufferedInputStream(in);
        // 定义一个缓冲输入流对象，其内容源自键盘
        BufferedInputStream keyin = new BufferedInputStream(System.in);
        // 定义两个字节数组
        byte[] b1 = new byte[1024], b2 = new byte[1024];
        // 将从文件中读取的数据放入字节数组 b1 内，num1 为读入的字节个数
        int num1 = bufin.read(b1);
        // 将字节数组转换成字符串
        String str1 = new String(b1, 0, num1);
        System.out.println(str1);
        // 关闭缓冲输入流，同时关闭了文件
        bufin.close();
        // 将从键盘读取的数据放入字节数组 b2 中，num2 为读入的字节个数
        int num2 = keyin.read(b2);
        // 将字节数组转换成字符串
        String str2 = new String(b2, 0, num2);
```

```
            System.out.println(str2);
    }
}
```

该程序的运行结果如下：

These data are from d:\test.txt file!

These data are from keyboard!

These data are from keyboard!

2. 字节输出流类 OutputStream

字节输出流类 OutputStream 用于以字节形式将数据写入目的地，其主要派生子类包括：FileOutputStream（将数据写入文件）、PrintStream（用于输出各种类型的数据，如整数、浮点数、字符、字符串、布尔值等，其主要方法有 print()和 println()）等。其层次结构如下：

```
OutputStream
    ByteArrayOutputStream
    FileOutputStream
    FilterOutputStream
        BufferedOutputStream
        DataOutputStream
        PrintStream
    ObjectOutputStream
    PipedOutputStream
```

同样，在上面的各子类中，BufferedOutputStream 是一个非常有用的类，它可以缓冲输出的数据，从而提高数据输出效率。该类的构造方法如下：

public BufferedOutputStream(OutputStream out)

它表示创建一个新的缓冲输出流，以将数据写入指定的底层输出流。

➤ public void close()：关闭此缓冲输出流并释放与此流有关的所有系统资源。

➤ public void write(int b)：将指定的字节写入此缓冲输出流。

➤ public void write(byte[] b)：将 b.length 个字节写入此缓冲输出流。

【例 3】创建一个公共类 SystemIOExample3，演示如何使用字节输入/输出缓冲流类辅助读/写文件。

```
// SystemIOExample3.java
package Chapter7;
import java.io.*;
public class SystemIOExample3 {
    public static void main(String[] args) throws IOException {
        // 创建文件输出字节流对象，其目标为 d:\test.txt 文件。如果该文件已
        // 存在，则删除并新建该文件；否则，将新建该文件
        FileOutputStream out = new FileOutputStream("d:\\test.txt");
        // 创建缓冲输出字节流对象，其目标为文件输出字节流对象
```

```
        BufferedOutputStream buffer_out = new BufferedOutputStream(out);
        // 要写入文件的内容
        String s = "These will be writed to d:\\test.txt file!\r\n";
        // 将字符串 s 的内容以字节形式写入缓冲区 buffer_out。实际上，也就间接
        // 写入到了 d:\test.txt 文件中。getBytes()为 String 类的方法，其作用是将
        // 字符串转换为字节数组
        buffer_out.write(s.getBytes());
        buffer_out.write(s.getBytes());
        buffer_out.write(s.getBytes());
        buffer_out.write(s.getBytes());
        buffer_out.flush(); // 清空缓冲区
        buffer_out.close(); // 关闭缓冲输入流，同时关闭了文件
        // 创建文件输入流，其内容源自文件 d:\test.txt
        FileInputStream in = new FileInputStream("d:\\test.txt");
        // 将文件输入流包装成缓冲流，即把文件内容首先读入缓冲区
        BufferedInputStream buffer_in = new BufferedInputStream(in);
        byte[] b = new byte[1024];
        // 将数据读入字节数组 b 内，num 为读入的字节个数
        int num = buffer_in.read(b);
        // 将字节数组转换成字符串
        String str = new String(b, 0, num);
        System.out.println(str);// 输出读入的结果
        buffer_in.close();// 关闭缓冲输入流，同时关闭了文件
    }
}
```

该程序运行结果如下：

```
These will be writed to d:\test.txt file!
These will be writed to d:\test.txt file!
These will be writed to d:\test.txt file!
These will be writed to d:\test.txt file!
```

3. 字符输入流类 Reader

字符输入流类 Reader 用于以字符形式从数据源中读取数据，其主要派生子类包括 InputStreamReader（读取字节数据并将其解码为字符）、FileReader（用来读取字符文件的内容）、BufferedReader（从字符输入流中读取文本，缓冲各个字符，从而实现字符、数组和行的高效读取）等。其层次结构如下：

```
Reader
    BufferedReader
        LineNumberReader
```

CharArrayReader

FilterReader

    PushbackReader

InputStreamReader

    FileReader

PipedReader

StringReader

其中，InputStreamReader 类的构造方法为：public InputStreamReader(InputStream in)；其主要成员方法有：

➤ public void close()：关闭该流并释放与之关联的所有资源。

➤ public int read()：读取单个字符。

➤ public int read(char[] cbuf)：将字符读入数组。返回值为读取的字符数。如果已到达流的末尾，则返回-1。

BufferedReader 类的构造方法为：public BufferedReader(Reader in)，它用于创建一个使用默认大小输入缓冲区的缓冲字符输入流。其成员方法与 InputStreamReader 类似，只是新增了一个 readLine()方法，其声明方式和作用如下：

➤ public String readLine()：读取一个文本行。通过下列字符之一即可认为某行已终止：换行 ('\n')、回车 ('\r') 或回车后直接跟着换行。其返回值为包含该行内容的字符串，并且不包含任何行终止符。如果已到达流末尾，则返回 null。

4. 字符输出流类 Writer

字符输出流类 Writer 用于以字符的形式将数据写入目的地。Writer 类是所有字符输出流类的父类，其主要派生子类包括 OutputStreamWriter（将字符以字节形式写入输出流）、FileWriter（将字符数据写入文件）、BufferedWriter（将字符数据写入缓冲区）、PrintWriter（格式化输出字符数据）等子类。其层次结构如下：

Writer

    BufferedWriter

    CharArrayWriter

    FilterWriter

    OutputStreamWriter

        FileWriter

    PipedWriter

    PrintWriter

    StringWriter

其中，OutputStreamWriter 类的构造方法为：public OutputStreamWriter(OutputStream out)；其主要成员方法包括：

➤ public void close()：关闭此流。

➤ public void write(int c)：写入单个字符。

➤ public void write(char[] cbuf)：写入字符数组。

> public void write(String str)：写入字符串。

BufferedWriter 类的构造方法为 public BufferedWriter(Writer out)，其主要成员方法包括：

> public void close()：关闭此流。
> public void write(int c)：写入单个字符。
> public void write(char[] cbuf)：写入字符数组。
> public void write(String str)：写入字符串。
> public void newLine()：写入一个行分隔符。

案例 7-1　利用 InputStreamReader 类和 BufferedReader 类输入数据

【案例描述】

利用 InputStreamReader 类和 BufferedReader 类从键盘输入数据，如果数据格式无效的话，可通过捕捉异常提示用户数据输入有误，必须重新输入。

【技术要点】

利用 InputStreamReader 类创建对象 iin，其内容来自键盘（即 System.in），利用其 read() 方法可读取单个字符。

利用 BufferedReader 类创建对象 stdin，其内容来自 iin，即把从键盘输入的数据保存到缓冲区，从而提高数据的高效读取。利用其 read() 方法可读取单个字符，利用其 readLine() 方法可读取一行。

此外，我们通过使用 do-while 代码块实现了在用户输入数据有误的情况下，数据的重新输入。try-catch 代码块用来读取数据并分析其格式，如格式有问题，则通过捕捉异常提示用户数据输入错误，并通过重设循环变量，使 do-while 循环继续。

【操作步骤】

步骤 1▶　启动 Eclipse，在 Chapter7 包中创建类 SystemIOExample4，并编写如下代码。

```java
// SystemIOExample4.java
// 从命令行读入字符串，并处理和显示
package Chapter7;
import java.io.*;
public class SystemIOExample4 {
    public static void main(String[] args) throws IOException {
        // 使用 System.in 构造 InputStreamReader 对象 iin
        // 该对象用来从键盘读入一个单字节字符
        InputStreamReader iin = new InputStreamReader(System.in);
        // 利用 iin 对象构造 BufferedReader 对象 stdin
        // 该对象用来从字符输入流中读取文本到缓冲区
        BufferedReader stdin = new BufferedReader(iin);
        // 读取并输出字符串。
        System.out.print("请输入一个字符串: ");
        System.out.println(stdin.readLine());
```

```
            boolean dataright = false;
            do {
                try {
                    // 读取字符串并转换成 double 类型数据输出
                    System.out.print("请输入一个浮点数: ");
                    // 将字符串解析为带符号的 double 类型数据。如果数据无效，则
                    // 产生一个 NumberFormatException 异常
                    double numberx = Double.parseDouble(stdin.readLine());
                    System.out.println(numberx);
                    dataright = false;
                } catch (NumberFormatException e) {
                    System.out.println("数据无效，请重新输入！");
                    dataright = true;
                }
            } while (dataright);
        }
    }
```

步骤 2▶ 保存文件并运行程序，程序运行结果如下:

请输入一个字符串: Are you ready? 你准备好了吗?

Are you ready? 你准备好了吗?

请输入一个浮点数: 234fs

数据无效，请重新输入！

请输入一个浮点数: -345.78

-345.78

类似地，我们可以利用 Integer.parseInt(s)、Long.parseLong(s)、Byte.parseByte(s)等类的相应方法将字符串分别转换为整型、长整型、字节型等。

五、使用 Scanner 类输入各种类型的数据

Scanner 类是一个可以使用正则表达式来解析基本类型和字符串的简单文本扫描器，我们在前面的很多程序中都用到了它。

所谓正则表达式是指一个用来描述或者匹配一系列符合某个句法规则的字符串的单个字符串。在很多文本编辑器或其他工具里，正则表达式通常被用来检索和/或替换那些符合某个模式的文本内容。

该类有一组重要的方法，其意义如下：

➢ nextByte()、nextShort()、nextInt()、nextLong()、nextFloat()、nextDouble()、nextBoolean()
等方法分别用来读取字节、短整型、整型、长整型、浮点数、双精度浮点数和布尔
值等。

➢ hasNextByte()、hasNextShort()、hasNextInt()、hasNextLong()、hasNextFloat()、
hasNextDouble()、hasNextBoolean()等方法分别用来判断要读入的数据是否是字节、
短整型、整型、长整型、浮点数、双精度浮点数或布尔值等。

➢ nextLine()方法用于读取一行数据，如果已用 nextByte()、nextShort()等方法读取数据，
此方法用于读取当前行中后续数据；hasNextLine()方法用于确认是否还有下一行数
据，此方法主要针对文件，用于判断是否到达文件结尾处。

如果在一行中输入多个数据，可以用空格分隔各数据。

案例 7-2 利用 Scanner 类输入一组浮点数

【案例描述】

利用 Scanner 类的 nextFloat()方法读取浮点数，利用 hasNextFloat()方法判断是否结束数
据读取。如果当前读取的数据不是浮点数，则 hasNextFloat()方法返回 false，否则返回 true。

【技术要点】

基于 Scanner 类创建对象时，其数据源为 System.in，表示来自键盘。

系统在遇到 Scanner 类的 hasNextFloat()方法时，会等待用户输入数据（可以在一行中输
入一个或多个数据。如输入多个数据，各数据之间以空格分隔）并按回车键确认，然后会通
过正则表达式匹配来确认第一个数是否是浮点数。如果是，则利用 Scanner 类的 nextFloat()
方法来读取数据，然后继续读取下一个数据并进行判断。否则，如果读取的数据不是浮点数，
则结束程序。

另外，用户也可按【Ctrl+Z】组合键结束程序运行。

【操作步骤】

步骤 1▶ 启动 Eclipse，在 Chapter7 包中创建类 SystemIOExample5，并编写如下代码。

```java
// SystemIOExample5.java
package Chapter7;
import java.io.*;
import java.util.*;
public class SystemIOExample5 {
    public static void main(String[] args) throws IOException {
        float numberx = 0; // 输入的浮点数
        // 创建 Scanner 对象 in，其内容来自 InputStream 类
        // 对象 System.in，即键盘输入
        Scanner in = new Scanner(System.in);
```

```
        System.out.println("请输入一组浮点数，最后以任意非数" +
                "字字符串或按 Ctrl+Z 结束输入！   ");
        // 如果读入的数是浮点数，则循环读
        while (in.hasNextFloat()) {
            // 读入浮点数并输出
            numberx = in.nextFloat();
            System.out.print(numberx + "    ");
        }
    }
}
```

步骤 2▶　保存文件并运行程序，程序运行结果如下：

请输入一组浮点数，最后以任意非数字字符串或按 Ctrl+Z 结束输入！

356 88 89.89 89

356.0   88.0   89.89   89.0

827 389 aa 2393

827.0   389.0

任务二　掌握文件的读写与管理方法

在程序运行过程中，经常需要从文件中读取数据或将运行结果存入到文件中。在 Java 中，系统提供了 FileInputStream 类和 FileOutputStream 类、FileReader 类和 FileWriter 类，分别以字节形式和字符形式从文件中读取数据，以及向文件中写入数据。

另外，系统还提供了 File 类和 RandomAccessFile 类对文件进行处理。其中，File 类用于管理文件和目录，RandomAccessFile 类提供了随机读/写文件的功能。

一、文件字节输入/输出流

文件字节输入/输出流是指 FileInputStream 和 FileOutputStream 类，它们实现了对文件的顺序访问，并以字节为单位进行读/写操作。

在 Java 中，对文件的读/写操作主要步骤是：① 创建文件输入/输出流对象，此时文件自动打开或创建；② 用文件读写方法读写数据；③ 关闭数据流，同时关闭了文件。

1. FileInputStream 类

FileInputStream 的构造方法如下：

➢　FileInputStream(String name)

➢　FileInputStream(File file)

其中，name 表示要打开的文件名，file 表示文件类 File 的对象（稍后介绍）。例如：

```
// 创建文件输入流对象，同时打开文件
FileInputStream in=new FileInputStream("d:\\test.txt");
```

> 如果没有找到要打开的文件，系统会抛出 FileNotFoundException 异常。

2. FileOutputStream 类

文件输出流类 FileOutputStream 用来将数据写入文件，它的构造方法如下：

➢ FileOutputStream(String name)

➢ FileOutputStream(String name,boolean append)

➢ FileOutputStream(File file)

其中，在 FileOutputStream(String name)构造方法中，name 表示要新建并打开的文件名；在 FileOutputStream(String name,boolean append)构造方法中，参数 append 的值为 true 时，表示在原文件的尾部添加数据，否则将覆盖原文件的内容；在 FileOutputStream(File file)构造方法中，file 表示文件类 File 对象。

例如：

```
// 创建 File 类对象 myfile
File myfile=new File("d:\\test.txt ");
// 基于 File 类对象 myfile 创建文件输出流类对象 fis，新建 d:\test.txt 文件
FileOutputStream fis=new FileOutputStream (myfile);
```

> FileInputStream 和 FileOutputStream 类继承了 InputStream 和 OutputStream 类的 read() 方法和 write()方法，这样它们可以对打开的文件进行读/写操作。
>
> 输入/输出流的程序都会抛出非运行时异常 IOException。因此，必须在方法的声明处进行抛出，或者使用 try-catch 语句进行捕获。
>
> 为了避免系统资源的浪费，当不再使用流时，需要使用 close()方法关闭流，实际上就是关闭文件。

案例 7-3　利用字节输入/输出流读写文件

【案例描述】

使用文件字节输入/输出流类将数值 0～10 写入文件 test.txt，然后再把它们从文件中读取出来。

【技术要点】

通 过 执 行 FileOutputStream out = new FileOutputStream("d:\\test.txt"); 语句创建 FileOutputStream 对象时，系统会自动在 D：盘根目录下创建一个名为 text.txt 的空文件。如果该文件已存在，系统会先删除原文件，再创建新文件。

如果用户希望打开一个文件，然后向其中追加内容，应执行 FileOutputStream out = new FileOutputStream("d:\\test.txt", true);语句。如果此时目标文件已存在，则打开它；否则，将新建文件。

【操作步骤】

步骤 1▶ 启动 Eclipse，在 Chapter7 包中创建类 FileIOExample1，并编写如下代码。

```java
// FileIOExample1.java
package Chapter7;
import java.io.*;
public class FileIOExample1 {
    public static void main(String[] args) throws IOException {
        // 创建文件输出流对象，新建并打开文件 d:\test.txt
        FileOutputStream out = new FileOutputStream("d:\\test.txt");
        for (int i = 0; i <= 10; i++) {
            out.write(i);    // 向文件中写数据
        }
        out.close();         // 关闭输出流，即关闭打开的文件
        // 创建文件输入流对象，打开文件 d:\test.txt
        FileInputStream in = new FileInputStream("d:\\test.txt");
        int value;
        while ((value = in.read()) != -1) {       // 循环读取文件中的数据
            System.out.print(value + " ");        // 输出文件中的数据
        }
        in.close();          // 关闭输入流，即关闭打开的文件
    }
}
```

步骤 2▶ 保存文件并运行程序，程序运行结果如下：

0 1 2 3 4 5 6 7 8 9 10

二、文件字符输入/输出流

文件字符输入/输出流是指 FileReader 类和 FileWriter 类，它们分别用于从文件中读取字符数据，或将数据以字符形式写入文件。它们的构造方法如下：

➢ FileReader(File file)
➢ FileReader(String filename)
➢ FileWriter(String filename)
➢ FileWriter(String filename, boolean append)
➢ FileWriter(File file)
➢ FileWriter(File file, boolean append)

其中，file 是文件类 File 的对象；filename 是要打开的文件名；当参数 append 的值为 true 时，表示在原文件的末尾添加数据，否则将覆盖原文件的内容。

案例 7-4　利用字符输入/输出流读写文件

【案例描述】

使用文件字符输入/输出流类将键盘输入的字符写入文件 test.txt，以空行或按【Ctrl+Z】组合键结束数据输入，然后再把它们从文件中读取出来。

【技术要点】

使用 InputStreamReader iin = new InputStreamReader(System.in);语句和 BufferedReader stdin = new BufferedReader(iin);语句创建 stdin 对象后，可利用 stdin 对象的 readLine()方法读取一行输入的内容。其中：

➤ 　如果当前行未输入内容，直接按回车键，此时输入字符串的 length()为 0。但是，此时输入的字符串既不是空串""，也不是 null。

➤ 　如果按【Ctrl+Z】组合键，此时系统会忽略该行输入的内容，读取的字符串为 null。

另外，由于利用 readLine()方法读取的字符串不含回车符和换行符，因此，可通过处理输入的字符串为其增加这两个符号。

最后，从文件中读取字符时，应首先将其内容读入一个字符数组，然后再进行处理。否则，如果逐个读取文件字符，结果会有问题。

还要提醒读者的一点是，无论是向文件中写入数据，还是从文件中读出数据，操作结束后一定要关闭文件。

【操作步骤】

步骤 1▶　启动 Eclipse，在 Chapter7 包中创建类 FileIOExample2，并编写如下代码。

```java
// FileIOExample2.java
package Chapter7;
import java.io.*;
public class FileIOExample2 {
    public static void readFile() throws IOException {
        // 创建文件字符输入流对象，即打开文件
        FileReader fr = new FileReader("d:\\test.txt");
        // 定义一个字符数组
        char data[] = new char[1024];
        // 将数据读入字符数组 data 内，num 为字符个数
        int num = fr.read(data);
        // 将字符数组转换成字符串
        String str = new String(data, 0, num);
        System.out.println(str);
        fr.close();  // 关闭文件
    }
    public static void writeFile(String s) throws IOException {
        // 创建文件字符输出流对象，即新建或打开文件
```

```
        FileWriter fw = new FileWriter("d:\\test.txt", true);
        fw.write(s);      // 将字符串 s 写入文件
        fw.close();       // 关闭文件
    }
    public static void main(String[] args) throws IOException {
        // 创建 InputStreamReader 对象，其内容来自键盘
        InputStreamReader iin = new InputStreamReader(System.in);
        // 基于 InputStreamReader 对象创建 BufferedReader 对象
        BufferedReader stdin = new BufferedReader(iin);
        // s1 用于临时保存读取的当前行内容，S2 用来存放最终读取的字符串
        String s1 = "", s2 = "";
        // 循环读取数据，
        do {
            s1 = stdin.readLine(); // 读取一行
            System.out.println(s1);
            // 当用户按 Ctrl+Z 组合键时，readLine()方法返回的是一个 null
            // 同时，本行输入的内容作废。因此，此时应退出数据输入循环
            if (s1 == null) {
                break;
            }
            // 如果在某行直接按回车，不输入任何内容，此时用 readLine()方法
            // 读取的字符串的 length()为 0，结束数据输入。反之，如果 length()
            // 不为 0，表示该行已输入字符串
            if (s1.length() != 0) {      // 如果已输入字符串
                s1 = s1 + '\r' + '\n';   // 为字符串末尾增加回车符和换行符
                s2 = s2 + s1;            // 将新字符串增加到目标字符串中
            }
        } while (s1.length() != 0);
        writeFile(s2);      // 将读取的内容写文件
        readFile();         // 读取文件内容
    }
}
```

步骤 2▶ 保存文件并运行程序，程序运行结果如下：

Are you ready? 你准备好了吗？
Are you ready? 你准备好了吗？
yes 是的
yes 是的
今天几号？
今天几号？

25
25

Are you ready? 你准备好了吗？
yes 是的
今天几号？
25

三、利用 File 类管理文件

在 Java 中，File 类既可以表示文件又可以表示目录，它提供了操作文件或目录的一组方法，下面分别介绍之。

1. 构造方法

➤ File(String pathname)：通过将给定的路径名字符串转换为抽象路径名来创建一个新 File 实例。

➤ File(String parent, String child)：根据 parent 路径名字符串和 child 路径名字符串创建一个新 File 实例。

➤ File(File parent, String child)：根据 parent 抽象路径名和 child 路径名字符串创建一个新 File 实例。

> 　抽象路径名实际上是一个字符串，它以"盘符:"开始，后面跟"\\路径名或文件名"，其中，中间名称均表示目录，最后一个名称可以表示目录或文件。另外，抽象路径中的路径部分被称为父目录（parent）。
> 　由于"\\"是一个转义字符，因此，"\\"实际表示"\"。

例如：

```
File f=new File("test.txt");              // 用文件名 test.txt 创建文件对象 f，该文件所在
                                          // 路径是当前工作路径
File f1=new File("c:\\aa","test1.txt");   // 用路径 c:\aa 和文件名 test1.txt 创建文件对象 f1
                                          // （c:\aa\test1.txt）
File f2=new File(f1,"test2.txt");         // 用文件对象 f1 的内容（c:\aa\test1.txt）作为父目
                                          // 录，然后和文件名 test2.txt 组合，创建文件对象
                                          // f3（c:\aa\test1.txt\test2.txt）
```

> 　此时并不创建文件或目录，只是创建了一个 File 对象。利用下面介绍的方法，我们可以判断文件或目录是否存在，或者创建一个目录等。

2. 查询文件名和路径名

➤ public String getName()：返回此抽象路径名表示的文件或目录的名称。

➤ public String getPath()：将此抽象路径名转换为一个路径名字符串。

➤ public String getAbsolutePath()：返回此抽象路径名的绝对路径名字符串。

➤ public String getParent()：返回此抽象路径名父目录的路径名字符串。如果此路径名没有指定父目录，则返回 null。

3. 抽象路径查询

➤ public boolean exists()：测试此抽象路径名表示的文件或目录是否存在。如果存在，返回 true；否则，返回 false。

➤ public boolean isDirectory()：测试此抽象路径名表示的是否是一个目录。如果是，返回 true；否则，返回 false。

➤ public boolean isFile()：测试此抽象路径名表示的是否是一个标准文件。如果是，返回 true；否则，返回 false。

➤ public boolean isHidden()：测试此抽象路径名表示的是否是一个隐藏文件。如果是，返回 true；否则，返回 false。

4. 文件与目录操作

➤ public boolean cteateNewFile()：当且仅当不存在此抽象路径名指定的文件时，创建一个新的空文件。如果指定的文件不存在且创建成功，返回 true；否则，返回 false。

➤ public boolean mkdir()：创建此抽象路径名指定的目录。如果创建成功，返回 true；否则，返回 false。如果路径名有多层，必须确保前面路径有效。例如，假定 File 对象的内容为 "c:\\abc\\xyz"，则要调用 mkdir()方法来创建 xyz 目录，必须首先确保 c:\abc 目录是存在的。唯有如此，才能在 c:\abc 目录下创建目录 xyz。

➤ public boolean delete()：删除此抽象路径名表示的文件或目录。如果此路径名表示一个目录，则该目录必须为空才能删除。当且仅当成功删除文件或目录时，返回 true；否则返回 false。

➤ public String[] list()：列出此抽象路径路径名表示的目录中的文件和目录。如果此抽象路径名表示的不是一个目录，那么，此方法将返回 null；否则将返回一个字符串数组，每个数组元素对应目录中的一个文件或目录。

案例 7-5 利用 File 类创建、删除目录和文件

【案例描述】
创建一个 File 类对象，然后分别调用其各种方法创建目录和文件，然后再删除它们。

【技术要点】

（1）和创建 FileOutputStream、FileWriter 对象时可以自动创建文件不同，创建 File 对象时不会创建文件。

（2）要利用 createNewFile()方法创建文件，必须确保目录存在。

（3）如果目录有多层，要利用 mkdir()方法创建目录，必需确保父目录存在，系统才能

在父目录下创建目录。也就是说，系统不能一次创建多级目录。

【操作步骤】

步骤 1▶ 启动 Eclipse，在 Chapter7 包中创建类 FileIOExample3，并编写如下代码。

```java
// FileIOExample3.java
package Chapter7;
import java.io.*;
public class FileIOExample3 {
    public static void main(String[] args) throws IOException {
        File dir = new File("c:\\xyz"); // 创建 file 对象
        if (!dir.exists()) { // 判断 c:\xyz 目录是否存在
            dir.mkdir(); // 如果不存在，则创建目录
        }
        File file = new File("c:\\xyz", "test.txt"); // 创建 file 对象
        if (!file.exists()) { // 判断 c:\abc 目录下，文件 test.txt 是否存在
            file.createNewFile(); // 如果不存在，则创建一个新文件
        }
        System.out.println("文件路径：" + file.getAbsolutePath()); // 输出文件路径
        if (file.exists()) { // 判断 c:\abc 目录下，文件 test.txt 是否存在
            file.delete(); // 如果存在，则删除之
        }
        if (dir.exists()) { // 判断 c:\xyz 目录是否存在
            dir.delete(); // 如果存在，则删除之
        }
        if (dir.exists()) { // 判断 c:\xyz 目录是否存在
            System.out.println("c:\\xyz 目录存在！");
        } else {
            System.out.println("c:\\xyz 目录不存在！");
        }
    }
}
```

步骤 2▶ 保存文件并运行程序，程序运行结果如下：

```
文件路径：c:\xyz\test.txt
c:\xyz 目录不存在！
```

四、使用 RandomAccessFile 类随机读写文件

字节输入/输出流和字符输入/输出流都是顺序地读/写文件的，而 RandomAccessFile 类称作随机存取文件类，它提供了随机访问文件的方法。RandomAccessFile 类与输入/输出流类相比，有两点不同：

➢ RandomAccessFile 类直接继承了对象类 Object，同时实现了 DataInput 接口和 DataOutput 接口，所以 RandomAccessFile 类既可以作为输入流，又可以作为输出流。

➢ RandomAccessFile 类之所以允许随机访问文件，是由于它定义了一个文件当前位置指针，文件的存取都是从文件当前位置指针指示的位置开始的。通过移动这个指针，就可以从文件的任何位置开始进行读/写操作。与此同时，系统在从文件中读取数据或向文件中写入数据时，位置指针会自动移动。

1. 构造方法

➢ RandomAccessFile(File file, String mode)

➢ RandomAccessFile(String name, String mode)

其中，file 是一个文件对象；mode 是访问方式，有三个值：r（读），w（写），rw（读写）。例如，下面语句创建了随机存取文件对象 rd，文件名为 a.txt，文件属性为只读。

```
RandomAccessFile rd=new RandomAccessFile("a.txt","r");
```

2. 常用方法

➢ public long getFilePointer()：返回文件指针的位置。

➢ public long length()：返回文件的长度。

➢ public void seek(long pos)：将文件指针移到 pos 位置处。

➢ public int skipBytes(int n)：使文件指针跳过 n 个字节。

➢ public void close()：关闭此随机访问文件流并释放与该流关联的所有系统资源。

➢ public int read()：从此文件中读取一个数据字节。以整数形式返回此字节，范围在 0 到 255（0x00-0x0ff）之间。

➢ public int read（byte[] b)：将最多 b.length 个数据字节从此文件读入 byte 数组。

➢ public final char readChar()：从此文件当前指针处读取一个字符（两个字节）。

➢ public final double readDouble()：从此文件当前指针处读取一个 double 型数据（8 个字节）。

➢ public final float readFloat()：从此文件当前指针处读取一个 Float 型数据（4 个字节）。

➢ public final int readInt()：从此文件当前指针处读取一个有符号的 32 位整数（4 字节）。类似地，系统还提供了 readLong()方法（8 字节）、readShort()方法（2 字节）等。

➢ public void write(int b)：从当前文件指针位置开始，向此文件写入指定的字节。

➢ public void write(byte[] b)：从当前文件指针位置开始，将 b.length 个字节从指定 byte 数组写入到此文件。

➢ public final void writeBytes(String s)：从当前文件指针位置开始，按字节序列将该字符串写入该文件。

➢ public final void writeChars(String s)：从当前文件指针位置开始，按字符序列将一个字符串写入该文件。

➢ public final void writeInt(int v)：从当前文件指针位置开始，按 4 个字节将 int 型数据写入该文件，先写高字节。类似地，写入数据的方法还有 writeShort(short v)、writeLong(long v)、writeFloat(float v)、writeDouble(double v)等。

案例 7-6　利用 RandomAccessFile 类随机读写文件

【案例描述】

创建一个 RandomAccessFile 类对象，然后向其中写入一组字符和整数，然后再将它们读出来。

【技术要点】

（1）了解每种数据类型数据所占字节数，以及使用哪些方法将其写入和读出文件。

（2）了解文件指针的意义和定位方法。

【操作步骤】

步骤 1▶ 启动 Eclipse，在 Chapter7 包中创建类 FileIOExample4，并编写如下代码。

```java
// FileIOExample4.java
package Chapter7;
import java.io.*;
public class FileIOExample4 {
    public static void main(String[] args) throws IOException {
        File file = new File("d:\\test.txt");
        // 如果文件已存在，则删除后重新创建一个空文件
        if (file.exists()) { // 判断文件是否存在
            file.delete(); // 如果存在，则删除文件
        }
        file.createNewFile(); // 创建新文件
        // 以读写方式创建 RandomAccessFile 对象
        RandomAccessFile rafile = new RandomAccessFile(file, "rw");
        // 向文件中写入字符串，每个字符占两个字节
        rafile.writeChars("Are you ready? 你准备好了吗? ");
        // 记录当前指针的位置
        long p1=rafile.getFilePointer();
        // 输出文件指针的位置
        System.out.println("当前文件指针位置: " + p1);
        // 向文件中写入一个长整型数和一个浮点数
        rafile.writeLong(2345);
        rafile.writeFloat(890.7F);
        // 输出文件中的字符串
        for (int i = 0; i < p1; i = i + 2) {
            rafile.seek(i); // 定位指针
            // 输出文件指针所在位置的字符
            System.out.print(rafile.readChar());
        }
```

```
    // 输出写入的长整数和浮点数
    System.out.println();
    System.out.println(rafile.readLong());
    System.out.println(rafile.readFloat());
    }
}
```

步骤 2▶ 保存文件并运行程序，程序运行结果如下：

```
当前文件指针位置：44
Are you ready? 你准备好了吗？
2345
890.7
```

案例 7-7 账户信息管理

【案例描述】

现实生活中，经常用到账户数据的存储、查询等功能。编写一程序，通过字节输入/输出流完成此项功能。

【技术要点】

数据输入/输出流类 DataInputStream 与 DataOutputStream 用于读/写 Java 中的基本类型数据，它们分别定义了类似于 readXXX() 和 writeXXX() 形式的方法，以读/写基本类型的数据，其中 XXX 为基本数据类型的名称，如 readInt()、writeLong() 等。它们的构造方法如下所示：

➢   DataInputStream(InputStream in)
➢   DataOutputStream(OutputStream out)

【操作步骤】

步骤 1▶ 启动 Eclipse，在 Chapter7 包中创建账户类 Account，并编写如下代码。

```java
// Account.java
package Chapter7;
import java.io.*;
import java.text.DateFormat;
import java.util.*;
public class Account {
    private long id; // 定义账户 ID
    private double amount; // 定义账户金额
    private Date date; // 定义交易日期
    public double getAmount() {
        return amount;
    }
    public void setAmount(double amount) {
        this.amount = amount;
```

```java
    }
    public long getId() {
        return id;
    }
    public void setId(long id) {
        this.id = id;
    }
    public Date getDate() {
        return date;
    }
    public void setDate(Date date) {
        this.date = date;
    }
    // 输出时将对象转换为字符串
    public String toString() {
        // 获取为日期和时间使用 short 风格的默认日期/时间格式器
        DateFormat ssd = DateFormat.getDateInstance();
        return "账户 ID:" + this.getId() + " 账户金额： " + this.getAmount() + "￥"
                + " 日期： " + ssd.format(this.date);
    }
    public Account() { // 无参数的构造方法
        this(0l, 0.0, new Date());
    }
    public Account(long id, double amount, Date date) { // 构造方法，初始化成员变量
        this.setId(id);
        this.setAmount(amount);
        this.setDate(date);
    }
    // 写账户信息方法
    public void write(DataOutputStream out) throws IOException {
        out.writeLong(this.getId());
        out.writeDouble(this.getAmount());
        out.writeLong(this.getDate().getTime());
    }
    // 读取账户信息方法
    public Account read(DataInputStream in) throws IOException {
        this.setId(in.readLong());
        this.setAmount(in.readDouble());
        this.setDate(new Date(in.readLong()));
```

```java
            return this;
    }
    // 账户信息读取方法，返回账户对象数组
    public static Account[] readAccount(File file) throws IOException {
        FileInputStream in = null;
        DataInputStream dataIn = null;
        Account[] accounts = new Account[2];
        try {
            in = new FileInputStream(file); // 创建文件输入流类
        } catch (IOException e) {
            System.out.println("文件不存在！");
        }
        dataIn = new DataInputStream(in); // 创建数据输入流类
        try { // 调用 dataIn.available()判断是否到达文件末尾
            for (int i = 0; i < accounts.length && dataIn.available() > 0; i++) {
                Account temp = new Account();
                accounts[i] = temp.read(dataIn); // 调用读账户信息方法
            }
        } catch (EOFException ee) {
            ee.printStackTrace();
        }
        dataIn.close();
        in.close();
        return accounts; // 返回数组
    }
    // 账户信息写方法
    public static boolean writeAccount(Account[] accounts, File file)
            throws IOException {
        boolean flag = true;
        FileOutputStream out = null;
        DataOutputStream dataOut = null;
        try {
            out = new FileOutputStream(file); // 创建文件输出流
            dataOut = new DataOutputStream(out); // 创建数据输出流
            for (int i = 0; i < accounts.length; i++) {
                accounts[i].write(dataOut); // 将账户信息写入文件
            }
        } catch (Exception e) {
            System.out.println("写账户信息失败！");
```

```
                flag = false;
            } finally {
                if (dataOut != null) {
                    dataOut.close();
                }
            }
            return flag; // 返回标记值
        }
    }
```

步骤 2▶ 创建账户测试类 AccountMain，并编写如下代码。

```java
// AccountMain.java
package Chapter7;
import java.io.*;
import java.text.*;
public class AccountMain {
    public static void main(String[] args) throws Exception {
        // getDateInstance 用来获取国家/地区的标准日期格式
        DateFormat ssd = DateFormat.getDateInstance();
        File file = null;
        if (args.length > 0) {
            file = new File(args[0]); // 以 main()方法参数创建 File 对象
        } else {
            file = new File("c:\\account.txt");
        }
        // 创建账户对象数组。ssd 对象的 parse 方法用来将字符串转换为 Date 对象
        Account[] accounts = { new Account(1, 2000.5, ssd.parse("2010-04-25")),
                new Account(2, 1000.5, ssd.parse("2010-06-25")) };
        System.out.println("正在保存数据中......");
        if (Account.writeAccount(accounts, file)) { // 调用写账户信息方法
            System.out.println("数据保存成功！");
        } else {
            System.out.println("数据保存失败！");
        }
        accounts = Account.readAccount(file); // 调用读账户信息方法
        System.out.println("数据读取结束，正在回显中......");
        if (accounts.length == 0) { // 判断是否有账户信息
            System.out.println("文件中没有数据！");
        } else {
            for (int i = 0; i < accounts.length; i++) {
```

```
                    System.out.println(accounts[i]); // 输出账户信息
            }
            System.out.println("数据显示结束！");
        }
    }
}
```

步骤 3▶ 保存文件并运行程序，程序运行结果如下所示：

正在保存数据中......
数据保存成功！
数据读取结束，正在回显中......
账户 ID:1 账户金额：2000.5￥ 日期：2010-4-25
账户 ID:2 账户金额：1000.5￥ 日期：2010-6-25
数据显示结束！

综合实训　文件复制

【实训目的】
进一步熟悉文件输入/输出流的创建及读/写方法。
【实训内容】
将一个文件的内容复制到另一个文件中。在复制过程中，包含必要的错误检查，如源文件是否存在、目标文件是否为目录、目标文件是否存在等。
【操作步骤】
步骤 1▶ 启动 Eclipse，在 Chapter7 包中创建类 FileCopy，并编写如下代码。

```java
// FileCopy.java
package Chapter7;
import java.io.*;
import java.util.Scanner;
public class FileCopy {
    public static void copyFile(String sourceFileName, String targetFileName)
            throws IOException {
        File sourceFile = new File(sourceFileName); // 创建源文件
        File targetFile = new File(targetFileName); // 创建目标文件
        // 验证源文件是否存在
        if (!sourceFile.exists()) {
            System.out.println("文件复制失败！源文件" +
                    sourceFile.getName() + "不存在");
            return;
        }
```

```
            // 验证目标文件是否为目录
            if (targetFile.isDirectory()) {
                // 如果为目录，则修改目标文件的路径和名称
                targetFile = new File(targetFile, sourceFile.getName());
            }
            // 如果目标文件存在
            if (targetFile.exists()) {
                // 询问用户是否覆盖目标文件
                System.out.println("文件进行复制，是否覆盖现有文件" +
                        targetFile.getName()+ "?(Y/N):");
                // 以标准输入创建字符缓冲流
                BufferedReader in = new BufferedReader(new InputStreamReader(
                        System.in));
                String override = in.readLine(); // 存储用户的输入值
                // 取消复制
                if (!override.equalsIgnoreCase("Y")) {
                    System.out.println("操作已取消!");
                    return;
                }
            }
            /* 复制文件 */
            FileInputStream in = null;
            FileOutputStream out = null;
            in = new FileInputStream(sourceFile); // 创建源文件输入流
            out = new FileOutputStream(targetFile); // 创建目标文件输出流
            byte[] buffer = new byte[8]; // 创建缓冲区
            int num;
            /* 循环读取源文件数据并写入目标文件 */
            while ((num = in.read(buffer)) != -1)
                out.write(buffer, 0, num);
            System.out.println("文件复制成功！");
            System.out.println("源文件：" + sourceFile.getPath());
            System.out.println("目标文件：" + targetFile.getPath());
            // 关闭源文件和目标文件
            in.close();
            out.close();
        }
        public static void main(String[] args) throws IOException {
            String SrcFileName, DesFileName;
```

```
        Scanner in = new Scanner(System.in);
        System.out.println("请输入源文件名：    ");
        SrcFileName = in.nextLine();
        System.out.println("请输入目标文件名：    ");
        DesFileName = in.nextLine();
        // 调用复制文件方法 copyFile
        FileCopy.copyFile(SrcFileName, DesFileName);
    }
}
```

步骤 2▶　保存文件并运行程序，结果如下：

请输入源文件名：
d:\test.txt
请输入目标文件名：
d:\xyz
文件复制成功！
源文件：d:\test.txt
目标文件：d:\xyz\test.txt

项目小结

　　本项目首先介绍了输入流、输出流、字节流和字符流的概念，然后依次介绍了使用 System 类完成数据基本输入/输出的方法，使用字节输入/输出流类（InputStream 和 OutputStream）和字符输入/输出流类（Reader 和 Writer）以字节或字符形式输入/输出数据的方法，使用 Scanner 类输入各种类型数据的方法。

　　在任务二中，我们主要介绍了使用 FileInputStream 类和 FileOutputStream 类、FileReader 类和 FileWriter 类，分别以字节形式或字符形式读写文件的方法。以及使用 File 类管理文件的方法，使用 RandomAccessFile 类随机读写文件的方法。

思考与练习

一、选择题（可多选）

1. 字节流和字符流的区别是（　　　）

    A. 每次读入的字节数不同　　　　　　　　B. 前者带有缓冲，后者没有

    C. 前者以字节读写，后者以字符读写　　　 D. 二者没有区别

2. Java 语言提供的主要输入/输出流所在的包是（　　　）

    A. java.io　　B. java.util　　　C. java.math　　　D. java.io1

3. 创建文件"test.txt"的字节输入流的语句是（　　　）

    A．InputStream in=new FileInputStream("test.txt")

    B．FileInputStream in=new FileInputStream(new File("test.txt"))

    C．InputStream in=new FileReader("test.txt")

    D．InputStream in=new InputStream("test.txt")

4. 下列创建 InputStreamReader 对象的方法中正确的是（　　　）

    A．new InputStreamReader(new FileInputStream("data"));

    B．new InputStreamReader(new FileReader("data"));

    C．new InputStreamReader(new BufferedReader("data"));

    D．new InputStreamReader(System.in);

5. 下列创建 RandomAccessFile 对象的方法中正确的是（　　　）

    A．new RandomAccessFile("test.txt","rw");

    B．new RandomAccessFile(new DataInputStream());

    C．new RandomAccessFile(new File("test.txt"));

    D．new RandomAccessFile("test.txt")

6. 以下方法实现关闭流的方法是（　　　）

    A．void close()   B．void reset()   C．int size()   D．void flush()

7. 可以得到一个文件的路径名的方法是（　　　）

    A．String getName()   B．String getPath()

    C．String getParent()   D．String renameTo()

二、简答题

1. 字节流和字符流有什么区别？

2. 字节流和字符流进行读写操作的一般步骤？

3. File 类有哪些构造方法和常用方法？

三、编程题

1. 编写一个程序，将输入的小写字符串转换为大写，然后保存到文件"a.txt"中。

2. 编写一个程序，如果文件 text.txt 不存在，以该名创建一个文件。如果该文件已存在，使用文件输入/输出流将 100 个随机生成的整数写入文件中，整数之间用空格分隔。

项目八 Java 的多线程机制

【引 子】

现实生活中，用计算机可以边听音乐边浏览网页；也可以边从网络上下载资料边玩游戏，这些都是多线程并发的实例。Java 语言支持多线程编程，多线程包含多个程序段，每一程序段按照自己的执行线路并发工作，各自独立完成自身功能，相互间互不干扰。本项目介绍线程的概念、线程的生命周期、多线程的实现方式及线程的同步机制。

【学习目标】

◇ 了解进程与线程的概念
◇ 熟悉线程生命周期的五种状态
◇ 掌握线程的创建与启动方法
◇ 掌握线程的优先级设置方法与线程的常用调度方法
◇ 理解多线程的同步机制

任务一 了解 Java 中的进程与线程

一、进程与线程

对于一般程序而言，其结构大致可以划分为一个入口、一个出口和一个顺序执行的语句序列。程序开始运行时，系统从程序入口开始，按照语句的执行顺序（包括顺序、分支和循环）完成相应指令，然后从出口退出，同时整个程序结束。这样的结构称为进程，或者说进程就是程序的一次动态执行过程。一个进程既包括程序的代码，同时也包括了系统的资源，如 CPU、内存空间等，但不同的进程所占用的系统资源都是独立的。

目前的操作系统中，大部分都是支持多任务的（如 Windows 2000，Windows XP 等），这实际上就是一种多进程的概念，即每一个任务就是一个进程。例如，如果一台计算机上运行 Word 的同时，又在运行 JDK，系统就会产生两个进程分别进行处理。

线程是比进程更小的执行单位。一个进程在执行过程中，为了同时完成多个操作，可以产生多个线程。与进程不同的是，线程没有入口，也没有出口，其自身不能自动运行，而必须存在于某一进程中，由进程触发执行。在系统资源的使用上，属于同一进程的所有线程共享该进程的系统资源。如果把银行一天的工作比作一个进程，一天的工作开始后，可以有多个"线程"为客户服务，如财会部门、出纳部门、保安部门等，它们可能共享银行的账目数据（系统资源）等。

二、线程的生命周期

每个 Java 程序都有一个默认的主线程。对于应用程序，主线程是 main()方法执行的线索，要想实现多线程，必须在主线程中创建新的线程对象。新建的线程在一个完整的生命周期中通常需要经历创建、就绪、运行、阻塞、死亡五种状态，如图 8-1 所示。

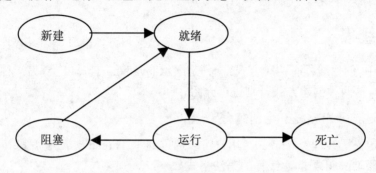

图 8-1　线程的生命周期

1. 新建状态

当一个 Thread 类或其子类的对象被声明并创建时，新生的线程对象处于新建状态。例如，下面的语句可以创建一个新的线程：

```
myThread myThread1=new myThread1();
```

myThread 线程类有两种实现方式，一种是继承 Thread 类；另一种是实现 Runnable 接口。关于这两种方法的实现，我们将在任务二中详细介绍。

2. 就绪状态

一个线程对象调用 start()方法，即可使其处于就绪状态。处于就绪状态的线程具备了除 CPU 资源之外的运行线程所需的所有资源。也就是说，就绪状态的线程排队等候 CPU 资源，而这将由系统进行调度。

3. 运行状态

处于就绪状态的线程获得 CPU 资源后即处于运行状态。每个 Thread 类及其子类的对象都有一个 run()方法，当线程处于运行状态时，它将自动调用自身的 run()方法，并开始执行 run()方法中的内容。

4. 阻塞状态

处于运行状态的线程如果因为某种原因不能继续执行，则进入阻塞状态。阻塞状态与就绪状态的区别是：就绪状态只是因为缺少 CPU 资源不能执行，而阻塞状态可能会由于各种原因使得线程不能执行，而不仅仅是 CPU 资源。引起阻塞的原因解除以后，线程再次转为就绪状态，等待分配 CPU 资源。

5. 死亡状态

当线程执行完 run()方法的内容或被强制终止时，则处于死亡状态。至此，线程的生命周期结束。

任务二　掌握线程的创建与启动方法

若想运行一个线程，首先需要创建和启动线程。线程的创建完成线程的定义，实现线程运行时所需完成的功能；线程启动是对实例化的线程进行启动，使其获得运行的机会。下面分别介绍这两部分内容。

一、创建线程

在 Java 中,创建线程有两种方式：一种是继承 java.lang.Thread 类,另一种是实现 Runnable 接口。下面对这两种创建方式分别进行介绍。

1. 通过继承 Thread 类创建线程类

Java 中定义了线程类 Thread，用户可以通过继承 Thread 类，覆盖其 run()方法创建线程类。通过继承 Thread 类创建线程的语法格式如下：

```
class <ClassName> extends Thread{
    public void run(){
    ……//线程执行代码
    }
}
```

下面通过继承 Thread 类创建线程类并打印 0~9 之间的数字，代码如下所示。

```
class MyThread extends Thread{              //继承 Thread 类创建线程类 MyThread
    public void run(){                      //重写 Thread 类的 run()方法
        for(int i=0;i<10;i++){
            System.out.println(i);          //打印 0～9 之间的数字
        }
    }
}
```

2. 通过实现 Runnable 接口创建线程类

另一种方式是通过实现 Runnable 接口创建线程类，进而实现 Runnable 接口中的 run()方法。其语法格式如下：

```
class <ClassName> implements Runnable{
    public void run(){
    ……//线程执行代码
    }
}
```

下面通过实现 Runnable 接口创建线程类并打印 0～9 之间的数字，代码如下所示。

```
class MyThread implements Runnable{         //实现 Runnable 接口创建线程类 MyThread
    public void run(){                      //实现 Runnable 接口的 run()方法
        for(int i=0;i<9;i++){
```

```
            System.out.println(i);
        }
    }
}
```

二、启动线程

线程创建完成后，通过线程的启动来运行线程。Thread 类定义了 start()方法用来完成线程的启动。针对两种不同的线程创建方式，下面分别介绍其启动方法。

1. 继承 Thread 类线程的启动

继承 Thread 类方式的线程的启动非常简单，只要在创建线程类对象后，调用类的 start()方法即可。如下例所示。

【例 1】基于 Thread 子类所创建线程对象的启动方法。在 Chapter8 包中创建公共类 ThreadExample1，然后输入如下代码。

```java
// ThreadExample1.java
package Chapter8;
class MyThread extends Thread {          // 继承 Thread 类创建线程类 MyThread
    public void run() {                  // 重写 Thread 类的 run()方法
        for (int i = 0; i < 10; i++) {
            System.out.print(i+"   ");   // 打印 0~9 之间的数字
        }
    }
}
public class ThreadExample1 {
    public static void main(String args[]) {
        MyThread t = new MyThread();     // 创建线程类 MyThread 的实例 t
        t.start();                       // 启动线程
    }
}
```

程序运行结果如下：

```
0  1  2  3  4  5  6  7  8  9
```

2. 实现 Runnable 接口线程的启动

对于通过实现 Runnable 接口创建的线程类，应首先基于此类创建对象，然后再将该对象作为 Thread 类构造方法的参数，创建 Thread 类对象，最后通过 Thread 类对象调用 Thread 类的 start()方法启动线程。

【例 2】基于实现 Runnable 接口线程类所创建线程对象的启动方法。在 Chapter8 包中创建公共类 ThreadExample2，然后输入如下代码。

```java
// ThreadExample2.java
```

```java
package Chapter8;
class MyThread1 implements Runnable {        // 实现 Runnable 接口创建线程类 MyThread1
    public void run() {                       // 实现 Runnable 接口的 run()方法
        for (int i = 0; i < 9; i++) {
            System.out.print(i + "    ");
        }
    }
}
public class ThreadExample2 {
    public static void main(String args[]) {
        MyThread1 mt = new MyThread1();       // 创建线程类 MyThread1 的实例 mt
        Thread t = new Thread(mt);            // 创建 Thread 类的实例 t
        t.start();                            // 启动线程
    }
}
```

任务三　了解线程的优先级设置与调度方法

Java 虚拟机允许一个应用程序拥有多个同时运行的线程，至于哪一个线程先执行，哪一个线程后执行，取决于线程的优先级（Priority）。线程的调度是指使用各种调度方法，如 sleep()、yield()、join()等，实现处于生命周期中的线程各种状态的转换。下面介绍线程的优先级以及各种线程的调度方法。

一、线程的优先级

线程的优先级是指线程在被系统调度执行时的优先级级别。在多线程程序中，往往是多个线程同时在就绪队列中等待执行。优先级越高，越先执行；优先级越低，越晚执行；优先级相同时，则遵循队列的"先进先出"原则。

Thread 类有三个与线程优先级有关的静态变量，其意义如下：

➢　MIN_PRIORITY：线程能够具有的最小优先级（1）。

➢　MAX_PRIORITY：线程能够具有的最大优先级（10）。

➢　NORM_PRIORITY：线程的普通优先级，默认值是 5。

当创建线程时，优先级默认为由 NORM_PRIORITY 标识的整数（5）。可以通过 setPriority() 方法设置线程的优先级，也可以通过 getPriority()方法获得线程的优先级。

【例 3】对多个线程设置不同的优先级。在 Chapter8 包中创建公共类 ThreadExample3，然后输入如下代码。

```java
// ThreadExample3.java
package Chapter8;
class MyThread2 extends Thread {
    public void run() {
```

```
        for (int i = 0; i < 5; i++) {
            System.out.println(i + " " + getName() + "优先级是：" + getPriority());
        }
    }
}
public class ThreadExample3 {
    public static void main(String args[]) {
        MyThread2 t1 = new MyThread2();      // 创建线程类 MyThread2 的实例 t1
        MyThread2 t2 = new MyThread2();      // 创建线程类 MyThread2 的实例 t2
        t1.setPriority(1);      // 设置线程 t1 的优先级为 1
        t2.setPriority(10);     // 设置线程 t2 的优先级为 10
        t1.start();             // 启动线程 t1
        t2.start();             // 启动线程 t2
    }
}
```

该程序的运行结果如下：

```
0 Thread-0 优先级是：1
0 Thread-1 优先级是：10
1 Thread-1 优先级是：10
1 Thread-0 优先级是：1
2 Thread-1 优先级是：10
2 Thread-0 优先级是：1
3 Thread-1 优先级是：10
3 Thread-0 优先级是：1
4 Thread-1 优先级是：10
4 Thread-0 优先级是：1
```

解释说明：

上例中首先利用继承 Thread 类的方法创建了线程类 MyThread2，然后在 main()方法中创建了线程类 MyThread2 的两个实例 t1 和 t2，并通过调用 setPriority()方法分别设置两个线程实例的优先级为 1 和 10。最后，分别调用线程的 start()方法启动线程 t1 和 t2。

Java 的线程调度策略是一种基于优先级的抢占式的调度。例如，在一个低优先级线程的执行过程中，来了一个高优先级的线程，这个高优先级的线程不必等待低优先级线程执行完毕，就直接把控制权抢占过来。

但是，这种调度策略并不总是有效的。例如，如果我们反复运行上面的程序，可能会发现有多种运行结果。

二、线程休眠

对于正在运行的线程，可以调用 sleep()方法使其放弃 CPU 资源进行休眠，此线程转为阻塞状态。

sleep()方法包含 long 型的参数，用于指定线程休眠的时间，单位为毫秒。sleep()方法会抛出非运行时异常 InterruptedException，程序需要对此异常进行处理。

【例 4】在循环中使用 sleep()方法进行线程休眠。在 Chapter8 包中创建公共类 ThreadExample4，然后输入如下代码。

```java
// ThreadExample4.java
package Chapter8;
class MyThread3 extends Thread {
    public void run() {
        for (int i = 0; i < 5; i++) {
            System.out.print(i+"   ");
            try {
                sleep(1000);   // 线程休眠 1 秒，即每隔 1 秒打印一个数字
            } catch (InterruptedException e) {
                System.out.print("error:" + e);
            }
        }
    }
}
public class ThreadExample4 {
    public static void main(String[] args) {
        MyThread3 t = new MyThread3();
        t.start();                    // 启动线程 t
    }
}
```

三、线程让步

对于正在运行的线程，可以调用 yield()方法使其重新在就绪队列中排队，并将 CPU 资源让给排在队列后面的线程，此线程转为就绪状态。另外，yield()方法只让步给高优先级或同等优先级的线程，如果就绪队列后面是低优先级线程，则继续执行此线程。yield()方法没有参数，也没有抛出任何异常。

【例 5】在循环中使用 yield()方法进行线程让步。在 Chapter8 包中创建公共类 ThreadExample5，然后输入如下代码。

```java
// ThreadExample5.java
package Chapter8;
class MyThread4 extends Thread {
    public void run() {
        for (int i = 0; i < 5; i++) {
```

```
            System.out.print(i);
            yield(); // 线程让步
        }
    }
}
public class ThreadExample5 {
    public static void main(String[] args) {
        MyThread4 t1 = new MyThread4();
        MyThread4 t2 = new MyThread4();
        t1.start(); // 启动线程 t1
        t2.start(); // 启动线程 t2
    }
}
```

程序运行结果如下：

```
0011223344
```

解释说明：

上例中首先创建了线程类 MyThread4，并在其 run()方法体中调用了 yield()方法，即每次循环时当前线程都要让步。程序执行的效果是两个线程 t1 和 t2 交替打印 0~4 的数据。

四、线程等待

对于正在运行的线程，可以调用 join()方法等待其结束，然后才执行其他线程。join()方法有几种重载形式。其中，不带任何参数的 join()方法表示等待线程执行结束为止，其他重载形式可参考 Java API。另外，join()方法也会抛出非运行时异常 InterruptedException，程序需要对此异常进行处理。

【例 6】使用 join()方法进行线程等待。在 Chapter8 包中创建公共类 ThreadExample6，然后输入如下代码。

```
// ThreadExample6.java
package Chapter8;
class MyThread5 extends Thread {
    public void run() {
        for (int i = 0; i < 5; i++) {
            System.out.print(i);
        }
    }
}
public class ThreadExample6 {
    public static void main(String[] args) throws InterruptedException {
        MyThread5 t1 = new MyThread5();
```

```
        MyThread5 t2 = new MyThread5();
        t1.start();       // 创建线程 t1
        t1.join();        // 等待 t1 执行结束
        t2.start();
    }
}
```

程序运行结果如下：

0123401234

解释说明：

上例中创建了线程类 MyThread5 的两个实例 t1 和 t2，线程 t1 启动后，调用 join()方法等待线程 t1 执行结束，然后才启动线程 t2。

案例 8-1　模拟左右手轮流写字

【案例描述】

利用多线程的调度机制实现左右手轮流写字。

【技术要点】

利用继承 Thread 类的方法创建线程类 LeftHand 与 RightHand，并在其中重写 run()方法。然后调用休眠方法 sleep()让当前线程让出 CPU 资源。最后，线程对象调用 start()方法启动线程。

【操作步骤】

步骤 1▶　启动 Eclipse，在 Chapter8 包中创建线程测试类 ThreadTest，并编写如下代码。

```
// ThreadTest.java
package Chapter8;
public class ThreadTest {
    public static void main(String[] args) {
        LeftHand left = new LeftHand();         // 创建线程 left
        RightHand right = new RightHand();      // 创建线程 right
        left.start();        // 线程启动后，LeftHand 类中的 run()方法将被执行
        right.start();
    }
}
// 左手线程类 LeftHand
class LeftHand extends Thread {
    public void run() {
        for (int i = 0; i <= 5; i++) {
            System.out.print("A");
            try {
                sleep(500);      // left 线程休眠 500 毫秒
```

```
        } catch (InterruptedException e) {
        }
      }
    }
}
// 右手线程类 RightHand
class RightHand extends Thread {
    public void run() {
        for (int i = 0; i <= 5; i++) {
            System.out.print("B");
            try {
                sleep(300);     // right 线程休眠 300 毫秒
            } catch (InterruptedException e) {
            }
        }
    }
}
```

步骤 2▶　保存文件并运行程序，程序运行的可能结果如下：

ABBABBABABABAA

任务四　掌握多线程的同步机制——同步方法的使用

在程序中运行多个线程时，可能会发生以下问题：当两个或多个线程同时访问同一个变量，并且一个线程需要修改这个变量时，程序中可能会出现预想不到的结果。

例如，一个工资管理人员正在修改雇员的工资表，而其他雇员正在复制工资表。如果这样做，就会出现混乱。因此，工资管理人员在修改工资表时，应该不允许任何雇员操作工资表。也就是说，这些雇员必须等待。

【例 7】多线程资源竞争举例。在 Chapter8 包中创建公共类 ThreadExample7，然后输入如下代码。

```
// ThreadExample7.java
package Chapter8;
class MyThread6 implements Runnable {
    private int count = 0;      // 定义共享变量 count
    public void run() {
        test();
    }
    private void test() {
        for (int i = 0; i < 5; i++) {
            count++;
```

```
                Thread.yield();        // 线程让步
                count--;
                System.out.print(count + "   ");      // 输出 count 的值
            }
        }
    }
public class ThreadExample7 {
    public static void main(String[] args) throws InterruptedException {
        MyThread6 t = new MyThread6();
        Thread t1 = new Thread(t);
        Thread t2 = new Thread(t);
        t1.start();        // 启动线程 t1
        t2.start();        // 启动线程 t2
    }
}
```

程序运行的两种可能结果如下：

```
0  0  0  0  0  0  0  0  0  0
1  0  0  0  1  1  0  0  0  0
```

解释说明：

上例在线程类 MyThread6 中定义了一个变量 count，设置其初始值为 0；还定义了一个方法 run()，其中的 for 循环用来对变量 count 进行自加操作，然后打印其值。最后，在 main() 方法中创建了线程类 Thread 的两个实例，并分别启动执行。

但是，如果按照以往代码顺序执行的思维方式，方法执行的结果应该始终打印值 0。然而，程序的执行结果并不如此。这是因为同时启动了两个线程，两个线程共享变量 count。在不同的时刻，每个线程都可能对变量 count 执行自加或自减操作。程序中可能出现如下的代码执行片段如下：

```
...
count++;                              //执行线程 t1 的代码
System.out.print(count);              //执行线程 t2 的代码
...
```

此时打印的结果为 1 而不是 0，这就是多线程竞争共享资源的问题。

要解决此类问题，需要使用 synchronized 关键字对共享资源进行加锁控制，进而实现线程的同步。synchronized 关键字可以作为方法的修饰符，也可以修饰一个代码块。使用 synchronized 修饰的方法称为同步方法。当一个线程 A 执行这个同步方法时，试图调用该同步方法的其他线程都必须等待，直到线程 A 退出该同步方法。

【例 8】通过为方法增加 synchronized 修饰符，避免多线程之间的资源竞争。在 Chapter8 包中创建公共类 ThreadExample8，然后输入如下代码。

```
// ThreadExample8.java
package Chapter8;
```

```
class MyThread7 implements Runnable {
    private int count = 0;              // 定义共享变量 count
    public void run() {
        test();
    }
    private synchronized void test() {
        for (int i = 0; i < 5; i++) {
            count++;
            Thread.yield();       // 线程让步
            count--;
            System.out.print(count + "   ");    // 输出 count 的值
        }
    }
}
public class ThreadExample8 {
    public static void main(String[] args) throws InterruptedException {
        MyThread7 t = new MyThread7();
        Thread t1 = new Thread(t);
        Thread t2 = new Thread(t);
        t1.start();        // 启动线程 t1
        t2.start();        // 启动线程 t2
    }
}
```

程序运行结果始终如下：

0　0　0　0　0　0　0　0　0　0

> 当被 synchronized 修饰的方法执行完或发生异常时，会自动释放所加的锁。

　　从前面的内容我们知道，当一个线程正在使用一个同步方法时，其他线程不能使用这个同步方法。对于同步方法，有时可能涉及到特殊情况，比如当你在一个售票窗口排队购买电影票时，如果你给售票员的钱不是零钱，而售票员又没有零钱找给你，那么你就必须等待，并允许你后面的人买票，以便售票员获得零钱给你。如果第 2 个人仍没有零钱，那么你俩必须等待，并允许后面的人买票。

　　当一个线程使用的同步方法用到某个变量，而此变量又需要其他线程修改后才能符合本线程的需要，那么可以在同步方法中使用 wait() 方法。使用 wait() 方法可以中断方法的执行，使本线程等待，暂时让出 CPU 资源的使用权，并允许其他线程使用这个同步方法。如果其他线程使用这个同步方法时不需要等待，那么它使用完这个同步方法时，应当使用 notifyAll() 方法通知所有由于使用这个同步方法而处于等待的线程结束等待。曾中断的线程就会从刚才的中断处继续执行这个同步方法，并遵循"先中断先继续"的原则。

> 如果使用 notify()方法，那么只通知第一个处于等待的线程结束等待。

案例 8-2 模拟排队买票

【案例描述】

张先生和李先生买电影票，售票员只有两张 5 元的钱，电影票 5 元一张。张先生用一张 20 元的人民币排在李先生的前面买票，而李先生用一张 5 元的人民币买票。请通过编程模拟排队买票的情形。

【技术要点】

① 如果售票员 5 元钱的个数少于 3，当"张先生线程"用 20 元钱去买票时，则"张先生线程"应调用 wait()方法等待并允许"李先生线程"买票。"李先生线程"执行完毕后应调用 notifyAll()方法通知"张先生线程"继续进行买票。

② Thread 类的 currentThread()方法返回正在运行的线程。

【操作步骤】

步骤 1▶ 启动 Eclipse，在 Chapter8 包中创建售票员类 TicketSeller，并编写如下代码。

```java
// TicketSeller.java
package Chapter8;
public class TicketSeller {
    int sumFive = 2, sumTwenty = 0;  // 定义 5 元钱与 20 元钱的个数
    public synchronized void sellRegulate(int money) {
        if (money == 5) {
            System.out.println("李先生，您的钱数正好。");
        } else if (money == 20) {
            while (sumFive < 3) {
                try {
                    wait();    // 如果 5 元的个数少于 3 张，则线程等待
                } catch (InterruptedException e) {
                }
                sumFive = sumFive - 3;
                sumTwenty = sumTwenty + 1;
                System.out.println("张先生，您给我 20 元，找您 15 元。");
            }
        }
        notifyAll();    // 通知等待的线程
    }
}
```

步骤 2▶ 创建测试类 TicketSellerTest，并编写如下代码。

```java
// TicketSellerTest.java
package Chapter8;
public class TicketSellerTest implements Runnable {
    static Thread MrZhang, MrLi;
    static TicketSeller MissWang;
    public void run() {
        if (Thread.currentThread() == MrZhang) { //  判断当前的线程
            MissWang.sellRegulate(20); //  调用买票的方法
        } else if (Thread.currentThread() == MrLi) {
            MissWang.sellRegulate(5);
        }
    }
    public static void main(String[] args) {
        TicketSellerTest t = new TicketSellerTest();
        MrZhang = new Thread(t);
        MrLi = new Thread(t);
        MissWang = new TicketSeller();
        MrZhang.start(); //  启动张先生的线程
        MrLi.start(); //  启动李先生的线程
    }
}
```

步骤 3▶ 保存文件并运行程序，程序运行结果如下：

李先生，您的钱数正好。

张先生，您给我 20 元，找您 15 元。

综合实训　生产者与消费者的同步

【实训目的】

掌握多线程的创建与启动、多线程同步的实现以及线程状态转换的常用方法。

【实训内容】

生产者在一个循环中不断生产 A～E 产品，而消费者则不断地消费这些产品。在这一过程中，必须先有生产者生产，才能有消费者消费。

【操作步骤】

步骤 1▶ 启动 Eclipse，在 Chapter8 包中创建一个公共类 ProducerConsumerSyn，在其中依次编写如下代码。

```java
// ProducerConsumerSyn.java
package Chapter8;
```

```java
// 生产者线程
class Producer extends Thread {
    private Monitor s;
    Producer(Monitor s) {
        this.s = s;
    }
    public void run() {
        for (char ch = 'A'; ch <= 'E'; ch++) {
            try {
                Thread.sleep((int) Math.random() * 400); // 线程休眠
            } catch (InterruptedException e) {
            }
            s.recordProduct(ch); // 记录生产的产品
            System.out.println(ch + " product has been produced by producer.");
        }
    }
}
```

步骤 2▶ 创建消费者线程类 Consumer，并编写如下代码。

```java
// 消费者线程类
class Consumer extends Thread {
    private Monitor s;
    Consumer(Monitor s) {
        this.s = s;
    }
    public void run() {
        char ch;
        do {
            try {
                Thrcad.sleep((int) Math.random() * 400); // 线程休眠
            } catch (InterruptedException e) {
            }
            ch = s.getProduct(); // 获取生产的产品
            System.out.println(ch + " product has been consumed by consumer!");
        } while (ch != 'E');
    }
}
```

步骤 3▶　创建监视器类 Monitor，并编写如下代码。

```java
// 监视器类
class Monitor {
    private char c;
    // 生产消费标记。true: 表示产品已生产，但未消费
    // flase: 表示产品已消费，但新的产品尚未生产出来
    private boolean flag = true;
    // 记录生产的产品。如果产品未消费，则等待，即 flag 由 false 变为 true
    public synchronized void recordProduct(char c) {
        // 如果新的产品尚未生产出来，则让消费者等待
        if (!flag) {
            try {
                wait();
            } catch (InterruptedException e) {
            }
        }
        this.c = c; // 记录生产的产品
        flag = false;// 产品尚未消费
        notify(); // 通知消费者线程，产品已经可以消费
    }
    // 获取生产的产品。如果产品已消费，则等待新的产品生产出来
    // 即 flag 由 true 变为 flase
    public synchronized char getProduct() {
        // 产品已生产出来，等待消费
        if (flag) {
            try {
                wait();
            } catch (InterruptedException e) {
            }
        }
        flag = true;// 产品已消费
        notify(); // 通知生产者需要生产新的产品
        return this.c; // 返回生产的产品
    }
}
```

步骤 4▶　创建公共测试类 ProducerConsumerSyn，并编写如下代码。

```java
// 公共测试类
public class ProducerConsumerSyn {
```

```
public static void main(String args[]) {
    Monitor s = new Monitor();
    new Producer(s).start();              //启动生产者进程
    new Consumer(s).start();              //启动消费者进程
    }
}
```

步骤 5▶ 保存文件并运行程序，程序运行结果如下：

A product has been produced by producer.

A product has been consumed by consumer!

B product has been produced by producer.

B product has been consumed by consumer!

C product has been produced by producer.

C product has been consumed by consumer!

D product has been produced by producer.

D product has been consumed by consumer!

E product has been produced by producer.

E product has been consumed by consumer!

项目小结

　　本项目介绍了 Java 的多线程知识，具体内容包括进程与线程的概念、线程的创建与启动方法、线程的调度方法以及线程的同步机制等。其中，线程的同步机制是本项目的难点，其关键是掌握同步方法的使用。

思考与练习

一、选择题（可多选）

1. 下面是关于进程和线程一些说法，其中错误的是（　　　）

　　A．每个进程都有自己的内存区域

　　B．一个进程中可以运行多个线程

　　C．线程是 Java 程序的并发机制

　　D．线程可以脱离进程单独运行

2. 以下方法中，用于定义线程执行体的方法是（　　　）

　　A．start()　　　B．main()　　　　C．init()　　　D．run()

3. 下列说法中，错误的是（　　　）

　　A．Java 中线程是抢占式的

　　B．Java 中线程是分时式的

　　C．Java 中线程可以共享数据

　　D．Java 中线程不能共享数据

4. 下面是关于线程调度方法的一些说法，其中错误的是（　　）

    A. sleep()方法可以让当前线程放弃 CPU 资源

    B. 调用 yield()方法后线程进入就绪状态

    C. join()方法使当前线程执行完毕再执行其他线程

    D. 以上说法都错误

5. 下面用于声明同步方法的关键字是（　　）

    A. yield   B. start   C. run   D. synchronized

6. 下列说法中，错误的是（　　）

    A. 线程的调度执行是按照其优先级的高低顺序执行的

    B. 一个线程创建好后即可立即运行

    C. 用户程序类可以通过实现 Runnable 接口来定义程序线程

    D. 解除处于阻塞状态的线程后，线程便进入就绪状态

二、简答题

1. 什么是进程和线程？两者的区别是什么？

2. 线程的生命周期中都有哪些状态？它们之间如何转换？

3. Java 中创建线程的两种方式是什么？

4. 线程的调度有哪些方法？各有什么功能？

5. 为什么多线程中要引入同步机制？Java 中如何实现线程的同步？

三、编程题

1. 模拟 3 个人排队买票，张某、王某和李某买电影票，售票员只有 3 张 5 元的钱，电影票 5 元钱一张。张某用一张 20 元的人民币排在王某的前面买票，王某排在李某的前面用一张 10 元的人民币买票，李某用一张 5 元的人民币买票。

2. 编写一个程序，该程序由两个线程组成，第一个线程用来计算 2~1000 之间的质数个数，第二个线程用来计算 1000~2000 之间的质数个数。

项目九　图形用户界面开发

【引　子】

　　图形用户界面（Graphical User Interface）简称 GUI，提供了一种更加直观、友好的方式与用户进行交互。在 Java 语言中，系统通过 java.awt 包提供了一组用于开发图形用户界面的类。在本项目中，我们将主要介绍 java.awt 包中各组件（包括容器组件和非容器组件）的特点与用法。

【学习目标】
◆　了解 Java GUI 开发的特点
◆　了解 AWT 类库中的主要内容
◆　掌握容器组件的用法
◆　掌握常用组件的用法
◆　熟悉常布局管理器的特点和用法
◆　掌握 Java 事件处理的机制与事件处理方法

任务一　了解 Java 的 GUI 开发

　　控制台应用程序（console application program）是指以命令行方式来运行的程序，用户必须通过在命令行输入各种命令来执行程序的各项功能。这类程序的优点是速度快、效率高，其缺点是使用不便，例如，用户必须记忆大量的命令，无法使用鼠标等。

　　图形用户界面（GUI）借助于窗口、菜单、工具按钮等各种图形组件，极大地增强了程序界面的直观性与各种功能的可操作性。因此，图形用户界面越来越受到人们的欢迎，Java 也提供了用于开发图形用户界面的类库。

一、AWT、Swing 与 SWT/JFACE

　　由于图形用户界面开发和系统底层结合比较紧密，因此，Java 的 GUI 开发也是一波三折。AWT（Abstract Windowing Toolkit，抽象窗口工具包）类库作为 Java 最早提供的 Java 标准类库（位于 java.awt 包中），提供了一组用于开发 Java Applet 和 Java Application 的用户界面组件类、事件处理类、图形绘制类、字体类和布局管理器类等。

　　但是，由于 AWT 过于依赖操作系统本身提供的 GUI 工具，从而大大降低了使用 AWT 开发的 Java 应用程序的可移植性，使得 Java 程序从"一次编写，到处运行（write once，run anywhere）"变成了"一次编写，到处测试（write once，test everywhere）"。

　　有鉴于此，在第二版的 Java 开发包中，系统提供了 Swing 类库（位于 java.swing 包中）以取代 AWT 类库。Swing 完全使用 Java 编写，因此，其优点是可以很好地跨平台运行。但是，Swing 的缺点也很明显，首先，由于它过于灵活，从而导致它过于复杂，进而导致学习困难；其次，由于 Java 语言的运行效率很低，进而导致 Swing 的运行速度很慢。

就在 Java 在中间件市场（J2EE）以及 web 应用（JSP/Sevlet）上大放异彩的时候，AWT 的穷途末路、Swing 的饱受病诟，这一切似乎让 Java 的 GUI 开发沉寂的像一潭死水。

SWT/JFace 像一股清风吹入了 Java 的 GUI 开发领域，为这个沉闷的领域带来了勃勃生机。利用 SWT/JFace 可以轻松、高效地开发出用户所需要的任何 GUI 程序，而且拥有标准的 Windows 外观，Eclipse 软件就是基于 SWT/JFace 构建的。

SWT/JFace 的缺点主要有两点：它不是 Java 语言标准；某些平台并不支持。

总而言之，AWT、Swing、SWT/JFace 各有优缺点。为了便于讲解，我们仍选择了 Java 经典的 AWT。

二、AWT 类库简介

AWT 的层次结构如图 9-1 所示，其内容主要包括以下几个部分。

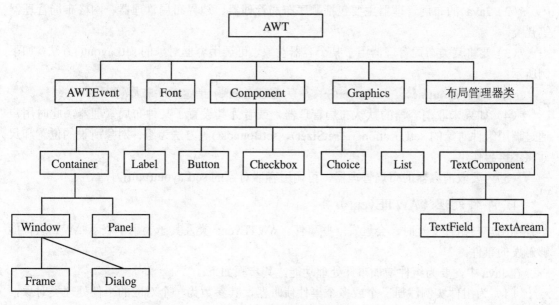

图 9-1　AWT 包的层次结构

1. 组件（Component）类

组件是一个可以以图形化的方式显示在屏幕上并能与用户进行交互的对象，例如一个按钮，一个标签等。组件中不能再放置其他组件，并且组件也不能独立显示，而必须将其放在某个容器中。

 提示

　　Component 类是一个抽象类，它为用户提供了大量的成员方法，利用这些方法可设置或获取组件对象的位置、大小、颜色（前景色和背景色）、可见性等，而它的所有子类都继承并实现了这些方法。

2. 容器（Container）类

容器类也是组件类的子类，但它与其他组件类有所不同，我们可在其中放置组件或其他容器。因此，我们不再称其为组件，而称其为容器。常见的容器包括窗口（Window）、窗体（Frame）、对话框（Dialog）、面板（Panel）等。

3. 布局管理器（LayoutManager）

为了使我们生成的图形用户界面具有良好的平台无关性，Java 语言提供了布局管理器这个工具来管理组件在容器中的布局，从而使得用户不必再直接设置组件的位置和大小。

创建容器后，系统会自动为其指定一个默认的布局管理器。例如，窗体的默认布局管理器为边界布局管理器，面板的默认布局管理器为顺序布局管理器。

在 Java 中，布局管理器的特点主要有如下几个：

（1）虽然 Java 提供布局管理器的出发点很好，但它有点中看不中用，使用起来效果并不好。因此，我们在很多情况下都需要直接设置容器中各组件的位置和大小。

（2）Java 的布局管理器主要包括顺序布局管理器、边界布局管理器、网格布局管理器等几类。

（3）要将某类布局管理器用于某个容器对象，可调用容器对象的 setLayout()方法，如下例所示：

```
frame1.setLayout(new FlowLayout);   // 为容器 frame1 指定顺序布局管理器
```

（4）如果未取消容器的默认布局管理器，或者为其设置了某种布局管理器，此时用户通过调用组件对象的 setLocation()、setSize()、setBounds()等方法为组件对象所设的位置和尺寸将不再起作用。

（5）要取消容器的布局管理器，可调用容器对象的 setLayout(null)方法。

4. 事件处理（AWTEvent）类

当用户与组件交互时，会触发一些事件。AWTEvent 类及其子类用于表示 AWT 组件能够触发的事件。

在 Java 中，要为组件增加事件处理功能，其步骤如下：

（1）为组件实例注册一个或多个事件侦听器，其参数为一个对应的事件处理类对象，如下例所示：

```
btn.addActionListener(new btnHandler());
```

其中，如果方法名为 addXXXListerer，则事件侦听器名为 XXXListener，事件名为 XXXEvent。

（2）事件处理类应完全实现事件侦听器接口中的各个方法（方法内容可以为空，但必须有，否则，类就成了抽象类），以处理事件的各种行为。另外，所有接口方法的参数均为事件对象，以便用户通过程序对事件进行解读。如下例所示：

```
// 定义实现 ActionListener 接口的 ActionEvent 事件处理类
class btnHandler implements ActionListener {
    // 单击按钮时执行此方法
    public void actionPerformed(ActionEvent e) {
```

```
        ......
    }
}
```

5. 字体（Font）类

用来创建字体对象，以设置所用字体、大小和效果等。字体对象可用于 Graphics 对象和 Component 对象。

6. 图形（Graphics）类

Graphics 类为一抽象类，它为 Java 提供了底层的图形处理功能，使用 Graphics 类提供的方法可以设置字体和颜色、显示图像和文本，以及绘制和填充各种几何图形。

> 在某个组件中绘图时，一般应该为这个组件所属的子类重写 paint()方法，并在该重写的方法中进行绘图。此时系统会自动为程序提供图形对象，并以参数 g 传递给 paint() 方法。

案例 9-1　会说话的按钮

【案例描述】

在本例中，我们首先创建了一个窗体容器，然后向其中增加了 3 个标签和两个按钮。当我们将光标移至一个按钮上方、离开按钮、单击按钮或按住按钮时，系统会自动在第三个标签中显示针对按钮所发生的事件描述。

【技术要点】

（1）默认情况下，整个屏幕被作为一个坐标系，其原点位于屏幕左上角（0，0），其单位为像素。如果不设置顶层容器的显示位置，它默认显示在屏幕的左上角。如果要设置其位置，可调用对象的 setLocation()方法。

（2）对于放置在顶层容器中的容器和组件，其坐标原点位于顶层容器的左上角，故此坐标为相对坐标。

（3）要向容器中添加组件，可调用容器对象的 add()方法。

（4）要为组件增加事件响应机制，应首先为组件实例注册事件侦听器，实际上就是调用组件实例的一个增加事件侦听器的方法，该方法的参数为事件处理类对象。接下来还应定义一个完全实现事件侦听器接口的类，并编写其各方法代码（方法参数为事件对象），以响应事件的各种行为。

（5）要对容器对象应用某种布局管理器，或取消容器对象的布局管理器，可调用容器对象的 setLayout()方法。例如：

```
f.setLayout(null);              // 取消窗体的布局管理器
f.setLayout(new FlowLayout());  // 将窗体的布局管理器设置为顺序布局管理器
```

这里再强调一次，如果容器存在布局管理器，那我们就无法再为容器中的组件设置具体的位置坐标和尺寸了。

总而而言，这个程序结构非常完整，注释也非常详细，请读者务必仔细阅读。如果没有问题，那你对 Java 的 GUI 编程可以说就入门了。

【操作步骤】

步骤 1▶ 启动 Eclipse，在 Chapter9 包中创建 JavaGUI 公共类，并编写如下代码。

```java
// JavaGUI.java
package Chapter9;
import java.awt.*;
import java.awt.event.*;
public class JavaGUI {
    // 创建一个窗体
    static Frame f = new Frame("Java GUI 演示程序");
    // 创建三个标签
    static Label lb1 = new Label("欢迎学习 Java GUI 编程！");
    static Label lb2 = new Label("当前发生的按钮事件：");
    static Label lb3 = new Label("按    钮    事    件    描    述");
    // 创建两个按钮
    static Button b1 = new Button("会说话的按钮");
    static Button b2 = new Button("退出按钮");
    public static void main(String args[]) {
        // ----------------------------------------------
        // 设置窗体的背景色（橘黄色）与前景色（红色）
        // 窗体的前景色用于设置按钮标签、标签等的文字颜色
        f.setBackground(Color.orange);
        f.setForeground(Color.red);
        // 设置窗体的宽度和高度
        f.setSize(200, 200);
        // 将窗体的布局设置为顺序布局
        f.setLayout(new FlowLayout());
        // 设置标签 3 的背景色为青色
        lb3.setBackground(Color.CYAN);
        // ----------------------------------------------
        // 将各标签和按钮顺序添加到窗体中
        f.add(lb1);
        f.add(lb2);
        f.add(lb3);
        f.add(b1);
        f.add(b2);
        // (1)通过调用 addMouseListener 方法为按钮 b1 注册 MouseEvent 事件
```

```
        // 侦听器 MouseListener。其中，要处理的事件类型可以从方法名中
        // 看出。例如，本方法是 addMouseListener，则要处理的事件为 MouseEvent
        // (2)该方法的参数是事件处理类的对象，它必须实现侦听器接口 MouseListener
        // (3)MouseListener 侦听器有多个方法，以处理鼠标的各种动作，如
        //    鼠标进入按钮上方、单击按钮、鼠标离开按钮等
        b1.addMouseListener(new Button1Handler());
        // 为按钮 b2 注册 ActionEvent 事件侦听器 ActionListener。只有单击
        // 按钮时才发生 ActionEvent 事件
        b2.addActionListener(new Button2Handler());
        // -----------------------------------------------
        // 使窗体在屏幕上居中放置
        f.setLocationRelativeTo(null);
        // 使窗体可见
        f.setVisible(true);
    }
}
// 定义实现 MouseListener 接口的 MouseEvent 事件处理类
class Button1Handler implements MouseListener {
    // 鼠标按键在组件上单击（按下并释放）时调用此方法
    public void mouseClicked(MouseEvent e) {
        JavaGUI.lb3.setText("你已单击鼠标！");
    }
    // 鼠标进入到组件上方时调用此方法
    public void mouseEntered(MouseEvent e) {
        JavaGUI.lb3.setText("你已进入按钮上方！");
    }
    // 鼠标离开组件时调用此方法
    public void mouseExited(MouseEvent e) {
        JavaGUI.lb3.setText("你已离开按钮上方！");
    }
    // 鼠标按键在组件上按下时调用此方法
    public void mousePressed(MouseEvent e) {
        JavaGUI.lb3.setText("你已按下按钮！");
    }
    // 鼠标按钮在组件上释放时调用此方法
    public void mouseReleased(MouseEvent e) {
    }
}
// 定义实现 ActionListener 接口的 ActionEvent 事件处理类
```

```
class Button2Handler implements ActionListener {
    // 本接口只有一个方法，因此事件发生时，系统会自动调用本方法
    // 系统产生的 ActionEvent 事件对象被当作参数传递给该方法
    public void actionPerformed(ActionEvent e) {
        System.exit(0);   // 退出系统
    }
}
```

步骤 2▶ 保存文件并运行程序，程序运行结果如图 9-2 所示。

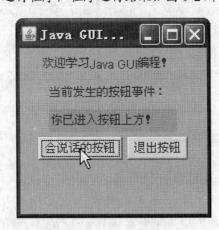

图 9-2　程序运行结果

任务二　掌握容器组件的用法

如前所述，容器是一种特殊的组件，特殊性在于它可以容纳组件对象与其他容器对象。Container 类作为容器类的基类，直接派生出 Window、Panel 等子类。

➢ Window 类称为窗口类，可以不依赖于其他容器独立存在。Window 类直接派生出两个子类：窗体类 Frame 和对话框类 Dialog。

由于使用 Window 类直接创建的窗口对象没有边框和标题栏，因此，一般不直接使用 Window 类来创建窗口，而使用其 Frame 子类来创建窗口。

➢ Panel 类称为面板类，用来表示窗口中的矩形区域。Panel 类不能单独使用，必须将其添加到一个窗体容器中才能使用。

容器作为特殊的组件，具有以下特征：

➢ 容器具有一定的空间范围和位置坐标，该位置坐标既可以表示容器的绝对位置，也可以表示相对其上层容器的相对位置。

➢ Window、Frame 及 Dialog 是三个能作为顶级容器的组件。所谓顶级容器，是指能直接加载到桌面，不需要放置在其他容器中便能显示，并能容纳其他容器的容器。

一、窗体容器 Frame

窗体容器 Frame 是应用程序经常使用的基本容器之一，窗体是一个可以带边框、标题栏、菜单栏与窗口缩放功能按钮（包括窗口最大化、最小化及关闭）的窗口。

Frame 类的常用构造方法如下：

➢ Frame()：创建没有标题内容的不可见窗体。要使对象显示，必须调用对象的 setVisible()方法。

➢ Frame(String title)：创建以参数 title 为标题内容的不可见窗体。

Frame 类的常用方法如下：

➢ public void add(PopupMenu popup)：为组件添加弹出菜单。

➢ public void addFocusListener(FocusListener l)：为组件添加焦点侦听器，以便当此组件获得或失去键盘焦点时能够进行一些操作。

➢ public void addMouseListener(MouseListener l)：为组件添加鼠标侦听器，以便程序能够处理诸如鼠标移至组件上方、单击组件或鼠标离开组件等鼠标事件。

➢ public void addMouseMotionListener(MouseMotionListener l)：为组件添加鼠标移动侦听器，以便程序能够处理鼠标移动事件。

➢ public void addMouseWheelListener(MouseWheelListener l)：为组件添加鼠标滚轮侦听器，以便程序能够处理鼠标滚轮事件。

➢ public void setTitle(String title)：设置 Frame 的标题为 title。

➢ public void setResizable(boolean resizable)：设置 Frame 是否可以调整大小。

➢ public void setSize(int width, int height)：调整组件的大小，使其宽度为 width，高度为 height。

➢ public void setBounds(int x, int y, int width, int height)：移动组件并调整其大小。由 x 和 y 指定左上角的新位置，由 width 和 height 指定新的大小。

➢ public void setLocation(int x, int y)：将组件移到新位置。通过此组件父级坐标空间中的 x 和 y 参数来指定新位置的左上角。

➢ public void setLocationRelativeTo(Component c)：设置窗体相对于指定组件的位置。如果组件当前未显示，或者 c 为 null，则此窗体将置于屏幕的中央。

➢ public void setVisible(boolean flag)：设置 Frame 对象是否可见。当 flag 值为 true 时，Frame 可见；否则，不可见。

➢ public void setBackground(Color c)：设置 Frame 的背景颜色。其中，颜色可利用 Color.red（颜色名）、Color.yellow 等形式来表示。

➢ public void setForeground(Color c)：设置组件的前景色。如果此参数为 null，则此组件继承其父级容器的前景色。

➢ public void setLayout(LayoutManager mgr)：设置此容器的布局管理器。

二、面板容器 Panel

面板是包含在窗体中的一个矩形区域，它不带有标题栏、菜单栏以及边框，因而通常用于辅助定位组件。

可使用构造方法 Panel()或 Panel(LayoutManager layout)来创建面板。其中，使用构造方法 Panel()创建面板时，其默认布局管理器是 FlowLayout 布局管理器。

案例 9-2　创建简易文本编辑器

【案例描述】

在本例中，我们首先创建了一个窗体容器，然后为其添加了一个主菜单项和一个文本区，利用这些菜单项和文本区可分别完成文件内容编辑，新建、打开和保存文件的功能。

【技术要点】

（1）菜单的结构为：MenuBar（菜单条）→ Menu（主菜单项）→ MenuItem（子菜单项），因此，我们可以通过调用 MenuObject.add(MenuItemObject)方法创建主菜单，通过调用 MenuBarObject.add(MenuObject)方法将主菜单添加到菜单条中。

（2）通过调用窗体的 setMenuBar（菜单条对象）方法可将菜单条添加到窗体中。

（3）要为菜单添加相应的功能，应为各子菜单项对象增加事件侦听器，然后编写相应的事件处理程序。

（4）在本例中，由于我们创建的 TextEditor1 类是 Frame 的子类并实现了 ActionListener 接口，因此，我们通过编写：子菜单项.addActionListener(this);语句为各子菜单项注册了事件侦听器，然后通过在 actionPerformed 方法中编写 Object ob = e.getSource();语句来获取触发 ActionEvent 事件的具体子菜单对象，并进行相应的处理。

（5）TextArea 对象可用于编辑文本内容，利用其 setText()方法可设置在文本区显示的内容，利用其 getText()方法可获取文本区的内容。使用时，我们只需将其加入窗体即可。

（6）为了选择文件，我们使用了 JFileChooser 类，该类的 showOpenDialog()方法用来显示一个文件选择对话框，getSelectedFile()方法用来返回所选文件。

（7）为了读写文件，我们分别创建了一个 FileReader 对象和一个 FileWriter 对象。

（8）为了使得用户在单击☒按钮时能够退出系统，我们基于事件适配器类 WindowAdapter 创建了一个 CloseHandler 子类，并基于该子类创建了一个对象 handler。该对象被作为 this.addWindowListener(handler);注册事件侦听器语句的参数。

在 Java 中，针对一些事件侦听器接口，系统定义了对应的实现类，称为事件适配器类。事件侦听器类只要继承事件适配器类，仅需重写需要的方法就可以处理某个特定事件了。

这种方式与我们前面介绍的通过实现事件侦听器接口来定义事件处理类的方法有所不同，请读者务必留意。

【操作步骤】

步骤 1▶　启动 Eclipse，在 Chapter9 包中创建 TextEditor 公共类，并编写如下代码。

```
// TextEditor.java
package Chapter9;
import java.awt.*;
import java.awt.event.*;        // 引入所有的事件类
import java.io.FileReader;
```

```java
import java.io.FileWriter;
import javax.swing.JFileChooser;
public class TextEditor extends Frame implements ActionListener {
    MenuBar mainmenubar = new MenuBar();   // 声明菜单条
    Menu file;          // 声明主菜单项
    MenuItem nw;        // 声明各子菜单项
    MenuItem op;
    MenuItem cl;
    MenuItem sf;
    MenuItem ex;
    TextArea tx;        // 声明文本区对象
    public TextEditor(String title) {
        super(title);                       // 调用父类构造方法
        CloseHandler handler = new CloseHandler(); // 定义窗体事件的侦听器对象
        this.addWindowListener(handler);            // 为当前窗体注册侦听器对象
        setSize(400, 400);                  // 设置窗体尺寸
        setLocationRelativeTo(null);        // 使窗体在屏幕上居中放置
        menuinit();                         // 构建与处理菜单
        tx = new TextArea();                // 创建文本区对象
        this.add(tx);                       // 将文本区对象放入窗体
        setVisible(true);                   // 使窗体可见
    }
    // 菜单构建与处理
    void menuinit() {
        mainmenubar = new MenuBar();        // 定义主菜单栏
        file = new Menu("文件");            // 定义主菜单项 file
        nw = new MenuItem("新建文件");      // 定义各子菜单项
        op = new MenuItem("打开文件");
        cl = new MenuItem("关闭文件");
        sf = new MenuItem("保存文件");
        ex = new MenuItem("退        出");
        file.add(nw);                       // 将各子菜单项加入到主菜单项中
        file.add(op);
        file.add(cl);
        file.add(sf);
        file.add(ex);
        mainmenubar.add(file);              // 将主菜单项加入到主菜单栏
        setMenuBar(mainmenubar);            // 为窗体设置主菜单
        nw.addActionListener(this);         // 为各菜单项注册事件侦听器
```

```
        op.addActionListener(this);
        cl.addActionListener(this);
        sf.addActionListener(this);
        ex.addActionListener(this);
    }
    // 窗体的 ActionEvent 事件处理方法
    public void actionPerformed(ActionEvent e) {
        Object ob = e.getSource();                      // 获取事件对象
        JFileChooser f = new JFileChooser();     // 创建文件选择器对象
        if ((ob == nw)||(ob==cl)) {     // 选择"新建文件"或"关闭文件"子菜单项
            tx.setText("");                           // 清空文本区
        } else if (ob == op) {                        // 选择"打开文件"子菜单项
            // 弹出具有自定义 approve 按钮的自定义文件选择器对话框
            f.showOpenDialog(this);
            try {
                // 定义一个字符缓冲器对象 s
                StringBuffer s = new StringBuffer();
                // 构造一个 FileReadder 对象 in，其参数为在文件选择器
                // 对话框中选中的文件
                FileReader in = new FileReader(f.getSelectedFile());
                // 读入文件内容，将其放入字符缓冲器对象 s 中
                while (true) {
                    int b = in.read();
                    if (b == -1)
                        break;
                    s.append((char) b);
                }
                tx.setText(s.toString());  // 将文件内容显示在文本区
                in.close();                // 关闭文件
            } catch (Exception ee) {
            }
        } else if (ob == sf) {                  // 选择"保存文件"子菜单项
            f.showSaveDialog(this);        // 显示文件选择对话框
            try {
                // 创建 FileWriter 对象，其参数为前面选择的文件
                FileWriter out = new FileWriter(f.getSelectedFile());
                out.write(tx.getText());  // 将文本区内容写入文件
                out.close();              // 关闭文件
            } catch (Exception ee) {
```

```
            }
        } else if (ob == ex)                    // 选择"退    出"子菜单项
            System.exit(0);                      // 退出系统
    }
    public static void main(String[] args) {
        new TextEditor("简易文本编辑器");
    }
}
// CloseHandler 类实现关闭窗口的功能
class CloseHandler extends WindowAdapter {        // 继承适配器类
    public void windowClosing(WindowEvent e) {    // 处理关闭窗口事件的方法
        System.exit(0);                           // 终止当前线程
    }
}
```

步骤 2▶ 保存文件并运行程序，程序运行结果如图 9-3 所示。

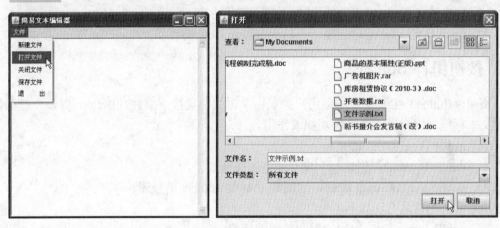

图 9-3 简易文本编辑器

任务三 掌握常用非容器组件的用法

非容器组件是搭建 GUI 不可缺少的要素，它们一般都具有形状、位置与尺寸大小等特性，并且拥有自己的属性和方法。非容器组件必须放置在容器组件中才能显现出来，并且不允许相互嵌套。表 9-1 列出了常用的 AWT 非容器组件。

表 9-1 AWT 非容器组件

组件类名	组件名称	组件功能
Label	标签	用于显示单行文本，常用来提示信息
Button	按钮	用于响应用户鼠标或键盘操作的交互组件
TextFiled	文本域	用于显示、输入、编辑与修改单行文本信息

续表 9-1

组件类名	组件名称	组件功能
TextArea	文本区	用于显示、输入、编辑与修改多行文本信息
Choice	选择框	由文本框与可选列表框组合，用于执行从列表中选取表项操作
Checkbox	复选框	用于在一组互容的相关选项中执行一项或多项的选择操作
CheckboxGroup	复选框组	用于对组件进行分组
List	列表	显示一组相关项目列表，用于执行从列表中选取表项等操作
ScrollBar	滚动条	提供从给定值域范围内选取特定值操作的组件

一、标签组件 Label

标签（Label）一般用于信息提示，它没有边框和其他修饰，并且显示的文本是静态的，即运行时用户不能对文本内容进行修改，但可以利用程序通过调用其 setText()方法重设标签内容。

Label 类的构造方法如下：

➢ Label()：创建一个空的标签，不显示任何内容。

➢ Label(String label)：创建一个显示内容为 label 的标签。

二、按钮组件 Button

按钮（Button）主要用于响应用户的鼠标单击或键盘按下事件。Button 对象一般都带有一个文本标题，用来说明自身的功能或作用。

Button 类的构造方法如下：

➢ public Button()：创建一个没有标签的按钮。

➢ public Button(String label)：创建一个标签为 label 的按钮。

Button 类的常用方法如下：

➢ public String getLabel()：返回按钮的标签。

➢ public void setLabel(String label)：将按钮的标签设置为 label。

三、文本框组件 TextField

文本框（TextField）表示只有一行显示空间的矩形框，用户可以在该区域编辑、修改字符串等操作。

TextField 类的构造方法如下：

➢ TextField()：创建一个默认长度的文本框。

➢ TextField(int columns)：创建一个长度为 columns 的文本框。

➢ TextField(String text)：创建一个带有初始字符串 text 的文本框。

➢ TextField(String text,int columns)：创建一个带有初始字符串 text 并且长度为 columns 的文本框。

TextField 类的常用方法如下：

> ➤ public void addActionListener(ActionListener l)：添加指定的操作侦听器，以从此文本字段接收操作事件。

> ➤ public void setEchoChar(char c)：设置用户输入的回显字符。当文本框作为密码输入框时，通常将回显字符设置为星号（＊）。

> ➤ public void setText(String text)：设置文本框显示内容为 text。

> ➤ public String getText()：获取文本框的内容。

> ➤ public void setEditable(boolean b)：设置文本框内容是否可编辑。

案例 9-3　创建用户登录界面

【案例描述】

在本例中，我们利用标签和文本框组件创建了一个用户登录界面。其中，当用户在用户名文本框中输入用户名后，如果按回车键或者在密码文本框中单击，则程序会在控制台中显示用户输入的用户名；当用户在密码文本框中输入密码后，如果按回车键或者在用户名文本框中单击，则程序会在控制台中显示用户输入的密码。

【技术要点】

在本例中，我们分别为用户名文本框和密码文本框注册了两个侦听器 KeyListener（监视键盘输入）和 FocusListener（监视组件获取或失去键盘焦点），并编写了相关事件处理类，从而使得当用户在文本框中按回车键，或者在另外一个文本框中单击，使得当前文本框失去键盘焦点时，用户能对在文本框中输入的内容进行处理。

【操作步骤】

步骤 1▶ 启动 Eclipse，在 Chapter9 包中创建 UserLogin 公共类，并编写如下代码。

```java
// UserLogin.java
package Chapter9;
import java.awt.*;
import java.awt.event.FocusEvent;
import java.awt.event.FocusListener;
import java.awt.event.KeyEvent;
import java.awt.event.KeyListener;
public class UserLogin {
    Frame app = new Frame("TextField 组件");
    Label lblName = new Label("UserName:");
    static TextField txtName = new TextField();
    Label lblPass = new Label("Password:");
    static TextField txtPass = new TextField();
    public UserLogin() {
        app.setSize(300, 150); // 设置窗体尺寸
        app.setLayout(null); // 取消窗体的布局管理器
        /* 设置姓名栏对应的标签与文本域的位置与大小 */
```

```java
        lblName.setBounds(60, 50, 70, 20);
        txtName.setBounds(135, 50, 100, 20);
        // 为文本框添加事件侦听器
        txtName.addKeyListener(new keyHandler());
        txtName.addFocusListener(new focusHandler());
        /* 设置密码栏对应的标签与文本域的位置与大小 */
        lblPass.setBounds(60, 90, 70, 20);
        txtPass.setBounds(135, 90, 100, 20);
        txtPass.setEchoChar('*'); // 设置密码框文本域的回显字符
        // 为密码框添加事件侦听器
        txtPass.addKeyListener(new keyHandler());
        txtPass.addFocusListener(new focusHandler());
        /* 将组件添加到窗体容器内 */
        app.add(lblName);
        app.add(txtName);
        app.add(lblPass);
        app.add(txtPass);
        /* 设置窗体的位置与可见性 */
        app.setLocation(200, 100);
        app.setVisible(true);
    }
    public static void main(String[] args) {
        // 创建对象
        UserLogin tft = new UserLogin();
    }
}
// 定义实现 keyListener 接口的 keyEvent 事件处理类
class keyHandler implements KeyListener {
    // 按下某个键时调用此方法
    public void keyPressed(KeyEvent e) {
        // 获取事件对象
        Object ob = e.getSource();
        // 如果事件对象为 txtName，并且按下回车键，则在控制台中
        // 显示输入的用户名
        if ((ob == UserLogin.txtName) && (e.getKeyCode() == 10)) {
            System.out.println(UserLogin.txtName.getText());
        }
        // 如果事件对象为 txtPass，并且按下回车键，则在控制台中显示输入的密码
        else if ((ob == UserLogin.txtPass) && (e.getKeyCode() == 10)) {
```

```
                System.out.println(UserLogin.txtPass.getText());
            }
        }
        // 释放某个键时调用此方法
        public void keyReleased(KeyEvent e) {
        }
        // 键入某个键时调用此方法
        public void keyTyped(KeyEvent e) {
        }
    }
    // 定义实现 FocusListener 接口的 FocusEvent 事件处理类
    class focusHandler implements FocusListener {
        // 获取键盘焦点
        public void focusGained(FocusEvent e) {
        }
        // 失去键盘焦点
        public void focusLost(FocusEvent e) {
            // 获取事件对象
            Object ob = e.getSource();
            // 如果事件对象为 txtName，则在控制台中显示输入的用户名
            if (ob == UserLogin.txtName) {
                System.out.println(UserLogin.txtName.getText());
            }
            // 如果事件对象为 txtPass，则在控制台中显示输入的密码
            else if (ob == UserLogin.txtPass) {
                System.out.println(UserLogin.txtPass.getText());
            }
        }
    }
}
```

步骤 2▶　保存文件并运行程序，程序运行结果如图 9-4 所示。

图 9-4　UserLogin 类运行结果

> 文本组件 TextComponent 类提供了对文本字符串输入、显示、选择与编辑的功能，它包含文本域 TextField 与文本区 TextArea 两个子类。

四、文本区组件 TextArea

文本区组件 TextArea 可以显示多行多列的文本。TextArea 类的构造方法如下：
- ➢ TextArea()：创建一个空的文本区。
- ➢ TextArea(int row,int columns)：创建一个大小为 row 行 columns 列的文本区。
- ➢ TextArea(String text,int row,int columns)：创建一个包含初始内容 text 并且大小为 row 行 columns 列的文本区。

TextArea 类的常用方法如下：
- ➢ public void append(String s)：在文本区的末尾处追加字符串 s。
- ➢ public void insert(String str,int pos)：在文本区指定位置 pos 处插入文本 str。
- ➢ void replaceRange(String s,int start,int end)：用文本 s 替换 start 与 end 位置之间的文本。

> 文本区的构造方法 TextArea(String text,int rows,int colunns,int scrollbars) 的参数 scrollbars 指定文本区滚动条的类型。scrollbars 只能取 TextArea 类预定义的四个静态常量：SCROLLBARS_NONE（不显示滚动条）、SCROLLBARS_VERTICAL_ONLY（只显示垂直方向滚动条）、SCROLLBARS_HORIZONGTAL_ONLY（只显示水平方向滚动条）、SCROLLBARS_BOTH（同时显示水平与垂直方向滚动条）。默认情况下，创建的文本区只显示垂直方向滚动条。如果输入的内容超出文本区的宽度，系统会自动显示水平方向滚动条。
>
> 有关文本区组件的使用方法，请参考本项目的案例 9-2。

五、复选框组件 Checkbox 和单选按钮组件 CheckboxGroup

Checkbox 是一个带有文本标签的组件，该组件通过一个可以勾选的方框，提供了一种在两种状态之间相互转换的操作。当该组件被选中时，其状态值对应为 on 或 true，同时它左边的方框被勾选；再次单击该组件，将取消其选中状态。当多个复选框组件构成相关联的一组时，它们之间是互容的，即同时可以有一个以上的组件处于选中状态。

Checkbox 类的构造方法如下：
- ➢ Checkbox()：创建一个没有标签的复选框。
- ➢ Checkbox(String label, boolean state, CheckboxGroup group)：创建一个标签为 label，状态为 state 的复选框，并使其处于复选框组 group 中。

单选按钮是 Checkbox 类在 CheckboxGroup 组件的控制下，创建出来的一种特殊的选择工具。单选按钮往往以一组多个的方式存在，这组按钮在某一时刻最多只允许有一个处于选中状态。创建单选按钮的过程如下：

① 创建一个 CheckboxGroup 对象，假定对象命名为 chBtnGrp。

② 使用 Checkbox 类的构造方法创建若干个复选框对象。

③ 对每个复选框对象，通过调用其 setCheckboxGroup(chBtnGrp)方法将它们加入到 CheckboxGroup 对象 chBtnGrp 中，即可将它们转变为一组单选按钮。

有关复选框组件 Checkbox 和单选按钮组件 CheckboxGroup 的详细创建和使用方法，请参考案例 9-4。

六、选项框组件 Choice

选项框（Choice）又称为下拉式列表，它允许从一系列的文本列表中选取一个，并将它置于列表顶端的文本框内。

Choice 对象的文本框类似于 TextField 组件，是一个右端具有向下三角箭头的文本组件，用户单击三角箭头，会弹出一个包含有若干条目的下拉式列表，当用户选定一个列表选项后，被选项目将自动取代文本域中原有的内容，同时下拉式列表会收缩隐藏起来。

Choice 类只有一个无参数的构造方法 Choice()，Choice 对象初始时只拥有一个空的列表，可以使用添加表项的 add()方法，插入表项的 insert()方法，以及删除表项的 remove()方法对选项框内容实行动态管理。此外，还可利用 getSelectedItem()方法获取当前选择项的字符串表示形式。

有关选项框组件 Choice 的详细创建和使用方法，请参考案例 9-4。

七、列表框组件 List

与选项框 Choice 组件不同，列表框（List）组件一次可以选中多个选项，List 组件显示的是单一的选项列表，并且没有对应的文本域，因而该组件只能提供列表的选择功能。

List 类的构造方法如下：

➤ public List()：创建新的滚动列表。默认情况下，有四个可视行，并且不允许进行多项选择。

➤ public List(int rows)：创建一个用指定可视行数初始化的新滚动列表。默认情况下，不允许进行多项选择。

➤ public List(int rows, boolean multipleMode)：创建一个初始化为显示指定行数的新滚动列表。注意，如果指定了零行，则会按默认的四行创建列表。还要注意，列表中的可视行数一旦创建就不能更改。如果 multipleMode 的值为 true，则用户可从列表中选择多项。如果为 false，则一次只能选择一项。

List 类的常用方法如下：

➤ public void add(String item)：向滚动列表的末尾添加指定的项。

➤ public void add(String item, int index)：向滚动列表中索引指示的位置添加指定的项。索引是从零开始的。如果索引值小于零，或者索引值大于或等于列表中的项数，则将该项添加到列表的末尾。

> ➤ public int getSelectedIndex()：获取列表中选中项的索引。如果没有选中的项，或者选中了多项，则返回-1。

> ➤ public String getSelectedItem()：获取此滚动列表中选中的项。如果没有选中的项，或者选中了多项，则返回 null。

> ➤ public String[] getSelectedItems()：获取此滚动列表中选中的项，将其放入字符串数组。如果没有选中的项，则返回一个零长度的数组。

> ➤ public void remove(int position)：从此滚动列表中移除指定位置处的项。

案例 9-4　创建个人信息调查表

【案例描述】

在本例中，我们将综合运用前面所学的复选框、单选按钮组、选项框和列表框等组件制作一个个人信息调查表。数据输入结束后，如果单击"确认"按钮，系统将在控制台中显示所选信息。如果单击"取消"按钮，系统将为各组件恢复其默认值。

对于"年龄"文本域，由于我们分别为其注册了键盘事件侦听器和焦点事件侦听器，并编写了对应的事件处理程序，从而使得用户只能在该文本域中输入数字 0～9。此外，当该文本域失去键盘焦点（即用户在其他组件中单击，或者切换程序）时，我们还利用失去焦点事件处理方法 focusLost 对年龄进行判断。如果年龄为 0 或者>=200，则会显示一个错误提示对话框，然后会恢复其默认值 20 并使该组件重获焦点。

【技术要点】

（1）复选框、单选按钮组、选项框和列表框的声明和定义方法都非常简单。要创建选项框和列表框，可调用其 add()方法。要创建单选按钮组，只需通过调用复选框的 setCheckboxGroup(单选按钮组对象)方法，将其加入单选按钮组对象即可，这些复选框即变为单选按钮组的成员。

（2）要获取和设置文本域的内容，可分别调用其 getText()方法和 setText()方法；要获取所选单选按钮组中所选单选按钮标签，可调用单选按钮组对象的 getSelectedCheckbox().getLabel()方法。要选中单选按钮组中的某个单选按钮，可调用其 setSelectedCheckbox(单选按钮组中的某个复选框对象)方法。

（3）对于复选框来说，可通过调用其 getState()和 setState()方法来获取和设置其状态，利用 getLabel()方法获取其标签。

（4）对于列表框来说，可利用其 getSelectedItem()方法来获取所选项；要取消列表框中的当前所选项，可调用其 deselect(对象名.getSelectedIndex())方法。

（5）如果希望控制在文本域中只能输入数字，可为其注册键盘事件侦听器，然后在键盘事件处理程序中，通过调用键盘事件对象的 getKeyChar()方法来获取按键代码。如果按键是字符 0~9，或者是【Del】键或【Backspace】键，则直接利用 e.setKeyChar(e.getKeyChar())语句返回读入的键盘代码。否则，将按键返回代码设置为 0（表示键位未知），即使按键无效。

（6）要判断文本域内容是否有效，可为其注册焦点事件侦听器，然后在失去焦点方法中编写相应的程序。

（7）要使某个组件获得焦点，可调用组件的 requestFocusInWindow()方法；要显示一个简单的信息提示对话框，可调用 JOptionPane 类的 showMessageDialog()方法。

【操作步骤】

步骤 1▶ 启动 Eclipse，在 Chapter9 包中创建 Questionnaire 公共类，并编写如下代码。

```java
// Questionnaire.java
package Chapter9;
import java.awt.*;
import java.awt.event.ActionEvent;
import java.awt.event.ActionListener;
import java.awt.event.FocusEvent;
import java.awt.event.FocusListener;
import java.awt.event.KeyEvent;
import java.awt.event.KeyListener;
import javax.swing.JOptionPane;
public class Questionnaire extends Frame implements ActionListener,
        KeyListener, FocusListener {
    TextField name = new TextField(10); // 姓名，宽度为 10
    Checkbox man = new Checkbox("男"), woman = new Checkbox("女");
    CheckboxGroup sex = new CheckboxGroup(); // 性别单选钮组
    TextField age = new TextField("20", 4); // 年龄，初始值为 20，文本域宽度为 4
    Choice nativeplace = new Choice(); // 籍贯
    Checkbox like1 = new Checkbox("读书"); // 爱好
    Checkbox like2 = new Checkbox("上网");
    Checkbox like3 = new Checkbox("体育活动");
    List website = new List(4); // 喜欢的网站。显示 4 行
    Button btn1 = new Button("确认"); // 确认、取消和退出按钮
    Button btn2 = new Button("取消");
    Button btn3 = new Button("退出");
    Label l = new Label("个人信息调查表");
    Label l1 = new Label("姓名"), l2 = new Label("性别");
    Label l3 = new Label("年龄"), l4 = new Label("籍贯");
    Label l5 = new Label("爱好"), l6 = new Label("喜欢的网站");
    // 构造方法，用于设置窗体标题、大小，并取消窗体的布局管理器
    public Questionnaire(String title) {
        super(title); // 调用父类构造方法
        this.setSize(400, 400); // 设置窗体的尺寸
        this.setLayout(null); // 取消窗体的布局管理器
        l.setBounds(150, 50, 100, 20);// 个人信息调查表
        l1.setBounds(50, 100, 40, 20);// 姓名标签
```

```
name.setBounds(90, 100, 100, 20);// 姓名文本域
l2.setBounds(230, 100, 40, 20);// 性别标签
man.setCheckboxGroup(sex);// 制作单选按钮组
woman.setCheckboxGroup(sex);
sex.setSelectedCheckbox(man);
man.setBounds(270, 100, 60, 20);// 男单选钮
woman.setBounds(330, 100, 60, 20);// 女单选钮
l3.setBounds(50, 150, 40, 20);// 年龄标签
age.setBounds(90, 150, 50, 20);// 年龄文本域
l4.setBounds(230, 150, 40, 20);// 籍贯标签
nativeplace.add("北京");// 设置选项框内容
nativeplace.add("上海");
nativeplace.add("天津");
nativeplace.add("重庆");
nativeplace.add("广东");
nativeplace.add("河南");
nativeplace.setBounds(270, 150, 60, 20);// 籍贯选项框
l5.setBounds(50, 200, 40, 20);// 爱好标签
like1.setBounds(90, 200, 60, 20);// 读书
like2.setBounds(150, 200, 60, 20);// 上网
like3.setBounds(210, 200, 100, 20);// 体育活动
website.add("新    浪"); // 喜欢的网站
website.add("搜    狐");
website.add("网    易");
website.add("淘    宝");
website.add("赶集网");
website.add("新华网");
l6.setBounds(50, 250, 80, 20);// 喜欢的网站标签
website.setBounds(130, 250, 100, 60);// 喜欢的网站
btn1.setBounds(110, 330, 50, 20);// 确认
btn2.setBounds(180, 330, 50, 20);// 取消
btn3.setBounds(250, 330, 50, 20);// 退出
this.add(l);// 将各组件添加到窗体中
this.add(l1);
this.add(name);
this.add(l2);
this.add(man);
this.add(woman);
this.add(l3);
```

```
        this.add(age);
        this.add(l4);
        this.add(nativeplace);
        this.add(l5);
        this.add(like1);
        this.add(like2);
        this.add(like3);
        this.add(l6);
        this.add(website);
        this.add(btn1);
        this.add(btn2);
        this.add(btn3);
        setLocationRelativeTo(null); // 使窗体在屏幕上居中放置
        btn1.addActionListener(this); // 为三个按钮注册事件侦听器
        btn2.addActionListener(this);
        btn3.addActionListener(this);
        age.addKeyListener(this); // 为年龄文本域注册键盘事件侦听器
        age.addFocusListener(this); // 为年龄文本域注册焦点事件侦听器
    }
    // 窗体的 ActionEvent 事件处理方法
    public void actionPerformed(ActionEvent e) {
        Object ob = e.getSource(); // 获取事件对象
        if (ob == btn3) { // 单击退出按钮
            System.exit(0); // 退出系统
        } else if (ob == btn1) {// 单击确认按钮
            System.out.println("姓名：" + name.getText());
            System.out.println("性别：" + sex.getSelectedCheckbox().getLabel());
            System.out.println("年龄：" + age.getText());
            System.out.println("籍贯：" + nativeplace.getSelectedItem());
            // 如果复选框被选中，则返回其标签，否则将字符串设置为空
            String s1 = like1.getState() ? like1.getLabel() + "   " : "";
            String s2 = like2.getState() ? like2.getLabel() + "   " : "";
            String s3 = like3.getState() ? like3.getLabel() + "   " : "";
            System.out.println("爱好：" + s1 + s2 + s3);
            System.out.println("喜欢的网站：" + website.getSelectedItem());
        } else if (ob == btn2) { // 单击取消按钮
            name.setText(""); // 清空姓名文本域
            sex.setSelectedCheckbox(man); // 选中"男人"单选按钮
            age.setText("20"); // 设置年龄文本域为 20
```

```
                like1.setState(false); // 取消爱好各复选框
                like2.setState(false);
                like3.setState(false);
                website.deselect(website.getSelectedIndex());// 取消所选喜欢的网站
            }
        }
        // 按下某个键时调用此方法
        public void keyPressed(KeyEvent e) {
        }
        // 释放某个键时调用此方法
        public void keyReleased(KeyEvent e) {
        }
        // 键入某个键时调用此方法
        public void keyTyped(KeyEvent e) {
            // 如果键入的字符是 0~9，或者按键是 Del 键或 Backspace 键，则
            // 直接返回读入的键盘字符，否则，设置键入的字符为键位未知（0）
            if (((e.getKeyChar() <= 0x39) && (e.getKeyChar() >= 0x30))
                    || (e.getKeyChar() == 127) || (e.getKeyChar() == 8)) {
                e.setKeyChar(e.getKeyChar());
            } else {
                e.setKeyChar((char) 0);
            }
        }
        // 年龄文本域获得键盘焦点时调用此方法
        public void focusGained(FocusEvent e) {
        }
        // 年龄文本域失去键盘焦点时调用此方法
        public void focusLost(FocusEvent e) {
            // 将年龄字符串转换为整数
            int i = Integer.parseInt(age.getText());
            // 年龄无效，年龄文本域恢复默认值并重获键盘焦点
            if ((i == 0) || (i >= 200)) {
                // 弹出一个错误提示对话框
                JOptionPane.showMessageDialog(null, "年龄有误，其值应该为 1-199！",
                    "错误提示", JOptionPane.ERROR_MESSAGE);
                age.setText("20"); // 恢复年龄默认值
                age.requestFocusInWindow(); // 年龄文本域重获焦点
            }
        }
```

```
        public static void main(String[] args) {
            Questionnaire app = new Questionnaire("个人信息");
            app.setVisible(true);
        }
    }
```

步骤2▶ 保存文件并运行程序，程序运行结果如图 9-5 所示。

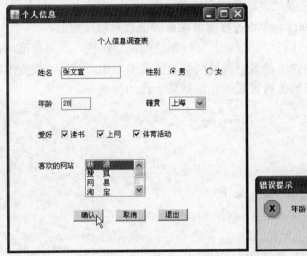

图 9-5　个人信息调查表

八、滚动条组件 Scrollbar

滚动条（Scrollbar）为用户提供了一种从给定值域范围内选取特定值的便捷方式，它分为垂直方向与水平方向两种类型。Scrollbar 组件两端表示滚动条的最大值与最小值，并且各有一个方向相反的箭头，指示当前的增减方向。

Scrollbar 类的构造方法如下：

public Scrollbar()：构造一个新的垂直滚动条。滚动条的默认属性如表 9-2 所示。

表 9-2　滚动条的默认属性

属性	描述	默认值
方向	指示滚动条是垂直的或水平的	Scrollbar.VERTICAL
值	控制滚动条的滑动块位置的值	0
可见量	滚动条范围的可见量，通常由滚动条滑块的大小表示	10
最小值	滚动条的最小值	0
最大值	滚动条的最大值	100
单元增量	在按下【↑】或【↓】键或单击滚动条的末端箭头时，值更改的量	1
块增量	在按下【PageUp】或【PageDown】键或在滑块两侧单击滚动条轨道时，值更改的量	10

➢ public Scrollbar(int orientation)：构造一个具有指定方向的新滚动条。orientation 参数必须是 Scrollbar.HORIZONTAL 或 Scrollbar.VERTICAL 这两个值之一，它们分别指示滚动条是水平滚动条，还是垂直滚动条。

➢ public Scrollbar(int orientation, int value, int visible, int minimum, int maximum)：构造一个新的滚动条，它具有指定的方向、初始值、可见量、最小值和最大值。

Scrollbar 类的常用方法如下：

➢ public int getValue()获取此滚动条的当前值。

➢ public void setValue(int newValue)将此滚动条的值设置为指定值。

【例 1】创建三个滚动条代表红、绿、蓝三种颜色的混合比例。当用户拖动滑块，单击滚动条两侧的 < 或 > 按钮，或在滚动条中滑块两侧的区域中单击时，均可改变滚动条当前值和滑块的位置，此时滚动条当前值将被显示在滚动条上面的标签中。

```java
// ScrollbarTest.java
package Chapter9;
import java.awt.*;
import java.awt.event.AdjustmentEvent;
import java.awt.event.AdjustmentListener;
public class ScrollbarTest implements AdjustmentListener {
    // 声明并创建窗体
    Frame app = new Frame("Scrollbar 组件");;
    // 创建三个标签
    Label lblColor[] = { new Label("Red:"), new Label("Green:"),
            new Label("Blue:") };
    // 创建三个水平方向的滚动条，滑块宽度为 20，滚动条最小值为 0，最大值为 255
    Scrollbar scbColor[] = {
            new Scrollbar(Scrollbar.HORIZONTAL, 0, 20, 0, 255),
            new Scrollbar(Scrollbar.HORIZONTAL, 0, 20, 0, 255),
            new Scrollbar(Scrollbar.HORIZONTAL, 0, 20, 0, 255) };
    void sbinit() {
        app.setSize(260, 250);
        app.setLayout(null);
        for (int k = 0; k < 3; k++) { // 设置标签与滚动条的位置与大小
            lblColor[k].setBounds(110, 60 + 60 * k, 50, 20);
            scbColor[k].setBounds(30, 85 + 60 * k, 200, 20);
            // 为滚动条注册侦听器
            scbColor[k].addAdjustmentListener(this);
        }
        for (int k = 0; k < 3; k++) { // 将标签与滚动条添加到窗体中
            app.add(lblColor[k]);
            app.add(scbColor[k]);
```

```
            }
            app.setLocation(200, 100);
            app.setVisible(true);
        }
        public static void main(String[] args) {
            // 声明并创建 ScrollbarTest 对象
            ScrollbarTest sbt = new ScrollbarTest();
            // 初始化对象
            sbt.sbinit();
        }
        public void adjustmentValueChanged(AdjustmentEvent e) {
            Object ob = e.getSource(); // 获取事件对象
            // 在控制台中显示滚动条当前值
            // 滚动条的 getValue()方法用于读取滚动条当前值
            if (ob == scbColor[0]) {
                System.out.print(scbColor[0].getValue()+"    ");
            } else if (ob == scbColor[1]) {
                System.out.print(scbColor[1].getValue()+"    ");
            } else if (ob == scbColor[2]) {
                System.out.print(scbColor[2].getValue()+"    ");
            }
        }
    }
```

程序的运行结果如图 9-6 所示。

图 9-6 ScrollbarTest 类运行结果

任务四 了解布局管理器的特点

布局管理器是 Java 系统预先定义好的一些类，它们能够依据一定的策略，控制组件在容器中显示的大小与位置，并且按照一定的规律将组件进行自动排列。

AWT 中定义了五种布局管理器，它们分别是 FlowLayout（顺序布局）、BorderLayout（边界布局）、GridLayout（网格布局）、CardLayout（卡片布局）与 GridBagLayout（网格贷布局）。

每种容器对象创建成功后，系统都会为其指定一个默认的布局管理器。其中，窗体的默认布局为边界布局，面板的默认布局为顺序布局。但是，我们可以通过调用容器对象的 setLayout(new LayoutObject) 方法为其重新指定一个新的布局管理器，或者通过调用 setLayout(null) 方法取消其默认布局管理器。

不过，由于 Java 的布局管理器并不好用，在很多情况下，我们只能通过调用组件的 setSize()、setLocation() 或 setBounds() 等方法来设置其位置和大小。因此，我们下面仅对布局管理器做简单介绍。

一、顺序布局 FlowLayout

顺序布局管理器 FlowLayout 将组件按照从左到右、从上到下的顺序进行布局。采用 FlowLayout 布局，组件按原有的尺寸显示。如果一行排列不完组件时，则自动转换到下一行继续排列。改变窗口大小时，组件会随着窗口的大小自动调整位置，如图 9-7 所示。

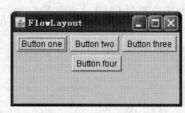
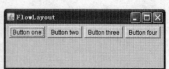

图 9-7　顺序布局效果

在 FlowLayout 布局管理器中，组件之间的默认间距是 5 个像素，对齐方式为居中对齐。FlowLayout 类的构造方法如下：

- ➤ FlowLayout()：创建一个 FlowLayout 对象，居中对齐，水平和垂直间距为默认值。
- ➤ FlowLayout(int align)：创建一个指定对齐方式为 align 的 FlowLayout 对象。
- ➤ FlowLayout(int align,int hgap,int vgap)：创建一个 FlowLayout 对象，具有指定的对齐方式 align，其水平间距为 hgap，垂直间距为 vgap。

提示

在 FlowLayout 构造方法中，参数 align 只能取下列值之一：FlowLayout.LEFT（左对齐），FlowLayout.RIGHT（右对齐），FlowLayout.CENTERT（居中对齐），FlowLayout.LADERING（首端对齐），FlowLayout.TRAILING（末端对齐）。

二、边界布局 BorderLayout

边界布局管理器 BorderLayout 是将整个容器划分为东（East）、西（West）、南（South）、北（North）、中（Center）5 个区域进行布局，如图 9-8 所示。

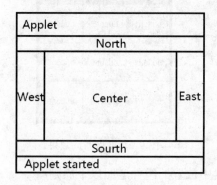

图 9-8　边界布局安排

BorderLayout 类的构造方法如下：

➢　BorderLayout()

➢　BorderLayout(int hgap,int vgap)

其中，参数 hgap 指定水平间距；vgap 指定垂直间距。方法 add(Componet comp,Object constrains)可以将组件添加到容器中的指定区域。其中，参数 comp 表示添加的组件对象，参数 constrains 表示组件在容器中的放置区域：East、West、South、North 与 Center。

向采用边界布局的容器中添加组件时，需要指定组件所在的区域，否则组件无法显示。例如，下面的代码将按钮组件添加到容器的"South"区域。

```
Panel p=new Panel();
p.setLayout(new BorderLayout());
p.add(new Button("open"), BorderLayout.SOUTH);
```

　　边界布局管理器中每个区域至多放置一个组件，如果放置多个组件，则只有一个显示。如果想要在边界布局管理的容器中放置多个组件时，可以将相关的组件先放置于 Panel 容器中，然后再将 Panel 对象作为单一的组件，放置于容器中的某一区域。

三、网格布局 GridLayout

网格布局管理器（GridLayout）是将整个容器划分为 m 行×n 列的规则网格，每个网格单元都是大小相同的矩形区域，系统按照从左到右、从上到下的顺序向网格中逐个添加组件，如图 9-9 所示。

GridLayout 类的构造方法如下：

➢　GridLayout()

➢　GridLayout(int rows,int cols)

➢　GridLayout(int rows,int cols,int hgap,int vgap)

其中，参数 rows 表示行数；cols 表示列数；hgap 表示水平间距；vagp 表示垂直间距。

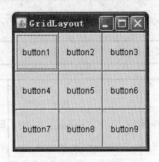

图 9-9　网格布局效果

网格布局管理器对容器中放置的组件遵照以下原则：

➢ 通过构造方法将行数和列数都设置为非零值时，指定的列数将被忽略。列数通过指定的行数和布局中的组件总数来确定。例如，如果指定了三行和两列，在布局中添加了九个组件，则它们将显示为三行三列。仅当将行数设置为零时，指定列数才对布局有效。

➢ 由于每个网格单元的大小都相同，无论组件的大小是否相同，都会完全占据网格单元的空间。因此，网格布局管理的容器中每个组件具有相同的尺寸大小。

➢ 当容器的大小发生改变时，网格单元的布局不变，但大小会随之改变，因而组件的大小会被改变，但组件的排列格局与相对空间位置保持不变。

四、卡片布局 CardLayout

卡片布局管理器 CardLayout 用于将组件以卡片的形式进行布局。每张卡片属于不同的层次，并且充满整个容器。当想向容器中添加组件时，需要指定所在卡片的名字。作为卡片的组件可以是一般的 GUI 组件元素（如 Button、Label 组件等），也可以是包含其他组件的容器组件（如 Panel 容器等）。

CardLayout 类的构造方法如下：

➢ CardLayout()

➢ CardLayout(ing hgap,int vgap)

其中，参数 hgap 指定水平间距；vgap 指定垂直间距。

向卡片布局管理的容器中添加组件时，这些组件按照先后的添加顺序，相互叠压着放置在容器这一卡片盒内。最先加入的组件被置于最顶层，最后加入的组件被置于最底层。任一时刻显示的都是放在顶层的卡片，底层的卡片暂时不可见。如果想要显示非顶层卡片，需要调用 CardLayout 类的改变卡片次序的 first()、last()、previous()、和 next()方法（这些方法的参数都是卡片管理器所在的容器对象）。

任务五　进一步了解 GUI 的事件处理机制与方法

我们在前面给出的很多例子都使用了 Java 的事件处理功能，并简要介绍了 Java 的事件处理机制。即要使某个组件具备事件处理能力，应首先为其注册事件侦听器，然后定义一个实现事件侦听器接口的类，并编写相应的事件处理方法程序。

在本任务中，我们将对前面所学内容进行一个更加系统一点的总结，以帮助读者更好地理解、掌握和运用 Java GUI 的事件处理功能。

一、GUI 事件处理机制

如果在用户与事件源（各种 GUI 组件）的交互过程中触发了事件，事件源将把事件的处理权委托给事件侦听器，事件侦听器一旦接收到事件对象，即刻调用处理该事件的方法，完成对事件的响应。事件源、事件与事件侦听器之间的关系如图 9-10 所示。

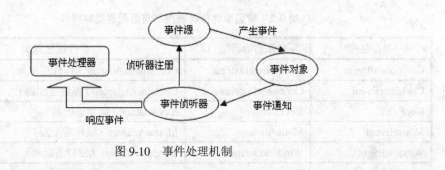

图 9-10　事件处理机制

在这种机制下，事件侦听器是事件处理的核心部件，java.awt.event 包中定义了多种事件侦听器接口。此外，对于一些事件侦听器接口，java.awt.envent 包中还定义了其具体的实现类，这些类被称为事件适配器类。事件侦听器就是实现了事件侦听器接口或者继承了事件适配器类的对象，并且实现了处理事件的方法。

此外，Java 还在 java.awt.event 包中定义了各种事件类。其中，AWTEvent 类是所有事件类的基类。事件类的层次结构如图 9-11 所示。

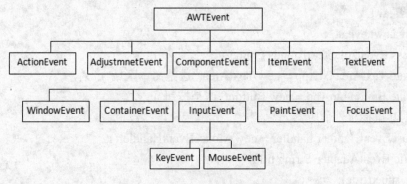

图 9-11　Java 事件类的层次结构

最后要提醒大家的有如下几点：

（1）一个操作可以触发多个事件，例如，单击某个按钮即可触发 ActionEvent 事件，也可触发 MouseEvent 事件等。至于要处理一个还是多个事件，则取决于组件的功能。例如，我们在前面的例子中，既为文本域注册了一个键盘侦听器，又注册了一个焦点侦听器，从而使得程序既可以控制用户只能在文本域中输入数字，又可以对最终结果的合法性进行检查。

当然，如果希望组件能够响应多个事件，就应为组件注册多个事件侦听器，并编写多个事件处理方法。

（2）事件不一定都由用户与组件交互产生，例如，定时器到期、一个软件或硬件发生错误等都会产生事件。

二、事件适配器类

在 Java 中，针对一些事件侦听器接口，系统定义了对应的实现类，称为事件适配器类。事件侦听器类只要继承事件适配器类，仅需重写需要的方法就可以处理某个特定事件了，这样会使程序变得更加简洁。常见事件侦听器接口与对应的事件适配器类如表 9-2 所示。

表 9-2　常见事件侦听器接口与适配器类对照表

事件名称	事件侦听器接口	事件适配器类
ComponentEvent	ComponentListener	ComponentAdapter（组件适配器）
ContainerEvent	ContainerListener	ContainerAdapter（容器适配器）
KeyEvent	KeyListener	KeyAdapter（键盘适配器）
MouseEvent	MouseListener	MouseAdapter（鼠标适配器）
WindowEvent	WindowListener	WindowAdapter（窗口适配器）
FocusEvent	FocusListener	FocusAdapter（焦点适配器）

【例 2】在窗口中放置一个文本域与一个按钮。两各组件都能够处理鼠标事件：当鼠标在文本区单击时，文本区以红色字体显示鼠标单击的位置坐标；当鼠标单击按钮时，文本区以蓝色字体显示鼠标单击的位置坐标，并且窗体能够响应关闭操作。

```java
// EventAdapter.java
package Chapter9;
import java.awt.*;
import java.awt.event.*;
public class EventAdapter extends Frame {
    private TextArea txtApp = new TextArea("这是文本区域");
    private Button btnApp = new Button("这是按钮");
    // 创建鼠标事件侦听器
    MouseEventHandler handler = new MouseEventHandler();
    public EventAdapter(String title) {
        super(title);
        // 为窗体注册窗口事件侦听器
        this.addWindowListener(new WindowAdapter() {
            // 重写 windowClosing()方法
            public void windowClosing(WindowEvent e) { // 关闭当前窗口
                System.exit(0);
            }
        });
        // 设置窗体的尺寸，取消其布局管理器，并使窗体在屏幕上居中放置
```

```java
        this.setSize(300, 200);
        this.setLayout(null);
        this.setLocationRelativeTo(null);
        // 设置文本域的字体、位置和尺寸
        txtApp.setFont(new Font("宋体", Font.PLAIN, 16));
        txtApp.setBounds(0, 30, 300, 100);
        // 为文本域注册鼠标事件侦听器
        txtApp.addMouseListener(handler);
        // 设置按钮的位置和尺寸
        btnApp.setBounds(120, 150, 60, 30);
        // 为按钮注册鼠标事件侦听器
        btnApp.addMouseListener(handler);
        // 将文本域和按钮添加到窗体中
        this.add(txtApp);
        this.add(btnApp);
        // 显示窗体
        this.setVisible(true);
    }
    public static void main(String args[]) {
        new EventAdapter("Adapter Usage Demo");
    }
}
// 定义继承 MouseAdapter 适配器的事件侦听器类
class MouseEventHandler extends MouseAdapter {
    public void mousePressed(MouseEvent e) {
        // 检测事件源是文本域还是按钮
        if (e.getSource() == txtApp) {
            String s = "鼠标所点击的位置为文本域！\n";
            s += "鼠标所处的位置为:\nX=" + e.getX() + ";Y=" + e.getY();
            // 用红色字体显示鼠标点击的位置坐标
            txtApp.setForeground(Color.RED);
            txtApp.setText(s);
        }
        if (e.getSource() == btnApp) {
            String s = "鼠标所点击的位置为按钮！\n";
            s += "鼠标所处的位置为:\nX=" + e.getX() + ";Y=" + e.getY();
            // 用蓝色字体显示鼠标点击的位置坐标
            txtApp.setForeground(Color.BLUE);
            txtApp.setText(s);
        }
```

```
        }
    }
}
```

程序的运行结果如图 9-12 所示。

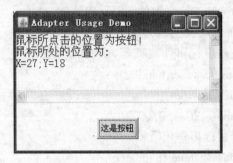

图 9-12　程序运行结果

综合实训　围棋对弈

【实训目的】

帮助读者进一步熟悉常用组件的创建与设置方法，事件处理的方法，并简单了解图形的绘制方法。

【实训内容】

首先基于 Panel 类定义了一个面板子类，然后在其中利用 Graphics 类的 drawLine()方法绘制出棋盘格线，利用 fillOval()方法绘制出棋盘四角的星位。

接下来为面板注册了 MouseEvent 侦听器，为一个按钮注册了 ActionEvent 事件侦听器，从而实现了单击鼠标布子、单击一个重新开局等操作。

黑白棋子都是基于 Canvas 类的子类，其中的 paint()方法用于绘制棋子，通过为棋子注册 MouseEvent 事件侦听器实现了双击棋子吃子、右击棋子悔棋操作。

Canvas 组件表示屏幕上一个空白矩形区域，应用程序可以在该区域内绘图，或者从该区域捕获用户的输入事件。必须重写 paint 方法，以便在 canvas 上执行自定义图形。

主类为 Frame 的子类，前面创建的棋盘被置入其中。

步骤 1▶　启动 Eclipse，在 Chapter9 包中创建棋盘类 ChessPad，并编写如下代码。

```java
// ChessPad.java
package Chapter9;
import java.awt.*;
import java.awt.event.*;
public class ChessPad extends Panel implements MouseListener, ActionListener {
    // 定义棋子颜色变量，1 代表黑色棋子，-1 代表白色棋子
    int x = -1, y = -1, chessmancolor = 1;
    Button btn = new Button("重新开局");        // 定义重新开局按钮
    // 定义提示下棋的两个文本框
```

```java
TextField text_1 = new TextField("请黑棋下子");
TextField text_2 = new TextField();
ChessPad() {                            // 棋盘构造方法
        // 设置面板的尺寸和背景颜色，并取消其布局管理器
        this.setSize(440, 400);
        this.setBackground(Color.pink);
        this.setLayout(null);
        addMouseListener(this);         // 为当前对象注册 MouseEvent 侦听器
        btn.setBounds(10, 5, 60, 26);   // 设置按钮的位置和大小
        btn.addActionListener(this);    // 为按钮注册 ActionEvent 侦听器
        this.add(btn);                  // 将按钮添加到面板中
        // 将两个提示文本框加入面板，并设置其位置和大小
        this.add(text_1);
        text_1.setBounds(90, 5, 90, 24);
        this.add(text_2);
        text_2.setBounds(290, 5, 90, 24);
        // 设置文本框不可以被编辑
        text_1.setEditable(false);
        text_2.setEditable(false);
}
// 绘制棋盘外观的方法
public void paint(Graphics g) {
        for (int i = 40; i <= 380; i = i + 20) {
                g.drawLine(40, i, 400, i);          // 绘制棋盘直线
        }
        g.drawLine(40, 400, 400, 400);              // 绘制棋盘下边界
        for (int j = 40; j <= 380; j = j + 20) {    // 绘制棋盘竖线
                g.drawLine(j, 40, j, 400);
        }
        g.drawLine(400, 40, 400, 400);              // 绘制棋盘右边界
        // 添加 5 个椭圆，参数表示椭圆的左上角 x.、y 坐标、宽度和高度*
        g.fillOval(97, 97, 6, 6);
        g.fillOval(337, 97, 6, 6);
        g.fillOval(97, 337, 6, 6);
        g.fillOval(337, 337, 6, 6);
        g.fillOval(217, 217, 6, 6);
}
public void mousePressed(MouseEvent e) {    // 实现鼠标按下的方法
        // 如果用户单击棋子，则记录棋子的 X、Y 坐标
```

```java
            // InputEvent 类的 getModifiers()方法用来返回当前鼠标的状态
            if (e.getModifiers() == InputEvent.BUTTON1_MASK) {
                // 得到棋子的 X、Y 坐标
                x = (int) e.getX();
                y = (int) e.getY();
                // 创建黑棋和白棋对象
                ChessPoint_black blackPoint = new ChessPoint_black(this);
                ChessPoint_white whitePoint = new ChessPoint_white(this);
                int a = (x + 10) / 20, b = (y + 10) / 20;
                // 如果鼠标在棋盘外单击，则不下棋子
                if (x / 20 < 2 || y / 20 < 2 || x / 20 > 19 || y / 20 > 19) {
                } else {
                    // 如果为黑色棋子，则添加到棋盘，并设置 其大小、位置及
                    // 提示框的文本
                    if (chessmancolor == 1) {
                        this.add(blackPoint);
                        blackPoint.setBounds(a * 20 - 7, b * 20 - 7, 16, 16);
                        chessmancolor = chessmancolor * (-1);
                        text_2.setText("请白棋下子");
                        text_1.setText("");
                        // 如果为白色棋子，则添加到棋盘
                    } else if (chessmancolor == -1) {
                        this.add(whitePoint);
                        whitePoint.setBounds(a * 20 - 7, b * 20 - 7, 16, 16);
                        chessmancolor = chessmancolor * (-1);
                        text_1.setText("请黑棋下子");
                        text_2.setText("");
                    }
                }
            }
        }
        // 实现重新开局的方法，即清除棋盘上的棋子并设置为初始状态
        public void actionPerformed(ActionEvent e) {
            this.removeAll();          // 从容器中移除全部组件
            chessmancolor = 1;
            add(btn);
            btn.setBounds(10, 5, 60, 26);
            text_1.setBounds(90, 5, 90, 24);
            text_1.setText("请黑棋下子");
```

```
        add(text_1);
        text_2.setText("");
        text_2.setBounds(290, 5, 90, 24);
        add(text_2);
    }
    // 实现侦听器接口 MouseListener 中的方法
    public void mouseClicked(MouseEvent e) {
    }
    public void mouseEntered(MouseEvent e) {
    }
    public void mouseExited(MouseEvent e) {
    }
    public void mouseReleased(MouseEvent e) {
    }
}
```

步骤 2▶　创建黑色棋子类 ChessPoint_black，并编写如下代码。

```
// ChessPoint_black.java
package Chapter9;
import java.awt.*;
import java.awt.event.*;
//定义继承画布的黑棋子类并实现鼠标侦听器接口
public class ChessPoint_black extends Canvas implements MouseListener {
    ChessPad cp = null;
    ChessPoint_black(ChessPad cp) {
        this.cp = cp;
        addMouseListener(this);          // 注册鼠标侦听器
    }
    // 设置黑棋子的颜色、位置和大小
    public void paint(Graphics g) {
        g.setColor(Color.black);
        g.fillOval(0, 0, 14, 14);
    }
    // 实现鼠标按下方法，当鼠标右击棋子时，从棋盘中去掉该棋子（悔棋）
    public void mousePressed(MouseEvent e) {
        if (e.getModifiers() == InputEvent.BUTTON3_MASK) {
            cp.remove(this);
            cp.chessmancolor = 1;
            cp.text_2.setText("");
```

```
                cp.text_1.setText("请黑棋下子");
        }
    }
    // 当双击棋子时，则吃掉当前棋子
    public void mouseClicked(MouseEvent e) {
        if (e.getClickCount() >= 2)
            cp.remove(this);
    }
    // 实现鼠标侦听口类的未实现的方法
    public void mouseEntered(MouseEvent e) {
    }
    public void mouseExited(MouseEvent e) {
    }
    public void mouseReleased(MouseEvent e) {
    }
}
```

步骤 3▶ 创建白色棋子类 ChessPoint_white，并编写如下代码。

```
// ChessPoint_white.java
package Chapter9;
import java.awt.*;
import java.awt.event.*;
public class ChessPoint_white extends Canvas implements MouseListener {
    ChessPad cp = null;
    ChessPoint_white(ChessPad cp) {
        this.cp = cp;
        addMouseListener(this);
    }
    // 设置白棋子的颜色、位置和大小
    public void paint(Graphics g) {
        g.setColor(Color.white);
        g.fillOval(0, 0, 14, 14);
    }
    // 实现悔棋的方法
    public void mousePressed(MouseEvent e) {
        if (e.getModifiers() == InputEvent.BUTTON3_MASK) {
            cp.remove(this);
            cp.chessmancolor = -1;
            cp.text_2.setText("请白棋下子");
```

```
            cp.text_1.setText("");
        }
    }
    // 实现吃掉棋子的方法
    public void mouseClicked(MouseEvent e) {
        if (e.getClickCount() >= 2)
            cp.remove(this);
    }
    public void mouseEntered(MouseEvent e) {
    }
    public void mouseExited(MouseEvent e) {
    }
    public void mouseReleased(MouseEvent e) {
    }
}
```

步骤 4▶ 创建主类 Chess，并编写如下代码。

```
// Chess.java
package Chapter9;
import java.awt.*;
import java.awt.event.*;
public class Chess extends Frame {
    ChessPad cp = new ChessPad();    // 定义棋盘类
    Chess() {        // 定义 Chess 类的构造方法
        this.setLayout(null);    // 取消窗体的默认布局管理器
        // 定义标签并设置其位置、大小和背景颜色，然后将其加入窗体
        Label lb = new Label("单击左键下棋子，双击吃棋子，用右键单击棋子悔棋",
                        Label.CENTER);
        lb.setBounds(70, 55, 440, 26);
        lb.setBackground(Color.orange);
        add(lb);
        add(cp);                        // 将棋盘加入窗体
        cp.setBounds(70, 90, 440, 440);  // 设置棋盘的位置和大小
        //实现关闭窗口方法
        addWindowListener(new WindowAdapter() {
            public void windowClosing(WindowEvent e) {
                System.exit(0);
            }
        });
```

```
        setSize(600, 550);              // 设置窗体的大小
        setLocationRelativeTo(null);    // 使窗体在屏幕上居中放置
        this.setVisible(true);          // 使窗体可见
    }
    public static void main(String args[]) {
        Chess cs = new Chess();
    }
}
```

步骤 5▶ 保存文件并运行程序，程序运行结果如图 9-13 所示。

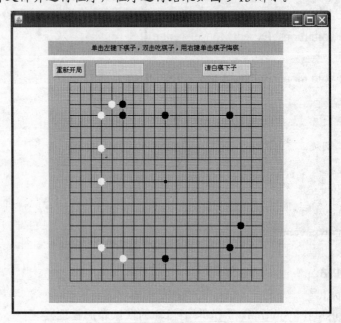

图 9-13　程序运行结果

项目小结

本项目介绍了 Java 语言中用于图形界面开发的 AWT 类库的相关内容，重点介绍了各种容器、组件、布局管理器和事件处理。其中，容器和组件的综合运用是本项目的重点和难点，读者只有根据具体需求灵活运用各种组件才能设计出友好的图形界面，并利用其事件处理机制实现程序的各项功能。

思考与练习

一、选择题

1. 编写图形用户界面程序时，一定要引入的包是（　　　）

    A．import java.awt;   B．import java.awt.*;

    C．import javax.awt;   D．import javax.swing;

2. 下列说法中错误的是（　　　）

　　A. 组件是一个可视化的能与用户交互的对象

　　B. 组件必须放在容器里才能正确显示出来

　　C. 组件能独立显示

　　D. 组件中还能放置其他组件

3. 下列关于 Frame 窗体的说法中，错误的是（　　　）

　　A. 对于窗体来说，可以调用其 setVisible()方法来显示

　　B. 对于窗体来说，也可以调用其 show()方法来显示

　　C. 要正确显示窗体，必须为其设置合适的尺寸，否则尺寸为 0，不会正常显示

　　D. 窗体中可以添加面板容器

4. 下列说法中错误的是（　　　）

　　A. TextArea 可以显示多行多列文本

　　B. TextField 可以显示单行多列文本

　　C. Component 类是抽象类，其他的组件类都是该类的子类

　　D. Container 类不是 Component 类的子类

5. 下列选项中不属于 AWT 布局管理器的是（　　　）

　　A. GridLayout　B. CardLayout　　C. FlowLayout　　D. BoxLayout

6. 下列说法中错误的是（　　　）

　　A. 采用 GridLayout 布局管理器，容器中每个组件平均分配容器的空间

　　B. 采用 GridLayout 布局管理器，容器大小改变时，各组件将不再平均分配容器空间

　　C. 采用 GridLayout 布局管理器，容器中的组件按照从左到右、从上到下的顺序放入容器

　　D. 采用 GridLayout 布局管理器，容器中各个组件形成一个网格状布局

7. 下列说法中，不正确的一项是（　　　）

　　A. 事件处理对象也可以是一个组件

　　B. 在 Java 中，事件也是类

　　C. 事件源是一个组件

　　D. 事件处理对象接受事件对象，然后做出相应的处理

8. 下列说法中，错误的一项是（　　　）

　　A. TextField 组件中按 Enter 键会触发 ActionEvent 事件

　　B. 与 ActionListener 接口对应的适配器类是 ActionAdapter

　　C. MouseEvent 类与 KeyEvent 类都是 InputEvent 类的子类

　　D. Frame 是顶级容器，它无法直接侦听键盘输入事件

二、简答题

1. 如何创建标题为 Address 的标签？如何改变标签的名字？

2. 如何创建一个 5 行 10 列的文本区？

3. 如何创建一个复选框，且使其初始状态为选中？

4. 如何知道复选框是否被选中？如何取消其选中状态？

5. 简述创建单选按钮组的过程。

6. 为什么要使用布局管理器？窗体和面板默认的局管理器各是什么？

7. 如何为组件注册一个事件侦听器？如何实现一个侦听器接口？

三、编程题

1. 参考案例 9-4，制作一个简单的企业信息调查表，其主要内容有：企业名称、注册资金（只能为整数）、员工数量（只能为整数）、从事行业（机构组织、信息产业、医药卫生、机械机电，只能选择其一）、年营业额（浮点数）、利润率（浮点数）。

2. 参考案例 9-2，为窗体菜单栏增加一个"编辑"主菜单项，在其中增加"复制"、"剪切"、"粘贴" 3 个子菜单项，并为子菜单项注册事件侦听器，以及编写相应的处理程序。

 提示

对于文本区对象而言，利用其 getSelectedText()方法可获取选定的文本，利用其 setSelectionStart(int selectionStart)方法和 setSelectionEnd(int selectionEnd)方法可选取文本，利用 Cliipboard、StringSelection 等类可操作剪贴板。下面给出了相关操作的程序段，可供读者参考。

```java
public void actionPerformed(ActionEvent e) {
    if (e.getSource() == copy) {              // 拷贝到剪贴板
        String temp = text1.getSelectedText();   // 获取所选文本
        StringSelection text = new StringSelection(temp);    // 创建文本选择对象
        clipboard.setContents(text, null);       // 将文本复制到剪贴板
    } else if (e.getSource() == cut) {        // 剪贴到剪贴板
        String temp = text1.getSelectedText();   // 获取所选文本
        StringSelection text = new StringSelection(temp);
        clipboard.setContents(text, null);
        int start = text1.getSelectionStart();   // 删除所选文本
        int end = text1.getSelectionEnd();
        text1.replaceRange("", start, end);
    } else if (e.getSource() == paste) {      // 从剪贴板粘贴数据
        Transferable contents = clipboard.getContents(this);
        DataFlavor flavor = DataFlavor.stringFlavor;
        if (contents.isDataFlavorSupported(flavor))
            try {
                String str;
                str = (String) contents.getTransferData(flavor);
                text2.append(str);
            } catch (Exception ee) {}
    }
}
```

项目十 Java 网络编程入门

【引 子】

Java 最初是作为一种网络编程语言出现的，它能够使用网络上的各种资源和数据，与服务器建立各种传输通道，将自己的数据传送到网络的各个地方。

Java 中有关网络方面的功能都定义在 java.net 包中。Java 所提供的网络功能可大致分为以下三大类：

（1）URL 和 URLConnection：这是三大类功能中最高级的一种。通过 URL 网络资源表达方式，可以很容易确定网络上数据的位置。利用 URL 的表示和建立，Java 程序可以直接读入网络上所放的数据，或把自己的数据传送到网络的另一端。

（2）Socket：又称"套接字"，用于描述 IP 地址和端口（在 Internet 中，网络中的每台主机都有一个唯一的 IP 地址，而每台主机又通过提供多个不同端口来提供多种服务）。在客户/服务器网络中，当客户机中运行的应用程序（如网页浏览器）需要访问网络中的服务器时，客户机会被临时分配一个 Socket，然后它会通过服务器的 Socket 向服务器发出请求。换句话讲，网络中的数据发送和接收都是通过 Socket 来完成的，Socket 就像一个文件句柄（读写文件时的一个唯一的顺序号），用户可以通过读写 Socket 来完成客户机、服务器之间的通信。

（3）Datagram：Datagram 是这些功能中最低级的一种。其他网络数据传送方式都假想在程序执行时建立一条安全稳定的通道，但是以 Datagram 方式传送数据时，只是把数据的目的地记录在数据包中，然后就直接放在网络上进行传输，系统不保证数据一定能够安全送到，也不能确定什么时候可以送到。也就是说，Datagram 不能保证传送质量。

本项目仅介绍了 Java 网络编程的基础知识，其内容主要包括网络编程基本常识，以及如何进行 URL 编程和 Socket 编程。

【学习目标】

◇ 了解网络的基本知识
◇ 掌握使用 URL 访问网络资源的方法
◇ 掌握 Socket 编程方法

任务一 了解 Java 网络编程基础知识

网络编程的目的是一台计算机指直接或间接地通过网络协议与其他计算机进行通信。网络编程中有两个主要的问题，一是如何准确定位网络上的一台或多台主机；另一个是找到主机后如何可靠地、高效地进行数据传输。在 TCP/IP 网络协议中，IP 可以唯一地确定 Inertnet

上的一台主机，而 TCP 则提供可靠的或非可靠的数据传输机制。

目前较为流行的网络编程模型是客户端/服务器（C/S）结构，即通信双方的一方作为服务器，另一方作为客户端。服务器端等待客户端提出请求并予以响应，客户端则在需要服务时向服务器提出申请。服务器作为守护进程始终运行，并监听网络端口，客户端一旦有请求，它就会启动一个服务进程来响应客户端，同时自己继续监听服务端口，使后来请求的客户端也能及时地得到服务。

一、TCP/IP 协议

TCP/IP 是 Transmission Control Protocol/Internet Protocol 的缩写，中文译名为传输控制协议/因特网互联协议，又叫网络通讯协议。这个协议是 Internet 最基本的协议，是供已连接因特网的计算机进行通信的通信协议。

TCP/IP 定义了电子设备（比如计算机）如何连入因特网，以及数据如何在它们之间传输的标准。简单地说，TCP/IP 协议由网络层的 IP 协议和传输层的 TCP 协议组成。

> 计算机网络的通信划分为七层，自下而上依次为：物理层、数据链路层、传输层、网络层、会话层、表示层、应用层。网络通信的每一层都提供了不同的网络协议，读者可以参考与网络相关的资料。

TCP 协议为传输控制协议，它负责聚集信息或把文件拆分成更小的包。这些包通过网络传送到接收端的 TCP 层，接收端的 TCP 层把包还原为原始文件。

IP 协议是网际协议，它处理每个包的地址部分，使这些包能正确到达目的地。网络上的网关计算机根据信息的地址来进行路由选择。即使来自同一文件的分包路由也有可能不同，但最后会在目的地汇合。

TCP/IP 使用客户端/服务器模式进行通信，且通信是点对点的，即通信是在网络中的两台主机之间进行的。

许多读者都对 TCP/IP 协议的高层应用协议非常熟悉，如万维网的超文本传输协议（HTTP），文件传输协议（FTP），远程网络访问协议（Telnet）和简单邮件传输协议（SMTP）等。这些协议通常和 TCP/IP 协议打包在一起。

二、TCP 协议与 UDP 协议

实际上，TCP/IP 协议是一个非常庞大和复杂的协议族，在计算机网络的传输层就存在着两个协议：TCP 协议和 UDP 协议。下面简要介绍这两个协议的区别。

➢ TCP 协议：TCP 协议是一种面向连接的、保证可靠传输的协议。要使用 TCP 协议传输数据，客户端和服务器之间必须先建立连接，然后才能进行通信。通过 TCP 协议传输得到的是一个顺序的、无差错的数据流。

➢ UDP 协议：UDP 是 User Datagram Protocol（用户数据报协议）的简称，是一种面向无连接的协议，它把信息包装成数据报进行传输，数据报中包含完整的源地址或目的地址。采用 UDP 协议进行传输数据，不能保证数据报是否到达目的地、到达目的地的时间以及内容的正确性。因此，UDP 协议是一个不可靠的传输协议。

下面我们对这两种协议进行简单比较：

➢ 使用 UDP 协议时，每个数据报需要给出完整的目的地址信息，因此无需建立客户端和服务器的连接；而 TCP 协议要求在传输数据之前必须建立连接，所以在 TCP 协议中多了一个建立连接的时间。

➢ 使用 UDP 协议传输数据的大小限定在 64KB 之内，而通过 TCP 协议进行传输时，只要通信双方建立起连接，便可以传输大容量的数据。由于 UDP 是一个不可靠的协议，它不能保证客户端发送的数据报一定按次序到达服务器。而 TCP 是一个可靠的协议，它能确保服务器正确地接收到客户端发送的全部数据。

三、IP 地址

为了使连入 Internet 的众多主机在通信时相互识别，Internet 中的每一台主机都分配有一个唯一的 32 位地址，该地址称为 IP 地址。IP 地址由 32 位二进制数表示，这个数是用 "." 分隔的 4 个十进制数标识，如 202.114.64.32 或 218.98.131.253。网络上的每个主机都有唯一的 IP 地址，计算机相互间通过 IP 地址找到发送信息的目的地。

在 Java 中，用 InteAddress 类来描述 IP 地址。这个类没有公共的构造方法，但是它提供了三个用来获得 InetAddress 对象的静态方法。这三个方法是：

➢ InetAddress getLocalHost()：返回一个本地主机的 InetAddress 对象。

➢ InetAddress getByName(String host)：返回主机名指定的 InetAddress 对象。

➢ InetAddress[] getAllByName()：对于某个多 IP 地址主机，可用该方法得到一个 IP 地址数组。

此外，InetAddress 类还提供了以下方法。

➢ String getHostAddress()：返回 IP 地址字符串。

➢ String getHostName()：返回主机名。

【例 1】下面使用 InetAddress 类获取百度网的相关信息。

```java
// InetAddressTest.java
package Chapter10;
import java.net.InetAddress;
public class InetAddressTest{
    public static void main(String[] args) throws Exception {
        InetAddress ia;
        //获得本地主机的 InetAddress 对象
        ia = InetAddress.getLocalHost();
        //输出本地主机 IP 地址
        System.out.println("本地主机 IP 地址:" + ia.getHostAddress());
        //输出本地主机名
        System.out.println("本地主机名：" + ia.getHostName());
```

```
        //获得百度网主机的 InetAddress 对象
        ia = InetAddress.getByName("www.baidu.com");
        //输出百度网主机 IP 地址
        System.out.println("百度网主机 IP 地址:" + ia.getHostAddress());
        //输出百度网主机名
        System.out.println("百度网主机名：" + ia.getHostName());
    }
}
```

程序的运行结果如下：

本地主机 IP 地址:192.168.1.109

本地主机名：mosquito

百度网主机 IP 地址:202.108.22.5

百度网主机名：www.baidu.com

四、端　口

通常，一台主机上总有许多进程需要与网络资源进行网络通信。网络通信的对象是主机中运行的进程，显然，此时只用 IP 地址来标识这么多个进程显然是不够的，而端口号就是为了在一台主机上提供更多的网络资源而采取的一种手段。也就是说，只有通过 IP 地址和端口号才能唯一地确定网络通信中的进程。

如果把 IP 地址比作一间房子，那么端口就是出入这间房子的门。不过，真正的房子只有几个门，但一个 IP 地址的端口却有 65536 之多。端口是用端口号来标记的，端口号用 0 到 65535 的整数表示。

任务二　使用 URL 访问网络资源

URL（Uniform Resource Locator）是统一资源定位符的简称，它是对 Internet 资源的一个引用。在大多数的情况下，资源表示为一个文件，如一个 HTML 文档，一个图像文件，或一个声音片段等。因此，可以将 URL 理解为一个 Internet 资源的地址，它的通用的格式为：

<PROTOCOL>://<HOSTNAME:PORT>/<PATH>/<FILE>

其中，PROTOCOL 表示 Internet 协议，常用的协议有 HTTP、FTP 与 SMTP 等。

HOSTNAME 表示资源所在的 Internet 主机名。主机名和 IP 地址是一一对应的，通过域名解析可以由主机名得到 IP 地址。

PORT 表示端口号。每一个 Internet 协议都有自己对应的端口号。

PATH 和 FILE 分别表示资源的路径名和文件名。

一、创建 URL 对象

在 Java 中，可以使用 URL 类来访问 Internet 资源，URL 类的构造方法如下：

➢　URL(String spec)：使用表示 URL 地址的字符串 spec 创建 URL 对象。例如：

URL urlBase=new URL("http://www.sina.com.cn/");

> URL(Url baseURL,String relativeURL)：使用绝对地址 baseURL 与相对地址 relativeURL 创建 URL 对象。例如：

URL buaa=new URL("http://www.buaa.edu.cn/");

URL buaaLibrary=new URL(buaa,"/library/library.htm");

> URL(String prorocol,String host,int port,String file)：使用网络协议 prorocol、主机名 host、端口号 port、文件名 file 创建 URL 对象。例如：

URL buaa=new URL("http","www.buaa.edu.cn",80,"/library/library.htm");

> URL(String prorocol,String host,String file)：使用网络协议 prorocol、主机名 host、文件名 file 创建 URL 对象。例如：

URL buaa=new URL("http","www.buaa.edu.cn","/library/library.htm");

　　URL 类的构造方法会抛出非运行时异常 MalformedURLException，因此创建 URL 对象时，程序需要对这一异常进行处理。

二、直接通过 URL 对象读取内容

　　在成功建立一个 URL 对象后，我们就可以调用它的 openStream()方法从网络资源中读取内容了，如下例所示。

　　【例 2】下面使用 openStream()方法读取 Google 网站首页的内容。

```java
// OpenStreamTest.java
package Chapter10;
import java.io.*;
import java.net.*;
public class OpenStreamTest {
    public static void main(String[] args) {
        try {
            URL google = new URL("http://www.google.com/");
            DataInputStream dis = new DataInputStream(google.openStream());
            String inputLine;
            while ((inputLine = dis.readLine()) != null) {
                System.out.println(inputLine);
            }
            dis.close();
        } catch (MalformedURLException me) {          // 创建一个 URL 对象失败
            System.out.println("MalformedURLException:" + me);
        } catch (IOException ioe) {                   // 打开一个连接失败
            System.out.println("IOException:" + ioe);
```

```
        }
    }
}
```

当运行这个程序时，我们可以得到位于 http://www.google.com 网站中的 index.html 文件中的 HTML 标记和内容。下面是程序运行后读取的前几行信息。

```
<!doctype html>
<html>
<head>
<meta http-equiv="content-type" content="text/html; harset=Big5">
<title>Google</title>
<script>window.google=
{kEI:"oHkgTP7UIMyHkAWEyb0i",kEXPI:"24891,25013,25164,25233",
kCSI: {e:"24891,25013,25164,25233",ei:"oHkgTP7UIMyHkAWEyb0i",
expi:"24891,25013,25164,25233"}, ml:function(){},kHL:"zh-TW",
time:function(){return(new ate).getTime()},log:function(b,d,c)
{var a=new Image,e=google,g=e.lc,f=e.li;a.onerror=(a.onload=(a.onabort=function()
{delete g[f]}));g[f]=a;c=cll"/gen_204?atyp=i&ct="+b+"&cad="+d+"&zx="+google.time();
a.src=c;e.li=f+1},lc:[],li:0,Toolbelt:{}};
.....
</script>
</head>
<body bgcolor=#ffffff text=#000000 link=#0000cc vlink=#551a8b alink=#ff0000
onload="document.f.q.focus();if(document.images)
new Image().src='/images/srpr/nav_logo13.png'">
<textarea id=csi style=display:none></textarea>
<div id=ghead>
.....
```

三、建立一个 URL 连接并从中读取内容

通过 URL 类的 openStream()方法，只能从网络资源中读取数据。如果我们同时还想向其输出数据，则必须建立一个 URL 连接，然后才能对其进行读写，这时就要用到 URLConnection 类了。

当与一个 URL 对象建立连接时，首先要通过 URL 对象的 openConnection()方法生成 URLConnection 对象。URLConnection 对象表示 Java 程序和 URL 对象在网络上的通信连接。如果连接过程失败，将会产生 IOException 异常。例如，用户可以通过下面的代码建立与 Baidu 网站的连接：

```
try{
    URL baidu=new URL("http://www.baidu.com/");
```

```
        baidu.openConnection();
}catch(MalformedURLException me){
    ....
}catch(IOException ioe){
    ....
}
```

成功建立连接之后，就可以使用 URLConnection 对象从连接读取或向连接写入某些内容了。由于向一个连接写数据要涉及到服务器端接收数据的技术，这已超出本项目的内容，故不再详细介绍。下面仅给出从一个 URL 连接读取数据的示例。

【例 3】通过 URLConnection 读取百度网的页面内容。

```java
// ConnectionTest.java
package Chapter10;
import java.io.*;
import java.net.*;
public class ConnectionTest {
    public static void main(String[] args) {
        try {
            URL baidu = new URL("http://www.baidu.com/");
            URLConnection baiduConnection = baidu.openConnection();
            // 创建数据输入流
            DataInputStream dis = new DataInputStream(baiduConnection
                    .getInputStream());
            String inputLine;
            while ((inputLine = dis.readLine()) != null) {
                System.out.println(inputLine);
            }
            dis.close();
        } catch (MalformedURLException me) {      // 创建一个 URL 对象失败
            System.out.println("MalformedURLException:" + me);
        } catch (IOException ioe) {                // 打开一个连接失败
            System.out.println("IOException:" + ioe);
        }
    }
}
```

任务三　掌握使用 Socket 进行网络通信的方法

当计算机网络的应用层通过传输层进行数据通信时，TCP 或 UDP 协议会遇到同时为多个应用程序进程提供并发服务的问题。多个 TCP 连接或多个应用程序进程可能需要通过同一个端口传输数据。为了区别不同的应用程序进程或连接，计算机操作系统为应用程序与 TCP

/ IP 协议交互提供了称为套接字（Socket）的接口。

每个 Socket 主要有 3 个参数，即 IP 地址、传输层协议（TCP 或 UDP）和端口号。换句话说，一个 Socket 由这 3 个参数唯一确定。

使用 Socket 进行服务器/客户端的通信时，可以分为三个步骤：服务器监听，客户端请求，连接确认。

> 服务器监听：服务器端 Socket 实时监听某个端口是否有连接请求。

> 客户端请求：是指由客户端的 Socket 提出连接请求，要连接的目标是服务器端的 Socket。客户端的 Socket 首先需要描述它要连接的服务器端的 Socket，指出服务器端 Socket 的 IP 地址和端口号，然后便可以向服务器发送连接请求。

> 连接确认：是指当服务器端 Socket 监听到或者接收到客户端 Socket 的连接请求时，它就响应客户端的请求，并建立一个新的线程，然后把服务器端 Socket 的描述发送给客户端。一旦客户端确认了此描述，一个连接便建立起来了。而服务器端 Socket 继续处于监听状态，并接收其他客户端 Socket 的连接请求。

常见的 Socket 主要分为两种：

（1）流式 Socket：这是一种基于 TCP 协议的通信，即在通信开始前先由通信双方确认身份并建立一条连接通道，然后通过这条通道传送数据。

（2）数据报 Socket：这是一种基于 UDP 协议的通信，它无需通信双方建立连接，而是直接将信息打包传向指定的目的地。

一、流式 Socket 编程

在 java.net 包中定义了 Socket 类和 ServerSocket 类，它们是实现流式 Socket 通信的主要工具。创建 Socket 对象就创建了一个客户端与服务器端的连接，而创建一个 ServerSocket 对象就创建了一个监听服务。

1. Socket 类

用户通过构造一个 Socket 对象便可以建立客户端与服务器的连接。Socket 类的构造方法有如下几种：

```
Socket(String host,int port)
Socket(InetAddress address,int port)
Socket(InetAddress address,int port, InetAddress localAddr,int localPort)
```

其中，host、port 和 address 分别表示连接主机的主机名、端口号和 IP 地址；localAddr 表示本地主机的 IP 地址；localPort 表示本地主机端口号。例如：

```
Socket myClient=new Socket("www.shu.edu",3000);
```

每一个端口号提供一种特定的服务，只有给出正确的端口，才能获得相应的服务。0~1023 的端口号为系统保留，例如，http 服务的端口号为 80，telnet 服务的端口号为 21，ftp 服务的端口号为 31。所以在选择端口号时，最好选择一个大于 1023 的数字，以防止发生端口冲突。

创建一个新的 Socket 对象后，就可以使用其 getInputStream()方法获得一个 InputStream 流，然后就可以通过 InputStream 对象从某个主机接收信息；而使用 getOutputStream()可以获得一个 OutputStream 对象，利用它可以发送信息到某个主机。

【例 4】从服务器获得日期和时间。

```java
// GetDayTime.java
package Chapter10;
import java.io.*;
import java.net.*;
public class GetDayTime {
    public static void main(String[] args) {
        try {
            Socket conn = new Socket("stdtime.gov.hk", 13);        // 创建 Socket 对象
            BufferedReader in = new BufferedReader(new InputStreamReader(conn
                    .getInputStream()));
            String daytime = in.readLine();
            System.out.println("DayTime received:" + daytime);
            conn.close();
        } catch (IOException e) {
            System.out.println("Error:" + e);
        }
    }
}
```

程序的运行结果如下：

```
DayTime received:24 JUN 2010 14:07:00 HKT
```

例 4 首先利用 Socket 类的 getInputStream()方法得到了一个输入流，然后将其包装成字符缓冲流 BufferedReader 对象，最后通过 BufferedReader 类的 readLine()方法读取当前日期。

在创建 Socket 时如果发生错误，将产生 IOException 异常，因此在程序中需要对其作出处理。

2. ServerSocket 类

ServerSocket 类表示通信双方中的服务器，它可以监听客户端发送的连接请求并进行处理。将服务器所监听的端口号传递给 ServerSocket 的构造方法，就可以创建一个 ServerSocket 对象。ServerSocket 类的构造方法如下：

```
ServerSocket(int port);
ServerSocket(int port,int count);
```

其中，port 表示端口号，count 表示服务器所能支持的最大连接数。例如：

```
ServerSocket myServer=new ServerSocket(5000);
```

这里指定服务器监听的端口号是 5000。当创建一个 ServerSocket 对象后，就可以调用 accept()方法接受来自客户端的请求，其格式为：

```
Socket linkSocket=myServer.accept();
```

ServerSocket 对象的 accep()方法会使服务器端的程序一直处于阻塞状态，直到捕获到一个来自客户端的请求，并返回一个 Socket 类的对象来处理与客户端的通信。

当需要结束监听时，可以使用如下语句关闭这个 ServerSocket 对象。

```
myServer.close();
```

案例 10-1　基于流式 Socket 的 client/server 编程

【案例描述】

首先建立客户端和服务器的 Socket，然后客户端向服务器发出"你好"信息，每隔 800毫秒后，再向服务器发送一个随机数。而服务器将客户端发送的请求重新返回给客户端。

【技术要点】

① 创建 ServerSocket 对象时，端口号必须与 Socket 对象中的一致，这样服务器才能监听到来自客户端的请求。

② 在关闭 Socket 与 ServerSocket 时，应首先关闭与 Socket、ServerSocket 相关的输入/输出流，然后再关闭它们。

【操作步骤】

步骤 1▶　启动 Eclipse，在 Chapter10 包中创建客户端类 Client，并编写如下代码。

```java
// Client.java
package Chapter10;
import java.io.*;
import java.net.Socket;
public class Client {
    public static void main(String[] args) {
        String clientInfo = null;               // 定义客户端收到的信息
        Socket mySocket;                        // 声明 socket 对象
        DataInputStream in = null;              // 声明数据输入流
        DataOutputStream out = null;            // 声明数据输出流
        try {

            mySocket = new Socket("localhost", 4212);   // 创建本地主机的 Socket 对象
            in = new DataInputStream(mySocket.getInputStream());
            out = new DataOutputStream(mySocket.getOutputStream());
            out.writeUTF("你好！");              // 向服务器输出"你好"
            // 每隔 800 毫秒从输入流中读取数据，并向服务器端写随机数
            for (int i = 0; i < 4; i++) {
                clientInfo = in.readUTF();              // 读取服务器端的数据
                out.writeUTF(":" + Math.random());      // 向服务器写随机数
                System.out.println("客户端收到：" + clientInfo);
```

```
                Thread.sleep(800);                          // 线程休眠 800 毫秒
            }
            out.close();                                    // 关闭输出流
            in.close();                                     // 关闭输入流
            mySocket.close();                               // 关闭客户端 socket
        } catch (IOException e) {
            System.out.println("无法连接");
        } catch (InterruptedException e) {
        }
    }
}
```

步骤 2▶　创建服务器类 Server，并编写如下代码。

```
// Server.java
package Chapter10;
import java.io.*;
import java.net.*;
public class Server {
    public static void main(String[] args) {
        ServerSocket server = null;                         // 声明 ServerSocket 对象
        Socket you;                                         // 声明 Socket 对象
        String serverInfo = null;                           // 定义服务器收到的信息
        DataOutputStream out = null;
        DataInputStream in = null;
        try {
            server = new ServerSocket(4212);                // 创建 ServerSocket 对象
        } catch (IOException e) {
            System.out.println("error:" + e);
        }
        try {
            you = server.accept();                          // 监听客户端的请求
            in = new DataInputStream(you.getInputStream());
            out = new DataOutputStream(you.getOutputStream());
            // 每隔 800 毫秒从输出流读取数据，并向客户端写数据
            for (int i = 0; i < 4; i++) {
                serverInfo = in.readUTF();                  // 读取客户端的数据
                // 向客户端写数据
                out.writeUTF("你好，我是服务器，你的请求是：" + serverInfo);
                System.out.println("服务器收到：" + serverInfo);
```

```
                Thread.sleep(800);                    // 线程休眠
            }
            in.close();
            out.close();
            you.close();
            server.close();
        } catch (IOException e) {
            System.out.println("error:" + e);
        } catch (InterruptedException e) {
        }
    }
}
```

步骤 3▶ 首先运行服务器类 Server，然后再运行客户端类 Client，客户端程序运行结果如下。

客户端收到：你好，我是服务器，你的请求是：你好！
客户端收到：你好，我是服务器，你的请求是：0.1451227473569784,
客户端收到：你好，我是服务器，你的请求是：0.2921835817805166,
客户端收到：你好，我是服务器，你的请求是：0.8486651853626107,

服务器端程序运行结果如下。

服务器收到：你好！
服务器收到：0.1451227473569784,
服务器收到：0.2921835817805166,
服务器收到：0.8486651853626107,

二、数据报 Socket 编程

在 java.net 包中提供了 DatagramPacket 和 DatagramSocket 类用来支持无连接的数据报 Socket 通信，DatagramSocket 类用于在程序之间建立传送数据报的通信连接，而 DatagramPacket 类则用于存储数据报等信息。

1. DatagramSocket 类

DatagramSocket 类的构造方法如下：

```
DatagramSocket();
DatagramSocket(int port);
DatagramSocket(int port,InetAddress localAddr);
```

其中，prot 表示端口号；localAddr 表示本地地址。

由于 DatagramSocket 类的构造方法会抛出非运行异常 SocketException，因此，程序中应该进行异常捕获或声明抛出异常。

2. DatagramPacket 类

用数据报方式编写 Client/Server 程序时，无论在客户端还是在服务器，都首先需要建立一个 DatagramSocket 对象，用来接收或发送数据报，而 DatagramPacket 对象是数据报传输的载体。DatagramPacket 类的构造方法如下：

```
DatagramPacket(byte[] buf,int length);
DatagramPacket(byte[] buf,int length,InetAddress address,int port);
```

其中，字节数组 buf 中存放欲发送或接收的数据报，length 表示数据报的长度，address 和 port 表示数据报发送的目的地和主机端口号。

在客户端或服务器端接收数据之前，应该采用 DatagramPacket 类的第一种构造方法创建一个 DatagramPacket 对象，然后调用 DatagramSocket 类的 receive()方法等待数据报的到来。例如：客户端或服务器接收数据报。

```
DatagramSocket socket = new DatagramSocket();
DatagramPacket package=new DatagramPacket(buf,256);
socket.receive();
```

在发送数据前，需要使用 DatagramPacket 类的第二种构造方法创建一个新的 DatagramPacket 对象，即要指明数据报发送的目的地址和端口号。发送数据报是通过 DatagramSocket 类的 send()方法实现的。例如：客户端或服务器发送数据报。

```
DatagramSocket socket = new DatagramSocket();
DatagramPacket package=new DatagramPacket(buf,length,address,port);
socket.send(package);
```

案例 10-2　基于数据报 Socket 的 client/server 编程

【案例描述】

案例中包含客户端和服务器。客户端每发送一个请求给服务器，服务端的客户端请求数目将加 1，并把内容类似于"Hi，你是第 1 个访问者"的数据报返回给客户端。

【技术要点】

在服务器端的程序通过 InetAddress 类的 getAddress()与 getPort()方法分别获得客户端的 IP 地址与端口号，并以它们作为参数创建 DatagramPacket 对象，这样才能保证把服务器端从客户端读取的文件内容返回给客户端。

【操作步骤】

步骤 1▶　启动 Eclipse，在 Chapter10 包中创建客户端类 UDPClient，并编写如下代码。

```
// UDPClient.java
package Chapter10;
import java.io.*;
import java.net.*;
public class UDPClient {
    public static void main(String[] args) throws IOException {
```

```
        DatagramSocket socket = new DatagramSocket();  // 创建 DatagramSocket 对象
        byte[] buf = new byte[256];
        InetAddress address = InetAddress.getByName("localhost");
        // 创建 DatagramPacket 对象
        DatagramPacket packet = new DatagramPacket(buf, buf.length, address,2556);
        socket.send(packet);                            // 客户端发送数据报
        // 创建接收数据报的 DatagramPacket 对象
        packet = new DatagramPacket(buf, buf.length);
        socket.receive(packet);                         // 客户端接收数据报
        // 将接收的数据报转换为字符串
        String recevied = new String(packet.getData());
        System.out.println("客户端接收的信息：" + recevied);
        socket.close();
    }
}
```

步骤 2▶ 创建服务器端类 UDPServer，并编写如下代码。

```
// UDPServer.java
package Chapter10;
import java.io.IOException;
public class UDPServer {
    public static void main(String[] args) throws IOException {
        new ServerThread().start();                     // 启动线程
    }
}
```

步骤 3▶ 创建线程类 ServerThread，并编写如下代码。

```
// ServerThread.java
package Chapter10;
import java.io.*;
import java.net.*;
public class ServerThread extends Thread {
    DatagramSocket socket = null;
    BufferedReader in = null;
    boolean moreQuotes = true;
    int number = 0;                                     //定义访问者的数量
    public ServerThread() throws IOException {
        this("ServerThread");
    }
    public ServerThread(String name) throws IOException {
```

```
            super(name);
            // 创建 DatagramSocket 对象
            socket = new DatagramSocket(2556);
        }
        public void run() {
            while (moreQuotes) {
                try {
                    byte[] buf = new byte[256];
                    // 创建 DatagramPacket 对象
                    DatagramPacket packet = new DatagramPacket(buf, buf.length);
                    socket.receive(packet);              // 服务器端接收数据报
                    String quote = null;
                    number++;
                    quote = "Hi！你是第" + number + "个访问者";
                    buf = quote.getBytes();              // 把字符串转换成字节数组
                    InetAddress address = packet.getAddress();  // 获取客户端的 IP 地址
                    int port = packet.getPort();                 // 获取客户端的端口号
                    packet = new DatagramPacket(buf, buf.length, address, port);
                    socket.send(packet);                 // 服务器发送数据报
                } catch (IOException e) {
                    System.out.println("error:" + e);
                    moreQuotes = false;
                }
            }
            socket.close();
        }
}
```

步骤 4▶　首先运行服务器端类 UDPServer，然后再运行客户端类 UDPClient，程序运行结果如下：

客户端接收的信息：Hi！你是第 1 个访问者

如果再次运行客户端类 UDPClient，程序运行结果如下：

客户端接收的信息：Hi！你是第 2 个访问者

综合实训　模拟网络聊天

【实训目的】

（1）熟悉 Socket 编程的步骤，并掌握 Socket 与 ServerSocket 类的创建与使用方法。

（2）熟悉常用组件的创建及事件监听器的使用方法。

【实训内容】

在客户端的程序中，创建窗口并加入文本框、文本区各一个，并对文本框设定监听事件；然后创建一个端口为 5007 的 Socket 对象，通过 getInputStream()和 getOutputStream()方法得到输入/输出流并将服务器端发送的信息显示在文本区中。

文本框的键盘事件处理方法 actionPerformed()用来完成把文本框中的内容发送给服务器端，并显示在文本区。

在服务器的程序中，同样向客户端发送信息并显示客户端发送的信息。

【操作步骤】

步骤 1▶　启动 Eclipse，在 Chapter10 包中创建客户端类 ChatClient，并编写如下代码。

```java
// ChatClient.java
package Chapter10;
import java.awt.*;
import java.awt.event.*;
import java.io.*;
import java.net.*;
public class ChatClient extends Frame implements ActionListener {
    Label lb = new Label("聊天");               // 创建标签
    Panel pn = new Panel();                     // 创建窗口
    TextField tf = new TextField(10);           // 创建文本框
    TextArea ta = new TextArea();               // 创建文本区
    Socket client;                              // 定义 socket 对象
    InputStream in;
    OutputStream out;
    // 构造方法
    public ChatClient() {
        super("客户机");
        this.setSize(250, 250);                 // 设置窗口大小
        pn.add(lb);                             // 添加标签到面板
        pn.add(tf);                             // 添加文本框到面板
        tf.addActionListener(this);             // 对文本框注册事件监听器
        this.add("North", pn);                  // 设置面板的位置
        this.add("Center", ta);                 // 设置文本区的位置
        // 接收窗口事件的监听器，并以窗口事件的适配器作为参数
```

```
            this.addWindowListener(new WindowAdapter() {        // 关闭窗口
                public void windowClosing(WindowEvent e) {
                    System.exit(0);
                }
            });
            setVisible(true);              // 显示窗口
            try {
                client = new Socket(InetAddress.getLocalHost(), 5007);
                // 文本区显示连接的服务器主机名
                ta.append("已连接的服务器： " + client.getInetAddress().getHostName()
                        + "\n\n");
                in = client.getInputStream();
                out = client.getOutputStream();
            } catch (IOException e) {
                System.out.println("error:" + e);
            }
            // 循环接收服务器端发送的信息并显示在文本区
            while (true) {
                try {
                    byte[] buf = new byte[256];
                    in.read(buf);
                    String str = new String(buf);        // 将字节数组转换为字符串
                    ta.append("服务器说： " + str);        // 文本区显示服务器发来的内容
                    ta.append("\n");
                } catch (IOException e) {
                    System.out.println("error:" + e);
                }
            }
        }
        public void actionPerformed(ActionEvent e) {        // 实现接口 ActionListener 的方法
            try {
                String str = tf.getText();                // 得到文本框输入的内容
                byte[] buf = str.getBytes();              // 将字符串转换为字节数组
                tf.setText(null);                         // 设置文本框显示为空
                out.write(buf);                           // 向服务器端发送内容
                ta.append("我说： " + str);               // 在文本区中显示发送内容
                ta.append("\n");
            } catch (IOException e1) {
                System.out.println("error:" + e1);
```

```
        }
    }
    // 主程序
    public static void main(String[] args) {
        new ChatClient();
    }
}
```

步骤 2▶ 创建服务器类 ChatServer，并编写如下代码。

```java
// ChatServer.java
package Chapter10;
import java.awt.*;
import java.awt.event.*;
import java.io.*;
import java.net.*;
public class ChatServer extends Frame implements ActionListener {
    Label lb = new Label("聊天");
    Panel pn = new Panel();
    TextField tf = new TextField(10);
    TextArea ta = new TextArea();
    ServerSocket server;              // 声明 ServerSocket 对象
    Socket client;                    // 声明 Socket 对象
    InputStream in;
    OutputStream out;
    // 构造方法
    public ChatServer() {
        super("服务器");
        this.setSize(250, 250);
        pn.add(lb);
        pn.add(tf);
        tf.addActionListener(this);   // 对文本框注册事件监听器
        this.add("North", pn);
        this.add("Center", ta);
        this.addWindowListener(new WindowAdapter() {   // 接收窗口事件的监听器
            public void windowClosing(WindowEvent e) {
                System.exit(0);
            }
        });
        setVisible(true);             // 显示窗口
```

```java
try {
    // ServerSocket 对象
    server = new ServerSocket(5007);
    client = server.accept();          // 监听客户端发来的请求
    // 文本区显示客户端的 IP 地址
    ta.append("已连接的客户机：" + client.getInetAddress().getHostAddress()
            + "\n\n");
    in = client.getInputStream();
    out = client.getOutputStream();
} catch (IOException e) {
    System.out.println("error:" + e);
}
// 循环接收客户端发送的信息并显示在文本区
while (true) {
    try {
        byte[] buf = new byte[256];
        in.read(buf);
        String str = new String(buf);
        ta.append("客户机说：" + str);
        ta.append("\n");
    } catch (IOException e) {
        System.out.println("error:" + e);
    }
}
}
public void actionPerformed(ActionEvent e) {
    try {
        String str = tf.getText();
        byte[] buf = str.getBytes();
        tf.setText(null);
        out.write(buf);                 // 向客户端发送信息
        ta.append("我说：" + str);
        ta.append("\n");
    } catch (IOException e1) {
        System.out.println("error:" + e1);
    }
}
// 主程序
public static void main(String[] args) {
```

```
            new ChatServer();
        }
}
```

步骤 3▶ 首先运行服务器端类 ChatServer，然后再运行客户端类 ChatClient，服务器端和客户端程序运行结果分别如图 10-1、图 10-2 所示。

图 10-1 服务器端程序运行结果   图 10-2 客户端程序运行结果

项目小结

本项目主要介绍了 Java 语言网络编程的相关内容，主要包括网络的基本知识，URL 编程以及 Socket 编程。

学习本项目时，大家应着重掌握如下一些内容：

➢ 了解网络中的一些基本概念；

➢ 了解使用 URL 类访问网络资源的方法；

➢ 掌握流式 Socket 编程的方法；

➢ 掌握数据报 Socket 编程的方法；

思考与练习

一、选择题

1．URL 地址由（　　）组成

    A．文件名和主机名　　　　　　　　B．主机名和端口号

    C．协议名和资源名　　　　　　　　D．IP 地址和主机名

2．http 服务的端口号为（　　）

    A．21　　　　　　　B．23　　　　　　　C．80　　　　　　　D．120

3．IP 地址封装类是（　　）

    A．InetAddress 类　　　B．Socket 类　　　C．URL 类　　　　D．ServerSocket 类

4．InetAddress 类中可以获得主机名的方法是（　　）

    A．getFile()　　　　B．getHostName()　　　C．getPath()　　　　D．getHostAddress()

5. Java 中面向无连接的数据报通信的类有（　　）

    A．DatagramPacket 类   B．DatagramSocket 类

    C．DatagramPacket 类和 DatagramSocket 类   D．Socket 类

6. DatagramSocket 允许数据报发送（　　）目的地址

    A．一个   B．两个   C．三个   D．多个

二、简答题

1. 什么是 URL，它由哪几部分组成？

2. URLConnection 类与 URL 类有什么区别？

3. 简述 Socket 类和 ServerSocket 类的区别。

三、编程题

编写一个程序，当客户端发送一个文件名给服务器时，如果文件存在，则服务器把文件内容发送给客户端，否则回答文件不存在。

项目十一　Java 数据库编程入门

【引　子】

　　数据库技术在当今应用非常广泛，从金融、银行等行业的信息管理系统到电子商务等领域，数据库都发挥着重要的作用。Java 语言通过 JDBC 提供了强大的数据库开发功能。通过使用 JDBC，Java 程序能够方便地访问各种常用的数据库，例如，进行数据库记录的增加、删除、修改等。本项目主要介绍 JDBC 的概念、JDBC 的工作机制、以及建立数据库连接和访问数据库的方法。

【学习目标】
◇　了解 JDBC 的概念
◇　理解 JDBC 的工作机制
◇　掌握数据库驱动的加载方法
◇　掌握建立数据库连接的方法
◇　掌握访问数据库、处理结果集的方法

任务一　了解 JDBC

　　在 Java 中对数据库的访问主要是通过 JDBC 进行的。JDBC 是 Java 数据库连接技术（Java DataBase Connectivity）的简称，它是用于执行 SQL 语句的 Java API，可以为多种关系数据库提供统一访问，它由一组用 Java 语言编写的类和接口组成。

　　　SQL 是 Structure Query Language 的缩写，其意义为结构化查询语言，它是一种标准的关系数据库访问语言。

　　有了 JDBC API，程序员就不必为访问 Sybase 数据库专门写一个程序，为访问 Oracle 数据库又专门写一个程序了，程序员只需用 JDBC API 写一个程序就够了，它可向相应数据库发送 SQL 调用。

　　同时，将 Java 语言和 JDBC 结合起来，还使得程序员不必为不同的平台编写不同的应用程序，只须写一遍程序就可以让它在任何平台上运行，这也是 Java 语言"编写一次，到处运行"的优势。

一、JDBC 的工作机制

　　使用 JDBC 来完成对数据库的访问主要包括以下五个层次：Java 应用程序、JDBC API、

JDBC 驱动程序、DBMS 和数据库，如图 11-1 所示。

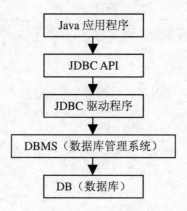

图 11-1　JDBC 访问数据库的机制

　　DBMS 是 Database Management System 的缩写，其意义为数据库管理系统，它是一种操纵和管理数据库的大型软件，用于建立、使用和维护数据库。例如，MS SQL、Access、Oracle、Visual FoxPro 等均属于 DBMS。

　　DBMS 能对数据库进行统一的管理和控制，以保证数据库的安全性和完整性。用户可以通过 DBMS 访问数据库中的数据，数据库管理员也可以通过 DBMS 进行数据库的维护工作。

　　由图 11-1 可以看出，Java 应用程序要想访问数据库，应首先借助 JDBC API 加载与具体数据库类型对应的 JDBC 驱动程序，然后即可借助 JDBC API 来访问各种数据库了。由于 Java 应用程序被 JDBC API 和 JDBC 数据库驱动程序所隔离，从而实现了 Java 程序与具体数据库类型之间的无关性。

　　简单地说，JDBC 可做三件事：① 加载 JDBC 驱动程序并创建数据库连接；② 发送操作数据库的语句给 DBMS 并让 DBMS 执行它；③ 对返回结果进行处理。下列这段代码段给出了以上三步的基本示例：

```
Driver d=new sun.jdbc.odbc.JdbcOdbcDriver;          // 创建驱动程序实例
DriverManager.registerDriver(d);            // 注册驱动程序
// 创建与数据库之间的连接
Connection con = DriverManager.getConnection("jdbc:odbc:wombat", "login", "password");
// 调用连接对象的 createStatement()方法创建语句对象
Statement stmt = con.createStatement();
// 调用语句对象的 executeQuery()方法，查询数据库
// 结果存放在 ResultSet 对象 rs 中
ResultSet rs = stmt.executeQuery("SELECT a, b, c FROM Table1");
// 循环读取 rs 中内容，对返回结果进行处理
```

```
while (rs.next()) {
    int x = rs.getInt("a");
    String s = rs.getString("b");
    float f = rs.getFloat("c");
}
// 依次关闭结果、语句和连接对象，以释放相应资源
rs.close();
stmt.close();
conn.close();
```

二、JDBC API 简介

JDBC 4.0 API 中包括了 java.sql 包和 javax.sql 包，其中，java.sql 包被称为 JDBC 的核心 API，利用其中的类和接口可建立与数据库的连接（包括加载 JDBC 驱动程序）、向数据库发送 SQL 语句、获取和更新查询结果等。

javax.sql 包被称为 JDBC 可选包 API，它扩展了 JDBC API 的功能，将它从客户端 API 扩展到服务器端 API，该包是 Java 企业版的重要组成部分。

任务二　掌握加载 JDBC 驱动程序的方法

数据库驱动程序负责与具体的 DBMS 进行交互，因此，要使用 JDBC 来操作数据库，应首先加载 JDBC 驱动程序。

一、JDBC 驱动程序分类

目前，常见的 JDBC 驱动程序主要有 JDBC-ODBC 桥驱动程序、本地库 Java 驱动程序、JDBC 网络纯 Java 驱动程序和本地协议纯 Java 驱动程序等四类，其特点如下。

1. JDBC-ODBC 桥驱动程序

JDBC-ODBC 桥驱动程序实际是把所有的 JDBC 调用传递给 ODBC，再由 ODBC 调用本地数据库驱动程序。使用 JDBC-ODBC 桥访问数据库服务器，需要在本地安装 ODBC 类库、驱动程序及其他辅助文件。JDBC-ODBC 桥驱动程序是由 Sun 公司提供的，可以在 Sun 的网站（http://java.sun.com）中下载。

> ODBC 是英文 Open Database Connectivity 的缩写，它是 Microsoft 开发的目前使用最为广泛的用于访问关系数据库的编程接口，它能在几乎所有平台上连接几乎所有的数据库，又称 ODBC API。
>
> 但是，由于 ODBC 使用的是 C 语言的编程接口，这就使其在安全性、健壮性和可移植性方面存在很多不足，因此，它不适合直接在 Java 中使用。

2. 本地库 Java 驱动程序

本地库 Java 驱动程序首先将 JDBC 调用转变为 DBMS 的标准调用，然后再去访问数据库。像桥驱动程序一样，这种类型的驱动程序也要求将某些二进制代码加载到每台客户机上。

3. JDBC 网络纯 Java 驱动程序

这种驱动程序将 JDBC 转换为与 DBMS 无关的网络协议，之后这种协议又被某个服务器转换为一种 DBMS 协议。这种网络服务器中间件能够将它的纯 Java 客户机连接到多种不同的数据库上，所用的具体协议取决于提供者。通常，这是最为灵活的 JDBC 驱动程序。

4. 本地协议纯 Java 驱动程序

它是完全由纯 Java 语言实现的一种驱动，它直接把 JDBC 调用转换为由 DBMS 使用的网络协议。这种驱动程序允许从客户机直接访问数据库服务器。

这四种类型的 JDBC 驱动程序各有不同的适用场合。其中，JDBC-ODBC 桥方式由于增加了 ODBC 环节，所以执行效率相对较低。目前，使用最多的是本地协议纯 Java 驱动程序，该方式执行效率高，对于不同的数据库只需下载不同的驱动程序即可。

二、加载 JDBC 驱动程序的方法

选定了合适的驱动程序类型以后，在创建数据库连接之前需首先加载 JDBC 驱动程序。Java 语言提供了两种 JDBC 驱动程序加载方式，其用法如下。

1. 使用 DriverManager 类加载

DriverManager 类是 JDBC 的驱动程序管理类，使用该类提供的 registerDriver()方法可以加载 JDBC 驱动程序，其格式如下：

```
DriverManager.registerDriver(Driver driver)
```

其中，方法的参数是 Driver 类的实例。例如，要使用 JDBC-ODBC 桥驱动程序，可书写如下代码：

```
Driver d=new sun.jdbc.odbc.JdbcOdbcDriver();
DriverManager.registerDriver(d);
```

但是，由于这种加载驱动程序的方式必须创驱动程序的一个实例，而这是没必要的。因此，我们在编程时通常不会使用它。

2. 调用 Class.forName()方法加载

另一种加载 JDBC 驱动程序的方法是调用 Class.forName()方法，它会自动加载驱动程序类，其格式如下：

```
Class.forName(String DriverName)
```

其中，参数 DriverName 为待加载字符串类型的驱动名称。例如，要使用 JDBC-ODBC 桥驱动程序，可书写如下代码：

```
String d=" sun.jdbc.odbc.JdbcOdbcDriver ";
Class.forName(d);
```

提示

安装好 JDK 开发包后，sun.jdbc.odbc.JdbcOdbcDriver 驱动程序就已安装成功。因此，我们在编写程序时可以不必再加载它。

sun.jdbc.odbc.JdbcOdbcDriver 类位于%JAVA_HOME%/jre/lib/rt.jar 文件中。

jar（java archive，Java 归档文件）是与平台无关的文件格式，它允许将许多文件组合成一个压缩文件。jar 文件主要用于部署和封装库、组件和插件程序，它可被像编译器和 JVM 这样的工具直接使用。

任务三　掌握创建数据库连接的方法

加载好 JDBC 驱动程序后，接下来的任务就是用适当的驱动程序类与 DBMS 建立一个连接了。

一、建立数据库连接的方法

建立数据库连接的一般做法如下：

```
Connection con = DriverManager.getConnection(url, "myLogin", "myPassword");
```

语句非常简单，最难的是怎么提供 JDBC url。如果你正在使用 JDBC-ODBC 桥，那么，JDBC url 应该以 jdbc:odbc 开始：余下的 JDBC url 部分通常是你的数据源名字或数据库系统。因此，假设你正在使用 ODBC 存取一个叫"Fred"的 ODBC 数据源，那么，JDBC url 应该是 jdbc:odbc:Fred。

接下来应把"myLogin 及"myPassword"替换为你登陆 DBMS 的用户名及口令。例如，如果你登陆数据库系统的用户名为"Fernanda"，口令为"J8"，只需下面的 2 行代码就可以建立一个连接：

```
String url = "jdbc:odbc:Fred";
Connection con = DriverManager.getConnection(url,"Fernanda", "J8");
```

如果你装载的驱动程序识别了提供给 DriverManager.getConnection 的 JDBC url，那么，该驱动程序将根据 JDBC url 建立一个到指定 DBMS 的连接。正如名称所示，DriverManager 类在幕后为你管理建立连接的所有细节。

DriverManager.getConnection()方法返回一个打开的连接，你可以使用此连接创建 JDBC statements 并发送 SQL 语句到数据库。

二、JDBC url 参数详解

JDBC url 提供了一种标识数据库的方法，可以使相应的驱动程序能识别该数据库并与之建立连接。JDBC url 的标准格式由三部分组成，各部分间用冒号分隔，如下所示：

jdbc：<子协议><子名称>

这三个部分的意义如下：

（1）jdbc 协议：JDBC url 中的协议总是 jdbc。

（2）<子协议>：驱动程序名或数据库连接机制（这种机制可由一个或多个驱动程序支持）的名称。子协议的典型示例是 odbc，它表示 JDBC 使用的是 JDBC-ODBC 桥驱动程序。

（3）<数据库子名称>：通常为数据库的标识名，它必须为定位数据库提供足够的信息。例如：

String url="jdbc:odbc:book";

它表示 book 为本地 ODBC 数据库，并且 ODBC 将负责提供该数据库的其余信息。

如果数据库位于远程服务器上，则<数据库子名称>需要提供更多的信息。例如，如果数据库是通过 Internet 来访问的，则应将网络地址作为数据库子名称的一部份包括进去，且必须遵循如下的命名约定：

//主机名:端口/数据库标识名

例如，假设 dbnet 是用于将某个主机连接到 Internet 上的协议，主机名为 wombat，端口号为 356，数据库标识名为 fred，则 JDBC url 应为：

String url="jdbc:dbnet://wombat:356/fred";

> 对于各种 JDBC 驱动程序来说，其文档中都会提示其子协议名和数据库子名称的格式，用户可在需要时查阅。

三、ODBC 数据源设置方法

为了便于读者学习后面的内容，下面我们简单介绍一下如何在 Windows XP 中设置 ODBC 数据源。

步骤 1▶ 打开"控制面板"窗口，单击其中的"性能和维护"图标，如图 11-2 所示。

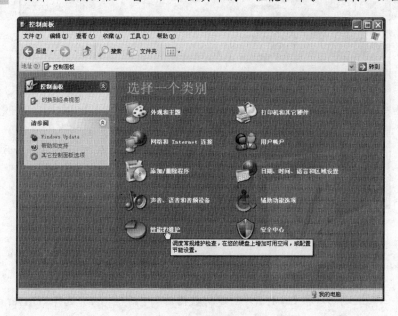

图 11-2　"控制面板"窗口

步骤 2▶ 在"性能和维护"窗口中单击"管理工具"图标，如图 11-3 所示。

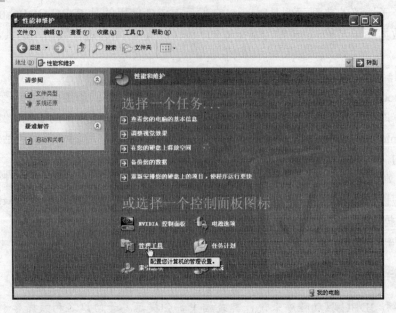

图 11-3 "性能和维护"窗口

步骤 3▶ 在"管理工具"窗口中双击"数据源（ODBC）"图标，如图 11-4 所示。

图 11-4 "管理工具"窗口

步骤 4▶ 在打开的"ODBC 数据源管理器"对话框，并打开"系统 DSN"选项卡，如图 11-5 所示。

步骤 5▶ 单击"添加"按钮，打开"创建新数据源"对话框，从中选择"Driver do Microsoft Access（*.mdb）"，如图 11-6 所示。

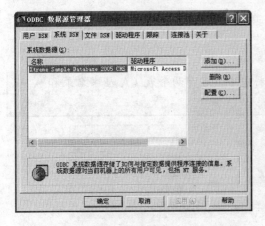

图 11-5　"ODBC 数据源管理器"对话框

图 11-6　"创建新数据源"对话框

步骤 6▶　单击"完成"按钮，打开"ODBC Microsoft Access 安装"对话框。在"数据源名"编辑框中输入"javaodbc"，然后单击"选择"按钮，在打开的"选择数据库"对话框中选择一个 Access 数据库，如图 11-7 所示。

图 11-7　命名数据源并选择数据库

步骤 7▶　选定数据库后，单击"确定"按钮，返回"ODBC Microsoft Access 安装"对话框。再次单击"确定"按钮，返回"ODBC 数据源管理器"对话框。新建的数据源已出现在系统数据源列表中，如图 11-8 所示。

图 11-8　创建新数据源后的"ODBC 数据源管理器"对话框

步骤8▶ 单击"确定"按钮，设置结束，我们在后面的 Java 程序中就可以使用它了。

> 本例中的 Access 数据库在本书配套的资料包中，它有两个表（A 丛书名录和 A 书目名录），其内容如图 11-9 所示。

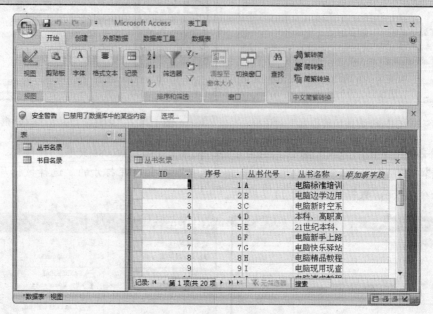

图 11-9　Access 数据库的内容

任务四　掌握访问数据库的方法

建立了数据库连接以后，即可以对数据库进行增加、删除、查询记录等操作了。使用 JDBC 操作数据库的方法主要分为以下三步。

（1）调用数据库连接 Connection 类的 createStatement() 方法定义 Statement 对象。Statement 对象用于执行静态 SQL 语句并返回它所生成结果的对象。

（2）调用 Statemnet 对象的 executeQuery() 方法或 executeUpdate() 方法，让 DBMS 执行具体的 SQL 语句，以便对数据执行查询、增、删、改等操作。

（3）对数据库返回结果进行处理。

一、增加记录

在对数据库的操作中，经常需要向数据库表中增加一行记录。为数据库增加记录的 SQL 语句的语法格式如下：

insert into　表名（字段列表）values（值列表）

其中，如果不指定字段列表，值列表中需给出对应表中的所有字段值。

【例 1】使用 JDBC 为数据库增加记录。

```
// InsertRecordTest.java
package Chapter11;
import java.sql.Connection;
import java.sql.DriverManager;
import java.sql.SQLException;
import java.sql.Statement;
public class InsertRecordTest {
    public static void main(String[] args) throws ClassNotFoundException,
            SQLException {
        // 以下两条语句可省略，即无需再加载 JDBC-ODBC 桥驱动程序
        String msodbc = "sun.jdbc.odbc.JdbcOdbcDriver";
        Class.forName(msodbc);                    // 加载驱动程序
        String url = "jdbc:odbc:javaodbc";        // 定义 url
        Connection con = DriverManager.getConnection(url); // 建立连接
        Statement st = con.createStatement();     // 创建 Statemnet 对象
        // 定义插入记录的 sql 语句
        String sql = "insert into 丛书名录(序号,丛书代号,丛书名称)"
                + "values(1000,'xx','Java 系列丛书')";
        st.executeUpdate(sql);    // 执行数据库更新
        st.close();               // 关闭语句
        con.close();              // 关闭连接
    }
}
```

数据操作结束后，一定要及时利用 close()方法关闭语句和连接，才能使数据库修改生效。

二、删除记录

删除记录的 SQL 语句的语法格式如下：

delete from 表名 where 条件

其中，where 条件可选。如果不加该条件，表示删除表中所有记录。

【例 2】使用 JDBC 删除记录。

```
// DeleteRecordTest.java
package Chapter11;
import java.sql.Connection;
import java.sql.DriverManager;
import java.sql.SQLException;
```

```
import java.sql.Statement;
public class DeleteRecordTest {
    public static void main(String[] args) throws ClassNotFoundException,
            SQLException {
        // 以下两条语句可省略，即无需再加载 JDBC-ODBC 桥驱动程序
        String msodbc = "sun.jdbc.odbc.JdbcOdbcDriver";
        Class.forName(msodbc);              // 加载驱动程序
        String url = "jdbc:odbc:javaodbc";         // 定义 url
        Connection con = DriverManager.getConnection(url); // 建立连接
        Statement st = con.createStatement();    // 创建 Statemnet 对象
        // 定义删除记录的 sql 语句
        String sql = "delete from  丛书名录  where  丛书代号='xx'";
        st.executeUpdate(sql);    // 执行数据库更新
        st.close();               // 关闭语句
        con.close();              // 关闭连接
    }
}
```

三、修改记录

用于修改记录的 SQL 语句的语法格式如下：

update 表名 set 字段名=数值 where 条件

其中，"字段名=数值"对可以为多个，相互之间用逗号隔开，表示同时修改多个字段，而 where 条件也不是必须的。

【例 3】使用 JDBC 修改记录。

```
// UpdateRecordTest.java
package Chapter11;
import java.sql.Connection;
import java.sql.DriverManager;
import java.sql.SQLException;
import java.sql.Statement;
public class UpdateRecordTest {
    public static void main(String[] args) throws ClassNotFoundException,
            SQLException {
        // 以下两条语句可省略，即无需再加载 JDBC-ODBC 桥驱动程序
        String msodbc = "sun.jdbc.odbc.JdbcOdbcDriver";
        Class.forName(msodbc);              // 加载驱动程序
        String url = "jdbc:odbc:javaodbc";         // 定义 url
        Connection con = DriverManager.getConnection(url); // 建立连接
```

```
        Statement st = con.createStatement();   // 创建 Statemnet 对象
        // 定义修改记录的 sql 语句
        String sql = "update 丛书名录   set 丛书代号='yy',"
                  + "丛书名称='C++系列丛书' where 丛书代号='xx'";
        st.executeUpdate(sql);   // 执行数据库更新
        st.close();                    // 关闭语句
        con.close();                   // 关闭连接
    }
}
```

四、查询记录

查询记录的 SQL 语句的语法格式如下：

select 字段 1,字段 2,字段 3,……from 表名 where 条件

另外，执行查询操作需要调用 Statement 的 executeQuery()方法，而不是前面使用的 executeUpdate()方法。

【例 4】使用 JDBC 查询记录。

```
// QueryRecordTest.java
package Chapter11;
import java.sql.Connection;
import java.sql.DriverManager;
import java.sql.ResultSet;
import java.sql.SQLException;
import java.sql.Statement;
public class QueryRecordTest {
    public static void main(String[] args) throws ClassNotFoundException,
            SQLException {
        // 以下两条语句可省略，即无需再加载 JDBC-ODBC 桥驱动程序
        String msodbc = "sun.jdbc.odbc.JdbcOdbcDriver";
        Class.forName(msodbc);                // 加载驱动程序
        String url = "jdbc:odbc:javaodbc";    // 定义 url
        Connection con = DriverManager.getConnection(url); // 建立连接
        Statement st = con.createStatement();   // 创建 Statemnet 对象
        // 定义修改记录的 sql 语句
        String sql = "select 书名,ISBN,主编,版别,定价      " +
                    "from 书目名录 where 丛书代号='A'";
        // 执行查询数据库操作，并将查询结果存放在 ResultSet 对象 rs 中
        ResultSet rs = st.executeQuery(sql);
        // 显示查询结果
```

```
        while (rs.next()) {
            System.out.println("书名：" + rs.getString("书名") + "  ISBN："
                    + rs.getString("ISBN") + "  主编：" + rs.getString("主编")
                    + "  版别：" + rs.getString("版别") + "  定价："
                    + rs.getFloat("定价"));
        }
        rs.close();        // 关闭查询结果记录集
        st.close();        // 关闭语句
        con.close();       // 关闭连接
    }
}
```

综合实训 图书查询

【实训目的】

进一步熟悉 GUI 设计和数据库操作方法。

【实训内容】

根据输入的丛书代号查找对应的系列图书。

【操作步骤】

步骤 1▶ 启动 Eclipse，在 Chapter11 包中创建公共类 BookQuery，并编写如下代码。

```java
// BookQuery.java
package Chapter11;
import java.awt.*;
import java.awt.event.*;
import java.sql.*;
public class BookQuery extends Frame implements ActionListener {
    TextField seriesName;
    TextArea bookName;
    Button button;
    BookQuery() { // 构造方法
        super("图书查询");
        setBounds(150, 150, 300, 300);
        seriesName = new TextField(16);
        bookName = new TextArea(5, 10);
        button = new Button("确定");
        Panel p1 = new Panel(), p2 = new Panel();
        p1.add(new Label("请输入丛书名："));
        p1.add(seriesName);
        p2.add(button);
```

```java
            add(p1, "North");
            add(p2, "South");
            add(bookName, "Center");
            button.addActionListener(this);
            addWindowListener(new WindowAdapter() {
                public void windowClosing(WindowEvent e) {
                    System.exit(0);
                }
            });
            setLocationRelativeTo(null); // 使窗体在屏幕上居中放置
            setVisible(true); // 显示窗体
    }
    public void actionPerformed(ActionEvent e) {
        // 如果当前单击对象为按钮
        if (e.getSource() == button) {
            try {
                bookName.setText(null);        // 清空文本区
                ListStudent();
            } catch (SQLException ee) {
            }
        }
    }
    private void ListStudent() throws SQLException {
        String bn1, bn2;
        try {
            // 加载 JDBC-ODBC 驱动程序
            Class.forName("sun.jdbc.odbc.JdbcOdbcDriver");
        } catch (ClassNotFoundException e) {
        }
        // 创建数据库连接
        Connection con = DriverManager.getConnection("jdbc:odbc:javaodbc");
        // 创建 Statement 对象
        Statement st = con.createStatement();
        // 读出全部记录，得到结果集 ResultSet 对象
        ResultSet rs = st.executeQuery("select * from 书目名录");
        boolean boo = false;
        while (rs.next()) {
            bn1 = rs.getString("丛书代号");    // 读取丛书代号
            bn2 = rs.getString("书名");        // 读取书名
```

```
            // 如果丛书代号相符，则在文本区显示书名
            if (bn1.equals(seriesName.getText())) {
                bookName.append(bn2 + "\n");
                boo = true;                    // 该系列丛书不为空
            }
        }
        con.close();
        if (boo == false) {
            bookName.append("该系列丛书不存在！");
        }
    }
    public static void main(String[] args) {
        new BookQuery();
    }
}
```

步骤 2▶ 保存文件并运行程序，程序的运行结果如图 11-10 所示。

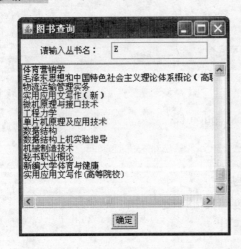

图 11-10　程序运行结果

项目小结

　　本项目介绍了使用 JDBC 进行数据库程序开发的基础知识，具体介绍了 JDBC 的工作机制，驱动程序的加载方法，建立数据库连接的方法，以及访问数据库的几种常用 SQL 语句的语法等。此外，在本书的项目十二中专门给出了一个 Java 数据库编程的综合实例。

思考与练习

一、选择题

1. 下面是一组对 JDBC 的描述，正确的是说法是（　　）

　　A．JDBC 是一个数据库管理系统　　　　B．JDBC 是一个由类和接口组成的 API

　　C．JDBC 是一个驱动程序　　　　　　　D．JDBC 是一组命令

2. 要加载 JDBC 驱动程序，可调用（　　）方法

A．Driver.load()　　　　　　　　　B．DriverManager.load()

C．Class.foeName()　　　　　　　　D．DriverManager.getConnection()

3. 创建数据库连接的目的是（　　）

A．建立一条通往某个具体数据库的通道　　B．加载数据库驱动程序

C．清空数据库　　　　　　　　　　　　　D．为数据库增加记录

4. 要为数据库增加记录，应调用 Statement 对象的（　　）方法

A．addRecord()　　B．executeQuery()　　　C．executeUpdate()　　D．executeAdd()

二、简答题

1. 使用 JDBC 访问数据库的基本步骤有哪些？

2. JDBC 驱动有哪几种类型？

3. 创建数据库连接的语法是什么？url 的语法又是什么？

4. 删除、增加、修改和查询记录的 SQL 语句的语法是什么？其对应的 Statement 方法又是什么？

三、编程题

1. 对本项目的综合实例进行修改，使查询结果中同时显示书名和主编。

2. 对本项目的综合实例进行修改，使其能够按丛书代号进行模糊查询。例如，如果输入 "A"，则系统将显示丛书代号中所有有 "A" 的图书。

可使用如下的 SELECT 语句根据输入的内容进行模糊查询：

// 获取输入的丛书代号

bn1 = seriesName.getText();

// 创建 SQL 语句，like 表示模糊匹配，%表示任意字符串

// "丛书代号 like '输入的丛书代号字符串%'" 表示查找丛书代号为

// 以输入的丛书代号字符串开头的全部丛书

sqlcmd = "select * from 书目名录 where 丛书代号 like '";

sqlcmd = sqlcmd + bn1 + "%'";

// 执行 SQL 语句

ResultSet rs = st.executeQuery(sqlcmd);

项目十二　图书管理系统开发

【引　子】

本项目通过开发一个简单的图书管理系统，向读者进一步展示了使用 Java 语言进行 GUI 设计和数据库编程方面的技术。

在学校的日常管理中，图书管理是一项非常重要的内容。随着学校规模的不断扩大，图书数量会急剧增加。传统的手工图书管理过程繁琐而复杂，工作效率低，并且易于出错。在这种情况下，就需要开发一套图书管理系统来提高图书管理工作的效率和质量。

图书管理系统会因为图书的数量、种类、提供的操作等不同而具有不同的复杂度。基本信息的维护、图书借阅、归还及查询等操作通常是图书管理系统的基本功能。在规模较大、业务较多的图书馆还需要图书的库存管理、销售管理等更加复杂的功能。

由于我们开发本系统的目的主要是为了帮助读者进一步巩固和理解所学 Java 数据库编程方面的知识，因此系统的功能相对简单一些，它主要包括基础数据维护、图书借阅管理和相关信息查询功能，如图 12-1 所示。

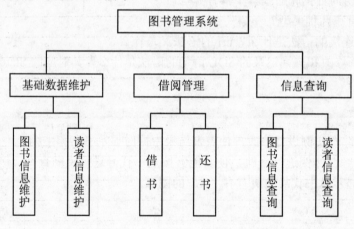

图 12-1　图书管理系统的功能

任务一　系统详细设计

对系统需求进行充分分析之后，在具体开发之前需要首先进行系统详细设计。系统详细设计主要包括确认系统开发环境，编制系统设计报告和数据库设计报告等内容。

一、开发环境

根据系统的实际情况，采用以下开发环境。

➤ 操作系统：Windows XP
➤ 数据库系统：Access
➤ 编程语言：Java 6.0
➤ 开发工具：Eclipse 3.4

二、数据库设计

本例采用的数据库类型为 Access，数据库名为"图书管理.mdb"，其中包含了 3 个表，分别是图书信息表 book，读者信息表 reader，借阅信息表 borrow。每张表的详细结构说明如表 12-1～表 12-3 所示。

表 12-1　图书信息表（book）

列　名	数据类型（精度范围）	必填字段	索引	默认值	说　明
id	文本(8)	是	√（不允许重复）	AA000001	图书编号
bookname	文本(100)	否			图书名称
booktype	文本(50)	否		科技	图书类别
author	文本(50)	否			图书作者
translator	文本(50)	否			译者
publisher	文本(100)	否			出版社
publish_time	日期/时间	否			出版时间
price	单精度	否		28	定价
stock	整型	否		1	库存数量

表 12-2　读者信息表（reader）

列　名	数据类型（精度范围）	必填字段	索引	默认值	说　明
id	文本(8)	是	√	AA000001	读者编号
readername	文本(50)	否			读者姓名
readertype	文本(20)	否			读者类型
sex	文本(2)	否			读者性别
max_num	整型	否			最大可借数
days_num	整型	否			可借天数

表 12-3　借阅信息表（borrow）

列　名	数据类型（精度范围）	必填字段	索引	默认值	说　明
id	长整型	是	√	自动编号	借阅流水号
book_id	文本(8)	否			图书编号
reader_id	文本(8)	否			读者编号
borrow_date	日期/时间	否			借阅时间
back_date	日期/时间	否			还书时间
if_back	文本(2)	否			是否归还

表 12-4　用户信息表（user）

列　名	数据类型（精度范围）	必填字段	索引	默认值	说　明
id	长整型	是	√	自动编号	用户流水号
username	文本(50)	否			用户姓名
password	文本(50)	否			用户密码
is_admin	文本(2)	否			是否为管理员

创建好数据库后，可参考项目十一，将该数据库设置为 ODBC 数据源，并设置其名称为 bookdb。另外，只有管理员才能对图书和读者基本数据进行维护，即可以对数据库增加、删除或修改记录。否则，只能进行信息查询。

三、系统模块设计

我们专门为本程序设计了一个工程，其中包括了两个包：

（1）MainPro 包：主要包括了登录程序、系统主程序、图书和读者信息维护程序、图书借阅管理程序，以及图书和读者信息查询程序等，如表 12-5 所示。

表 12-5　MainPro 包中的类模块

类名	功能描述	设计要点
Login.java	用户登录模块	要将用户登录名和密码与用户信息表中内容对比，如果正确无误，则进入系统主操作画面，否则提示错误信息
ShowMain.java	系统主画面	主要是菜单设计，并通过为各子菜单增加事件侦听器以调用其他功能模块
UpdatePassword.java	修改用户密码	修改密码，并将修改结果保存到用户信息表中
BookAdd.java	录入图书信息	保存记录时要检查数据的有效性，① 图书编号必须唯一，不能重复；② 出版时间格式必须正确、有效；③ 定价、库存数量必须为有效数字
BookUpdate.java	修改图书信息	按图书编号查询记录，然后修改图书的其余信息。同样，此时也应确保出版时间、定价、库存数量等数据的有效性
BookDelete.java	删除图书信息	按图书编号查询记录，确认无误后可删除所选记录
BookQuery.java	查询图书信息	可按图书名称、作者、出版社、出版时间组合查询，结果将显示在一个表格中
ReaderAdd.java ReaderUpdate.java ReaderDelete.java ReaderQuery.java	录入、修改、删除和查询读者信息	这四个模块的功能与图书相关模块的功能完全相似
Borrow	借图模块	输入参数为图书编号和读者编号，有几个判断：① 图书必须有库存；② 每个读者只能借阅自己未借过的图书。即使已经借过，但必须已经归还；③ 每种书最多只能借一本；④ 每个读者都有允许最大可借图书数量，因此，读者已借未还的图书数量不能超出此限制
Back	还书模块	输入参数同样为图书编号和读者编号，主要判断该读者已借过此书，且未归还

（2）PublicModule 包：其中包含了一组供 MainPro 包中各类使用的公共类，如表 12-6 所示。

表 12-6 PublicModule 包中的类模块

类名	功能描述	设计要点
GlobalVar.java	定义用户名称变量	记录登录系统的用户名，主要用于密码修改模块
Book.java	定义图书信息	和图书信息表中各表项一一对应，用来保存查询结果
Reader.java	定义读者信息	和读者信息表中各表项一一对应，用来保存查询结果
DbOp.java	数据库操作	其构造方法用来创建数据库连接，即打开数据库；其他几个方法分别用来查询、修改记录，以及关闭数据库
BookSelect.java	按图书编号查询	按图书编号查询图书信息表，结果保存在 Book 对象中
ReaderSelect.java	按读者编号查询	按读者编号查询读者信息表，结果保存在 Reader 对象中
IfBorrowBack	查询读者是否借过某本图书且未归还	查询指定读者是否借过指定图书，且未归还

任务二 公共模块设计

在系统开发过程中，经常需要设计一些公共模块，以便供系统中其他模块共同调用。本系统的公共模块主要包括了若干数据库操作模块，下面将选择介绍其中的一些重点模块。

一、DbOp.java

该类用于完成基本的数据库操作，包括加载数据库驱动，创建数据库连接，执行 Sql 语句等。其中，其构造方法用于加载数据库驱动程序和创建数据库连接（即打开数据库）；用于查询记录的方法为 executeQuery()；用于插入、删除、修改记录的方法为 executeUpdate()；用于关闭数据的方法为 Close()。

与此同时，执行数据库查询和更新时，如果没有为数据库创建连接，系统会自动加载数据库驱动程序并创建数据库连接。

```
// DbOp.java
package PublicModule;
import java.sql.*;
import javax.swing.JOptionPane;
public class DbOp {
    // JDBC-ODBC 驱动程序
    private static String driver = "sun.jdbc.odbc.JdbcOdbcDriver";
    // 数据库 url 路径
    private static String url = "jdbc:odbc:bookdb";
    private static Connection con = null;
    // 构造方法。如果数据库未打开，则通过创建连接打开数据库
    private DbOp() {
```

```
        try {
                // 如果当前未创建连接，则加载 JDBC 驱动程序，然后创建连接
                if (con == null) {
                        Class.forName(driver);
                        con = DriverManager.getConnection(url);
                }
        } catch (Exception e) {
                JOptionPane.showMessageDialog(null, "数据库未能打开！");
        }
}
// 执行数据库查询工作。如果出现异常，返回 null
public static ResultSet executeQuery(String sql) {
        try {
                // 如果未创建数据库连接，则创建连接
                if (con == null)
                        new DbOp();
                // 返回查询结果
                return con.createStatement().executeQuery(sql);
        } catch (SQLException e) {
                JOptionPane.showMessageDialog(null, "数据库不存在，或存在错误！");
                return null;
        }
}
// 执行数据库更新操作。如果有问题，则返回-1
public static int executeUpdate(String sql) {
        try {
                // 如果未创建数据库连接，则创建连接
                if (con == null)
                        new DbOp();
                // 返回操作结果
                return con.createStatement().executeUpdate(sql);
        } catch (SQLException e) {
                JOptionPane.showMessageDialog(null, "数据有误，记录无法正常保存或更新！");
                return -1;
        }
}
// 关闭数据库
public static void Close() {
        try {
```

```
        // 如果数据库已打开，则关闭之
        if (con != null)
                con.close();
    } catch (SQLException e) {
        JOptionPane.showMessageDialog(null, "数据库未打开！ ");
    }
    }
}
```

二、BookSelect.java 与 ReaderSelect.java

这两个类分别用于按图书编号和读者编号查询记录，查询结果将分别保存在 Book 和 Reader 对象中，其对应的代码如下。

```
// BookSelect.java
package PublicModule;
import java.sql.*;
import javax.swing.JOptionPane;
public class BookSelect {
    // 按图书编号查询，查询结果保存在 Book 类的对象中
    public static Book SelectBookById(String id) {
        String sql = "select * from book where id='" + id + "'";
        ResultSet rs = DbOp.executeQuery(sql);
        Book book = null;
        try {
            if (rs.next()) {
                book = new Book();
                book.setId(rs.getString("id"));
                book.setBooktype(rs.getString("booktype"));
                book.setBookname(rs.getString("bookname"));
                book.setAuthor(rs.getString("author"));
                book.setTranslator(rs.getString("translator"));
                book.setPublisher(rs.getString("publisher"));
                book.setPublish_time(rs.getDate("publish_time"));
                book.setPrice(rs.getFloat("price"));
                book.setStock(rs.getInt("stock"));
            }
        } catch (SQLException e) {
            JOptionPane.showMessageDialog(null, "无法正常读取数据库！ ");
        }
```

```
            return book;
        }
    }
```

```
// ReaderSelect.java
package PublicModule;
import java.sql.*;
import javax.swing.JOptionPane;
public class ReaderSelect {
    // 按读者编号查询，结果保存在 Reader 类的对象中
    public static Reader selectReaderById(String id) {
        String sql = "select * from reader where id='" + id + "'";
        ResultSet rs = DbOp.executeQuery(sql);
        Reader reader = null;
        try {
            if (rs.next()) {
                reader = new Reader();
                reader.setId(rs.getString("id"));
                reader.setReadername(rs.getString("readername"));
                reader.setReadertype(rs.getString("readertype"));
                reader.setSex(rs.getString("sex"));
                reader.setMax_num(rs.getInt("max_num"));
                reader.setDays_num(rs.getInt("days_num"));
            }
        } catch (SQLException e) {
            JOptionPane.showMessageDialog(null, "无法正常读取数据库！");
        }
        return reader;
    }
}
```

三、IfBorrowBack.java

该类中的 findbook()方法用于查询指定读者是否借阅过指定图书。如果已经借阅且未归还，返回 true，否则，返回 false。

```
// IfBorrowBack.java
package PublicModule;
import java.sql.ResultSet;
import java.sql.SQLException;
```

```java
import javax.swing.JOptionPane;
public class IfBorrowBack {
    // 查指定读者是否借过指定图书且未归还
    public static boolean findbook(String bookid, String readerid) {
        String sql;
        sql = "select * from borrow where book_id='";
        sql = sql + bookid + "' and reader_id='" + readerid + "' and ";
        sql = sql + "if_back='否'";
        ResultSet rs = DbOp.executeQuery(sql);
        try {
            // 如果指定读者借阅了指定图书，且未归还，返回 true，否则返回 false
            if (rs.next())
                return true;
            else
                return false;
        } catch (SQLException e) {
            JOptionPane.showMessageDialog(null, "数据库查询失败！");
        }
        return true;
    }
}
```

四、公共模块中的其他类

（1）GlobalVar.java

```java
// GlobalVar.java
package PublicModule;
public class GlobalVar {
    // 该变量用来保存登录用户名
    public static String login_user;
}
```

（2）Book.java

```java
// Book.java
package PublicModule;
import java.sql.Date;
public class Book {
    private String id;            private String bookname;      private String booktype;
    private String author;        private String translator;    private String publisher;
    private Date publish_time;    private int stock;            private float price;
```

```java
        public String getId() {  return id;    }
        public void setId(String id) { this.id = id; }
        public String getBookname() {return bookname;}
        public void setBookname(String name) {this.bookname = name;}
        public String getBooktype() {return booktype; }
        public void setBooktype(String type) {this.booktype = type;}
        public String getAuthor() {return author; }
        public void setAuthor(String author) {this.author = author;}
        public String getTranslator() {return translator;}
        public void setTranslator(String translator) {this.translator = translator;}
        public String getPublisher() {return publisher;}
        public void setPublisher(String publisher) {this.publisher = publisher; }
        public Date getPublish_time() {return publish_time; }
        public void setPublish_time(Date publish_time) {this.publish_time = publish_time;}
        public int getStock() {return stock;}
        public void setStock(int stock) {this.stock = stock;}
        public float getPrice() {return price;}
        public void setPrice(float price) {this.price = price;}
}
```

（3）Reader.java

```java
// Reader.java
package PublicModule;
public class Reader {
        private String id;              private String readername;    private String readertype;
        private String sex;             private int max_num;          private int days_num;
        public String getId() {  return id;    }
        public void setId(String id) { this.id = id; }
        public String getReadername() {    return readername;}
        public void setReadername(String name) {this.readername = name;}
        public String getReadertype() {return readertype;}
        public void setReadertype(String type) { this.readertype = type;}
        public String getSex() {return sex; }
        public void setSex(String sex) {this.sex = sex; }
        public int getMax_num() {return max_num;}
        public void setMax_num(int max_num) {this.max_num = max_num;}
        public int getDays_num() {return days_num;}
        public void setDays_num(int days_num) {this.days_num = days_num;}
}
```

任务三　主模块设计

MainPro 包中的各模块分别用于完成某项特定的任务，下面选择其中几个重要的模块进行简要介绍。

一、Login.java

登录模块用于实现用户登录功能，也是进入系统的入口，其界面如图 12-2 所示。进行系统登录时，需要输入用户名和密码，系统会查询数据库中的 user 表，验证用户名和密码是否正确。

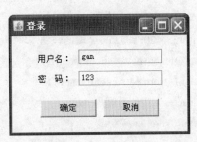

图 12-2　系统登录界面

```java
// Login.java
package MainPro;
import java.awt.*;
import java.awt.event.*;
import java.sql.*;
import javax.swing.JOptionPane;
import PublicModule.*;
public class Login extends Frame {
    private static final long serialVersionUID = -17584752478078861408L;
    TextField text_user;
    TextField text_pass;
    public Login() {
        this.setTitle("登录");
        this.setLayout(null);
        this.setSize(260, 170);
        /* 添加标签与文本框 */
        Label lbUser = new Label("用户名：");
        Label lbPass = new Label("密　　码：");
        Button btn_ok = new Button("确定");
        Button btn_cancel = new Button("取消");
        text_pass = new TextField();
```

```
        text_user = new TextField();
        lbUser.setBounds(40, 53, 60, 20);
        lbPass.setBounds(40, 83, 60, 20);
        text_user.setBounds(100, 50, 120, 20);
        text_pass.setBounds(100, 80, 120, 20);
        btn_ok.setBounds(45, 120, 80, 25); // 确定按钮
        btn_ok.addActionListener((new ActionListener() {
            public void actionPerformed(ActionEvent e) {
                btn_okActionPerformed(e);
            }
        }));
        btn_cancel.setBounds(135, 120, 80, 25); // 取消按钮
        btn_cancel.addActionListener((new ActionListener() {
            public void actionPerformed(ActionEvent e) {
                DbOp.Close(); // 关闭数据库
                System.exit(0);
            }
        }));
        /* 关闭窗口 */
        this.addWindowListener(new WindowAdapter() {
            // 重写 windowClosing()方法
            public void windowClosing(WindowEvent e) {
                DbOp.Close(); // 关闭数据库
                System.exit(0);
            }
        });
        add(lbUser);        add(lbPass);        add(text_user);    add(text_pass);
        add(btn_ok);        add(btn_cancel);
        setLocationRelativeTo(null); // 使窗体在屏幕上居中放置
        this.setVisible(true); // 使窗体可见
    }
    public void btn_okActionPerformed(ActionEvent e) {
        String user = text_user.getText();
        String pass = text_pass.getText();
        String is_admin;
        // 如果用户名或密码任一为空，则终止后续操作
        if (user.equals("")||pass.equals("")) {
            JOptionPane.showMessageDialog(null, "用户名或密码不能为空！");
            return;
```

```
        }
        try {
            // 核对用户名和密码
            String sql = "select * from user where username=" + "'" + user
                    + "'and password=" + "'" + pass + "'";
            ResultSet rs = DbOp.executeQuery(sql);
            // 如果此用户存在，则记录其状态（否：不是管理员，是：是管理员）
            if (rs.next()) {
                is_admin = rs.getString("is_admin");
            } else {
                JOptionPane.showMessageDialog(null, "用户名或密码不正确！");
                return;
            }
            GlobalVar.login_user = user; // 记录登录的用户名
            ShowMain show = new ShowMain(); // 调用主程序
            // 只有管理员才能使用"基础管理"和"借阅管理"菜单
            show.setRights(is_admin);
            // 释放窗体及其全部组件的屏幕资源，即使释放登录窗体
            dispose(); // 释放当前窗体
        } catch (SQLException e1) {
            JOptionPane.showMessageDialog(null, "用户数据库有误！");
        }
    }
    public static void main(String[] args) {
        new Login();
    }
}
```

二、ShowMain.java

成功登录系统后即进入系统的主界面，如图 12-3 所示。需要注意的是，系统会根据登录的用户类型（普通用户和管理员），决定"系统维护"和"借阅管理"菜单是否可用。

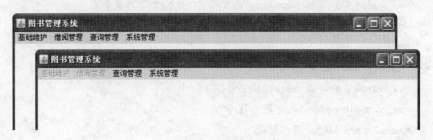

图 12-3　管理员和普通用户登录后的主界面

```java
// ShowMain.java
package MainPro;
import java.awt.*;
import java.awt.event.*;
import PublicModule.DbOp;
public class ShowMain extends Frame {
    private static final long serialVersionUID = 5003296786441785470L;
    MenuBar menuBar1;
    Menu menu1, menu2, menu3, menu4, menu5, menu6, menu7;
    MenuItem mi_book_add, mi_book_update, mi_book_delete, mi_reader_add,
            mi_reader_update, mi_reader_delete, mi_borrow, mi_back,
            mi_query_book, mi_query_reader, mi_update_pass, mi_exit;
    public void setRights(String rights) {
        // 如果不是管理员，则禁止用户维护图书信息和读者信息
        // 以及禁止进行借阅管理，即只能查询
        if (rights.equals("否")) {
            menu1.setEnabled(false);
            menu5.setEnabled(false);
        }
    }
    public ShowMain() {
        setTitle("图书管理系统");
        setLayout(new BorderLayout());
        setSize(640, 480);
        menuBar1 = new MenuBar();
        menu5 = new Menu("基础维护");// 基础维护菜单
        menu6 = new Menu("图书维护");// 图书维护菜单
        mi_book_add = new MenuItem("添加");// 添加图书菜单
        mi_book_update = new MenuItem("修改");// 修改图书菜单
        mi_book_delete = new MenuItem("删除");// 删除图书菜单
        menu7 = new Menu("读者维护");// 读者维护菜单
        mi_reader_add = new MenuItem("添加读者");// 添加读者菜单
        mi_reader_update = new MenuItem("修改读者");
        mi_reader_delete = new MenuItem("删除读者");
        menu1 = new Menu("借阅管理");
        mi_borrow = new MenuItem("借书管理");
        mi_back = new MenuItem("还书管理");
        menu2 = new Menu("查询管理");
        mi_query_book = new MenuItem("图书查询");
```

```
mi_query_reader = new MenuItem("读者查询");
menu3 = new Menu("系统管理");
mi_update_pass = new MenuItem("修改密码");
mi_exit = new MenuItem("退出系统");
// 添加图书菜单
mi_book_add.addActionListener(new ActionListener() {
    public void actionPerformed(ActionEvent e) {
        new BookAdd();
    }
});
mi_book_update.addActionListener(new ActionListener() {
    public void actionPerformed(ActionEvent e) {
        new BookUpdate();
    }
});
mi_book_delete.addActionListener(new ActionListener() {
    public void actionPerformed(ActionEvent e) {
        new BookDelete();
    }
});
mi_reader_add.addActionListener(new ActionListener() {
    public void actionPerformed(ActionEvent e) {
        new ReaderAdd();
    }
});
mi_reader_update.addActionListener(new ActionListener() {
    public void actionPerformed(ActionEvent e) {
        new ReaderUpdate();
    }
});
mi_reader_delete.addActionListener(new ActionListener() {
    public void actionPerformed(ActionEvent e) {
        new ReaderDelete();
    }
});
mi_borrow.addActionListener(new ActionListener() {
    public void actionPerformed(ActionEvent e) {
        new Borrow();
    }
```

```java
    });
    mi_back.addActionListener(new ActionListener() {
        public void actionPerformed(ActionEvent e) {
            new Back();
        }
    });
    mi_query_book.addActionListener(new ActionListener() {
        public void actionPerformed(ActionEvent e) {
            new BookQuery();
        }
    });
    mi_query_reader.addActionListener(new ActionListener() {
        public void actionPerformed(ActionEvent e) {
            new ReaderQuery();
        }
    });
    mi_update_pass.addActionListener(new ActionListener() {
        public void actionPerformed(ActionEvent e) {
            new UpdatePassword();
        }
    });
    mi_exit.addActionListener(new ActionListener() {
        public void actionPerformed(ActionEvent e) {
            DbOp.Close(); // 关闭数据库
            System.exit(0);
        }
    });
    /* 关闭窗口 */
    this.addWindowListener(new WindowAdapter() {
        // 重写 windowClosing()方法
        public void windowClosing(WindowEvent e) {
            DbOp.Close(); // 关闭数据库
            System.exit(0);
        }
    });
    menu5.add(menu6);                       menu6.add(mi_book_add);
    menu6.add(mi_book_update);              menu6.add(mi_book_delete);
    menu5.add(menu7);                       menu7.add(mi_reader_add);
    menu7.add(mi_reader_update);            menu7.add(mi_reader_delete);
```

```
            menu5.add(menu1);                   menu1.add(mi_borrow);
            menu1.add(mi_back);                  menu5.add(menu2);
            menu2.add(mi_query_book);            menu2.add(mi_query_reader);
            menu5.add(menu3);                    menu3.add(mi_update_pass);
            menu3.add(mi_exit);                  menuBar1.add(menu5);
            menuBar1.add(menu1);                 menuBar1.add(menu2);
            menuBar1.add(menu3);                 setMenuBar(menuBar1);
            setLocationRelativeTo(null); // 使窗体在屏幕上居中放置
            setVisible(true); // 使窗体可见
        }
        // 增加 main()方法，主要为了调试程序界面
        public static void main(String[] args) {
            new ShowMain();
        }
    }
```

三、BookAdd.java

该模块用于输入图书信息，其界面如图 12-4 所示。其设计要点主要有：① 为确保图书编号的唯一性，图书编号不能重复；② 当出版时间、定价、库存数量无效时，可通过捕捉异常来处理；③ 正常输入并保存记录后，要给出提示信息；④ 输入并保存一个记录后，应清空文本框，让用户能够继续输入下一个记录。

图 12-4　输入图书信息画面

```
// BookAdd.java
package MainPro;
import java.awt.*;
import java.awt.event.*;
import java.sql.ResultSet;
import java.sql.SQLException;
import java.text.ParseException;
import java.text.SimpleDateFormat;
```

```
import javax.swing.JOptionPane;
import PublicModule.*;
public class BookAdd extends Frame {
    private static final long serialVersionUID = 3772873019946133844L;
    Label lbbookid = new Label("图书编号");          Label lbbookname = new Label("图书名称");
    Label lbbooktype = new Label("图书类别");        Label lbauthor = new Label("作者");
    Label lbtranslator = new Label("译者");          Label lbpublisher = new Label("出版社");
    Label lbpublish_time = new Label("出版时间");     Label lbprice = new Label("定价");
    Label lbstock = new Label("库存数量");           Button saveBtn = new Button("保存");
    Button closeBtn = new Button("关闭");            TextField tf_bookid = new TextField();
    TextField tf_bookname = new TextField();        TextField tf_author = new TextField();
    TextField tf_translator = new TextField();      TextField tf_publisher = new TextField();
    TextField tf_publish_time = new TextField();    TextField tf_price = new TextField();
    TextField tf_stock = new TextField();           Choice tf_booktype = new Choice();
    BookAdd() {
        setLayout(null);
        setTitle("添加图书");
        setSize(500, 250);
        lbbookid.setBounds(50, 50, 50, 20); // 图书编号
        tf_bookid.setBounds(110, 50, 100, 20);
        lbbookname.setBounds(240, 50, 50, 20); // 图书名称
        tf_bookname.setBounds(300, 50, 100, 20);
        lbbooktype.setBounds(50, 80, 50, 20); // 图书类别
        tf_booktype.setBounds(110, 80, 100, 20);
        tf_booktype.add("科技");
        tf_booktype.add("文学");
        tf_booktype.add("社科");
        tf_booktype.add("其他");
        lbauthor.setBounds(240, 80, 50, 20); // 作者
        tf_author.setBounds(300, 80, 100, 20);
        lbtranslator.setBounds(50, 110, 50, 20); // 设置译者
        tf_translator.setBounds(110, 110, 100, 20);
        lbpublisher.setBounds(240, 110, 50, 20); // 出版社
        tf_publisher.setBounds(300, 110, 100, 20);
        lbpublish_time.setBounds(50, 140, 50, 20); // 出版时间
        tf_publish_time.setBounds(110, 140, 100, 20);
        lbprice.setBounds(240, 140, 50, 20); // 定价
        tf_price.setBounds(300, 140, 100, 20);
        lbstock.setBounds(50, 170, 50, 20); // 库存数量
```

```
        tf_stock.setBounds(110, 170, 100, 20);
        saveBtn.setBounds(150, 210, 80, 25); // 保存按钮
        saveBtn.addActionListener(new ActionListener() {
            public void actionPerformed(ActionEvent e) {
                btn_saveActionPerformed(e);
            }
        });
        closeBtn.setBounds(280, 210, 80, 25);// 关闭按钮
        closeBtn.addActionListener(new ActionListener() {
            public void actionPerformed(ActionEvent e) {
                dispose(); // 释放当前窗体
            }
        });
        /* 关闭窗口 */
        this.addWindowListener(new WindowAdapter() {
            // 重写 windowClosing()方法
            public void windowClosing(WindowEvent e) { // 关闭当前窗口
                dispose(); // 释放当前窗体
            }
        });
        add(lbbookid);          add(lbbookname);         add(lbbooktype);
        add(lbauthor);          add(lbtranslator);       add(lbpublisher);
        add(lbpublish_time);    add(lbprice);            add(lbstock);
        add(saveBtn);           add(closeBtn);           add(tf_bookid);
        add(tf_bookname);       add(tf_author);          add(tf_translator);
        add(tf_publisher);      add(tf_publish_time);    add(tf_price);
        add(tf_stock);          add(tf_booktype);
        setLocationRelativeTo(null); // 使窗体在屏幕上居中放置
        setVisible(true); // 使窗体可见
    }
    // 保存记录
    private void btn_saveActionPerformed(ActionEvent e) {
        String id = tf_bookid.getText();
        String bookname = tf_bookname.getText();
        String booktype = tf_booktype.getSelectedItem().toString();
        String author = tf_author.getText();
        String translator = tf_translator.getText();
        String publisher = tf_publisher.getText();
        String publish_time = tf_publish_time.getText();
```

```java
        // 如果图书编号为空，则终止保存记录操作
        if (id.equals("")) {
            JOptionPane.showMessageDialog(null, "图书编号不能为空！");
            return;
        }
        // 如果图书编号重复，则记录无效，需修改图书编号
        if (IfBookIdExit(id)) {
            JOptionPane.showMessageDialog(null, "图书编号重复！");
            return;
        }
        try {
            // -------------------------------------------------
            // 以下程序用于检查日期是否有效。如果日期无效，则会
            // 产生 ParseException 异常
            // 创建一个简单日期格式对象，注意：MM 一定要用大写
            // 这是用户输入日期的格式：年-月，如 2010-7、2009-10 等
            SimpleDateFormat sdf = new SimpleDateFormat("yyyy-MM");
            // 将字符串转换为日期。如果日期无效，将抛出 ParseException 异常
            // 因此，本语句主要用来判断日期格式是否有效
            sdf.parse(tf_publish_time.getText());
            // -------------------------------------------------
            float price = Float.parseFloat(tf_price.getText());
            int stock = Integer.parseInt(tf_stock.getText());
            // 将记录保存到 book 表中
            String sql = "insert into book(id,bookname,booktype,"
                    + "author,translator,"
                    + "publisher,publish_time,price,stock) values('" + id
                    + "','" + bookname + "','" + booktype + "','" + author
                    + "','" + translator + "','" + publisher + "','"
                    + publish_time + "','" + price + "','" + stock + "')";
            int i = DbOp.executeUpdate(sql);
            if (i == 1) {
                JOptionPane.showMessageDialog(null, "图书添加成功！");
                // 清空全部文本框
                clearAllTextfield();
            }
        } catch (ParseException e2) {
            JOptionPane.showMessageDialog(null, "出版时间格式错误（年—月）！");
        } catch (NumberFormatException e1) {
```

```
                JOptionPane.showMessageDialog(null, "库存数量和价格错误，应为数字！");
            }
        }
        // 判断 Book 表中是否存在指定编号的图书，如果存在，返回 true，否则，返回 false
        private boolean IfBookIdExit(String id) {
            String sql = "select * from book where id='" + id + "'";
            ResultSet rs = DbOp.executeQuery(sql);
            try {
                if (rs.next())
                    return true;
                else
                    return false;
            } catch (SQLException e) {
                JOptionPane.showMessageDialog(null, "无法正常读取数据库！");
            }
            return false;
        }
        // 清空全部文本框
        private void clearAllTextfield() {
            tf_bookid.setText("");        tf_bookname.setText("");        tf_author.setText("");
            tf_translator.setText("");    tf_publisher.setText("");       tf_publish_time.setText("");
            tf_price.setText("");         tf_stock.setText("");
        }
    }
```

四、BookUpdate.java

该模块用来修改图书信息，其画面如图 12-5 所示。使用该功能模块时，用户应首先在"图书编号"编辑框中输入要修改图书的图书编号，然后单击"查询"按钮，将所选图书的其他数据显示出来，接下来就可以对这些数据进行修改了。

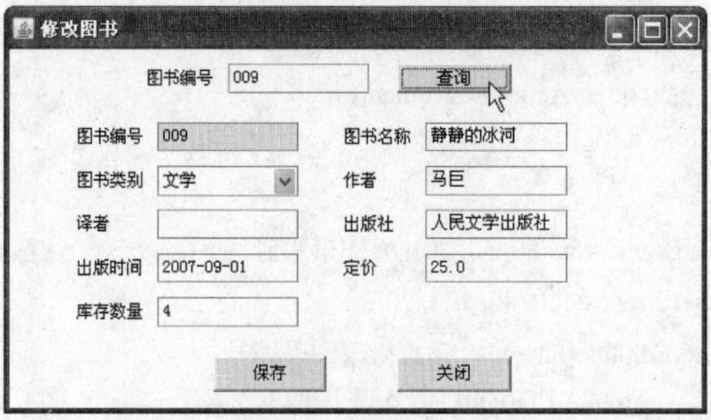

图 12-5　修改图书信息

```java
// BookUpdate.java
package MainPro;
import java.awt.*;
import java.awt.event.*;
import java.text.ParseException;
import java.text.SimpleDateFormat;
import javax.swing.JOptionPane;
import PublicModule.*;
public class BookUpdate extends Frame {
    private static final long serialVersionUID = -7074630570516408587L;
    Label lbbookid_1 = new Label("图书编号");          Label lbbookid = new Label("图书编号");
    Label lbbookname = new Label("图书名称");          Label lbbooktype = new Label("图书类别");
    Label lbauthor = new Label("作者");                Label lbtranslator = new Label("译者");
    Label lbpublisher = new Label("出版社");           Label lbpublish_time = new Label("出版时间");
    Label lbprice = new Label("定价");                 Label lbstock = new Label("库存数量");
    Button saveBtn = new Button("保存");               Button closeBtn = new Button("关闭");
    Button queryBtn = new Button("查询");              TextField tf_bookid_1 = new TextField();
    TextField tf_bookid = new TextField();             TextField tf_bookname = new TextField();
    TextField tf_author = new TextField();             TextField tf_translator = new TextField();
    TextField tf_publisher = new TextField();          TextField tf_publish_time = new TextField();
    TextField tf_price = new TextField();              TextField tf_stock = new TextField();
    Choice tf_booktype = new Choice();
    public BookUpdate() {
        setLayout(null);
        setTitle("修改图书");
        setSize(500, 280);
        lbbookid_1.setBounds(100, 40, 50, 20); // 图书编号
        tf_bookid_1.setBounds(160, 40, 100, 20);
        queryBtn.setBounds(280, 40, 80, 20); // 查询按钮
        queryBtn.addActionListener(new ActionListener() {
            public void actionPerformed(ActionEvent e) {
                btn_queryActionPerformed(e);
            }
        });
        lbbookid.setBounds(50, 80, 50, 20); // 图书编号
        tf_bookid.setBounds(110, 80, 100, 20);
        tf_bookid.setEditable(false); // 禁止修改图书编号
        lbbookname.setBounds(240, 80, 50, 20); // 图书名称
        tf_bookname.setBounds(300, 80, 100, 20);
```

```
lbbooktype.setBounds(50, 110, 50, 20); // 图书类别
tf_booktype.setBounds(110, 110, 100, 20);
tf_booktype.add("科技");
tf_booktype.add("文学");
tf_booktype.add("社科");
tf_booktype.add("其他");
lbauthor.setBounds(240, 110, 50, 20); // 作者
tf_author.setBounds(300, 110, 100, 20);
lbtranslator.setBounds(50, 140, 50, 20); // 译者
tf_translator.setBounds(110, 140, 100, 20);
lbpublisher.setBounds(240, 140, 50, 20); // 出版社
tf_publisher.setBounds(300, 140, 100, 20);
lbpublish_time.setBounds(50, 170, 50, 20); // 出版时间
tf_publish_time.setBounds(110, 170, 100, 20);
lbprice.setBounds(240, 170, 50, 20); // 价格
tf_price.setBounds(300, 170, 100, 20);
lbstock.setBounds(50, 200, 50, 20); // 库存数量
tf_stock.setBounds(110, 200, 100, 20);
saveBtn.setBounds(150, 240, 80, 25); // 保存按钮
saveBtn.addActionListener(new ActionListener() {
    public void actionPerformed(ActionEvent e) {
        btn_saveActionPerformed(e);
    }
});
closeBtn.setBounds(280, 240, 80, 25); // 关闭按钮
closeBtn.addActionListener(new ActionListener() {
    public void actionPerformed(ActionEvent e) {
        dispose(); // 释放当前窗体
    }
});
/* 关闭窗口 */
this.addWindowListener(new WindowAdapter() {
    // 重写 windowClosing()方法
    public void windowClosing(WindowEvent e) {
        dispose(); // 释放当前窗体
    }
});
add(lbbookid);          add(lbbookid_1);          add(lbbookname);
add(lbbooktype);        add(lbauthor);            add(lbtranslator);
```

```
        add(lbpublisher);       add(lbpublish_time);        add(lbprice);
        add(lbstock);           add(saveBtn);               add(closeBtn);
        add(queryBtn);          add(tf_bookid);             add(tf_bookname);
        add(tf_author);         add(tf_translator);         add(tf_publisher);
        add(tf_publish_time);   add(tf_price);              add(tf_stock);
        add(tf_bookid_1);       add(tf_booktype);
        setLocationRelativeTo(null); // 使窗体在屏幕上居中放置
        setVisible(true); // 使窗体可见
    }
    // 按图书编号查询图书记录
    public void btn_queryActionPerformed(ActionEvent e)    {
        String id = tf_bookid_1.getText();
        // 如果图书编号为空，则查询操作终止
        if (id.equals("")) {
            JOptionPane.showMessageDialog(null, "图书编号不能为空！");
            return;
        }
        // 按编号查询图书，结果存入 book 对象中
        Book book = BookSelect.SelectBookById(id);
        // 如果查询到结果，将其显示在各文本框中
        if (book != null) {
            tf_bookid.setText(book.getId());
            tf_bookname.setText(book.getBookname());
            // 将 Choice 的选定项设置为其名称等于指定字符串的项
            tf_booktype.select(book.getBooktype());
            tf_author.setText(book.getAuthor());
            tf_translator.setText(book.getTranslator());
            tf_publisher.setText(book.getPublisher());
            tf_publish_time.setText(book.getPublish_time().toString());
            tf_price.setText(String.valueOf(book.getPrice()));
            tf_stock.setText(String.valueOf(book.getStock()));
        } else
            JOptionPane.showMessageDialog(null, "图书编号有误，查无此书！");
    }
    // 保存修改的记录
    private void btn_saveActionPerformed(ActionEvent e) {
        String id = tf_bookid.getText();
        String bookname = tf_bookname.getText();
        String booktype = tf_booktype.getSelectedItem().toString();
```

```java
String author = tf_author.getText();
String translator = tf_translator.getText();
String publisher = tf_publisher.getText();
String publish_time = tf_publish_time.getText();
// 如果图书编号为空，则终止保存记录操作
if (id.equals("")) {
    JOptionPane.showMessageDialog(null, "图书编号不能为空！");
    return;
}
try {
    // -------------------------------------------------
    // 以下程序用于检查日期是否有效。如果日期无效，则会
    // 产生 ParseException 异常
    // 创建一个简单日期格式对象，注意：MM 一定要用大写
    // 这是用户输入日期的格式：年-月，如 2010-7、2009-10 等
    SimpleDateFormat sdf = new SimpleDateFormat("yyyy-MM");
    // 将字符串转换为日期
    sdf.parse(tf_publish_time.getText());
    // -------------------------------------------------
    float price = Float.parseFloat(tf_price.getText());
    int stock = Integer.parseInt(tf_stock.getText());
    String sql = "update book set bookname='" + bookname
            + "',booktype='" + booktype + "',author='" + author
            + "',translator='" + translator + "',publisher='"
            + publisher + "',publish_time='" + publish_time
            + "',price='" + price + "',stock='" + stock
            + "' where id='" + id + "'";
    int i = DbOp.executeUpdate(sql);
    if (i == 1) {
        JOptionPane.showMessageDialog(null, "图书信息修改成功！");
        // 清空全部文本框
        clearAllTextfield();
    } else
        JOptionPane.showMessageDialog(null, "数据有误，图书信息修改失败！");
} catch (ParseException e2) {
    JOptionPane.showMessageDialog(null, "出版时间格式错误（年—月）！");
} catch (NumberFormatException e1) {
    JOptionPane.showMessageDialog(null, "价格或库存数量错误，应为数字！");
}
```

```
        }
        // 清空全部文本框
        private void clearAllTextfield() {
                tf_bookid_1.setText("");          tf_bookid.setText("");          tf_bookname.setText("");
                tf_author.setText("");            tf_translator.setText("");      tf_publisher.setText("");
                tf_publish_time.setText("");      tf_price.setText("");           tf_stock.setText("");
        }
}
```

五、BookDelete.java

该模块用于根据图书编号删除所选图书，其画面如图 12-6 所示。执行删除操作时，用户应首先在"图书编号"编辑框中输入要删除的图书编号，然后单击"查询"按钮，调出该图书的相关信息，供用户进行确认。如果确认无误，即可单击"删除"按钮删除所选图书。

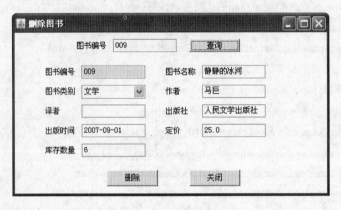

图 12-6　删除图书信息

```java
// BookDelete.java
package MainPro;
import java.awt.*;
import java.awt.event.*;
import javax.swing.JOptionPane;
import PublicModule.*;
public class BookDelete extends Frame {
        private static final long serialVersionUID = 7451605980497182697L;
        Label lbbookid_1 = new Label("图书编号");         Label lbbookid = new Label("图书编号");
        Label lbbookname = new Label("图书名称");          Label lbbooktype = new Label("图书类别");
        Label lbauthor = new Label("作者");               Label lbtranslator = new Label("译者");
        Label lbpublisher = new Label("出版社");           Label lbpublish_time = new Label("出版时间");
        Label lbprice = new Label("定价");                Label lbstock = new Label("库存数量");
        Button saveBtn = new Button("删除");              Button closeBtn = new Button("关闭");
```

```
Button queryBtn = new Button("查询");                    TextField tf_bookid = new TextField();
TextField tf_bookname = new TextField();                TextField tf_author = new TextField();
TextField tf_translator = new TextField();              TextField tf_publisher = new TextField();
TextField tf_publish_time = new TextField();            TextField tf_price = new TextField();
TextField tf_stock = new TextField();                   TextField tf_bookid1 = new TextField();
Choice tf_booktype = new Choice();
public BookDelete() {
    setLayout(null);
    setTitle("删除图书");
    setSize(500, 280);
    lbbookid_1.setBounds(100, 40, 50, 20);// 图书编号
    tf_bookid1.setBounds(160, 40, 100, 20);
    queryBtn.setBounds(280, 40, 80, 20); // 查询按钮
    queryBtn.addActionListener(new ActionListener() {
        public void actionPerformed(ActionEvent e) {
            btn_queryActionPerformed(e);
        }
    });
    lbbookid.setBounds(50, 80, 50, 20); // 图书编号
    tf_bookid.setBounds(110, 80, 100, 20);
    lbbookname.setBounds(240, 80, 50, 20); // 图书名称
    tf_bookname.setBounds(300, 80, 100, 20);
    lbbooktype.setBounds(50, 110, 50, 20); // 图书类别
    tf_booktype.setBounds(110, 110, 100, 20);
    tf_booktype.add("科技");
    tf_booktype.add("文学");
    tf_booktype.add("社科");
    tf_booktype.add("其他");
    lbauthor.setBounds(240, 110, 50, 20); // 作者
    tf_author.setBounds(300, 110, 100, 20);
    lbtranslator.setBounds(50, 140, 50, 20); // 译者
    tf_translator.setBounds(110, 140, 100, 20);
    lbpublisher.setBounds(240, 140, 50, 20); // 出版社
    tf_publisher.setBounds(300, 140, 100, 20);
    lbpublish_time.setBounds(50, 170, 50, 20); // 出版时间
    tf_publish_time.setBounds(110, 170, 100, 20);
    lbprice.setBounds(240, 170, 50, 20); // 价格
    tf_price.setBounds(300, 170, 100, 20);
    lbstock.setBounds(50, 200, 50, 20);// 库存数量
```

```
        tf_stock.setBounds(110, 200, 100, 20);
        saveBtn.setBounds(150, 240, 80, 25); // 删除按钮
        saveBtn.addActionListener(new ActionListener() {
            public void actionPerformed(ActionEvent e) {
                btn_delActionPerformed(e);
            }
        });
        closeBtn.setBounds(280, 240, 80, 25); // 关闭按钮
        closeBtn.addActionListener(new ActionListener() {
            public void actionPerformed(ActionEvent e) {
                dispose(); // 释放当前窗体
            }
        });
        /* 关闭窗口 */
        this.addWindowListener(new WindowAdapter() {
            // 重写 windowClosing()方法
            public void windowClosing(WindowEvent e) {
                dispose(); // 释放当前窗体
            }
        });
        add(lbbookid); // 将各组件增加到窗体中
        add(lbbookid_1);        add(lbbookname);        add(lbbooktype);
        add(lbautnor);          add(lbtranslator);      add(lbpublisher);
        add(lbpublish_time);    add(lbprice);           add(lbstock);
        add(saveBtn);           add(closeBtn);          add(queryBtn);
        add(tf_bookid);         add(tf_bookname);       add(tf_author);
        add(tf_translator);     add(tf_publisher);      add(tf_publish_time);
        add(tf_price);          add(tf_stock);          add(tf_bookid1);
        add(tf_booktype);
        setLocationRelativeTo(null); // 使窗体在屏幕上居中放置
        setVisible(true); // 使窗体可见
    }
    private void btn_delActionPerformed(ActionEvent e) {
        String id = tf_bookid.getText();
        // 如果图书编号为空，则删除操作终止
        if (id.equals("")) {
            JOptionPane.showMessageDialog(null, "图书编号不能为空！");
            return;
        }
```

```java
        String sql = "delete from book where id='" + id + "'";
        int i = DbOp.executeUpdate(sql);
        if (i == 1) {
            JOptionPane.showMessageDialog(null, "图书信息删除成功!");
            // 清空全部文本框
            clearAllTextfield();
        } else
            JOptionPane.showMessageDialog(null, "图书信息删除失败！");
    }
    private void btn_queryActionPerformed(ActionEvent e) {
        String id = tf_bookid1.getText();
        // 如果图书编号为空，则查询操作终止
        if (id.equals("")) {
            JOptionPane.showMessageDialog(null, "图书编号不能为空！");
            return;
        }
        // 按编号查询图书，结果存入 book 对象中
        Book book = BookSelect.SelectBookById(id);
        // 如果查询到结果，将其显示在各文本框中
        if (book != null) {
            tf_bookid.setText(book.getId());
            tf_bookid.setEditable(false);
            tf_bookname.setText(book.getBookname());
            // 将 Choice 的选定项设置为其名称等于指定字符串的项
            tf_booktype.select(book.getBooktype());
            tf_author.setText(book.getAuthor());
            tf_translator.setText(book.getTranslator());
            tf_publisher.setText(book.getPublisher());
            tf_publish_time.setText(book.getPublish_time().toString());
            tf_price.setText(String.valueOf((book.getPrice())));
            tf_stock.setText(String.valueOf(book.getStock()));
        } else
            JOptionPane.showMessageDialog(null, "图书编号有误，查无此书！");
    }
    // 清空全部文本框
    private void clearAllTextfield() {
        tf_bookid1.setText("");        tf_bookid.setText("");        tf_bookname.setText("");
        tf_author.setText("");         tf_translator.setText("");    tf_publisher.setText("");
        tf_publish_time.setText("");   tf_price.setText("");         tf_stock.setText("");
```

```
    }
}
```

六、BookQuery.java

该模块用于根据图书名称、作者、出版社、出版时间等信息进行图书查询，其操作界面如图 12-7 所示。这四个条件之间的关系为逻辑与关系。如果在某个编辑框中不输入内容，则忽略该条件。如果在四个编辑框中均不输入任何内容，表示显示全部图书信息。

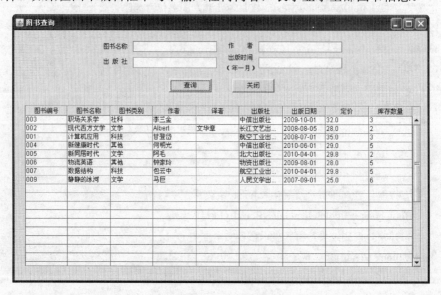

图 12-7　图书信息查询画面

设计该模块的难点在于如何根据输入的条件生成合适的 SQL 语句。另外，本程序还向读者演示了表格的创建和使用方法。

```java
// BookQuery.java
package MainPro;
import java.awt.*;
import java.awt.event.*;
import java.sql.*;
import java.text.*;
import java.util.*;
import java.util.Date;
import javax.swing.*;
import PublicModule.*;
public class BookQuery extends JFrame {
    private static final long serialVersionUID = -3045513015088987091L;
    JTable table;
    JScrollPane scrollPane;
```

```java
Label lbbookname = new Label("图书名称");        Label lbauthor = new Label("作        者");
Label lbpublisher = new Label("出   版   社");   Label lbpublish_time = new Label("出版时间");
Label lbnotes = new Label("（年—月）");          TextField tf_bookname = new TextField("");
TextField tf_author = new TextField("");         TextField tf_publisher = new TextField("");
TextField tf_publish_time = new TextField("");   Button queryBtn = new Button("查询");
Button closeBtn = new Button("关闭");
String[] heads = { "图书编号", "图书名称", "图书类别", "作者", "译者",
        "出版社", "出版日期", "定价",   "库存数量" };
// 构造方法
public BookQuery() {
    setTitle("图书查询"); // 设置窗体标题
    setSize(800, 500); // 设置窗体尺寸
    setLayout(null); // 取消窗体布局
    lbbookname.setBounds(170, 20, 50, 20); // 书名
    tf_bookname.setBounds(230, 20, 160, 20);
    lbauthor.setBounds(410, 20, 50, 20); // 作者
    tf_author.setBounds(470, 20, 160, 20);
    lbpublisher.setBounds(170, 50, 50, 20); // 出版社
    tf_publisher.setBounds(230, 50, 160, 20);
    lbpublish_time.setBounds(410, 40, 50, 20); // 出版时间
    lbnotes.setBounds(405, 60, 60, 20);
    tf_publish_time.setBounds(470, 50, 160, 20);
    queryBtn.setBounds(300, 90, 80, 25); // 查询按钮
    queryBtn.addActionListener(new ActionListener() {
        public void actionPerformed(ActionEvent e) {
            btn_queryActionPerformed(e);
        }
    });
    closeBtn.setBounds(420, 90, 80, 25);// 关闭按钮
    closeBtn.addActionListener(new ActionListener() {
        public void actionPerformed(ActionEvent e) {
            dispose(); // 释放当前窗体
        }
    });
    /* 关闭窗口 */
    this.addWindowListener(new WindowAdapter() {
        // 重写 windowClosing()方法
        public void windowClosing(WindowEvent e) {
            dispose(); // 释放当前窗体
```

```
                }
        });
        add(lbbookname); // 将各组件添加到窗体中
        add(tf_bookname);          add(lbauthor);          add(tf_author);
        add(lbpublisher);          add(tf_publisher);      add(lbpublish_time);
        add(lbnotes);              add(tf_publish_time);   add(queryBtn);
        add(closeBtn);
        setLocationRelativeTo(null); // 使窗体在屏幕上居中放置
        setVisible(true); // 使窗体可见
    }
    private void btn_queryActionPerformed(ActionEvent e) {
        try {
            String bookname, author, publisher, publishtime;
            String sql, sql1, sql2, sql3, sql4, sql5;
            String pubyear, pubmonth;
            bookname = tf_bookname.getText();
            author = tf_author.getText();
            publisher = tf_publisher.getText();
            publishtime = tf_publish_time.getText();
            // 创建一条基本的 SQL 语句，表示选出表中全部记录
            sql = "select * from book ";
            // 如果书名不空，生成 sql1 字句
            if (bookname.equals(""))
                sql1 = "";
            else
                sql1 = " bookname like '" + bookname + "%' ";
            // 如果作者不空，生成 sql2 字句
            if (author.equals(""))
                sql2 = "";
            else {
                sql2 = " author like '" + author + "%' ";
                if (!bookname.equals("")) // 如果书名不为空
                    sql2 = " and " + sql2;
            }
            // 如果出版社不空，生成 sql3 字句
            if (publisher.equals(""))
                sql3 = "";
            else {
                sql3 = "publisher like '" + publisher + "%' ";
```

```java
        // 如果书名和作者有一项不为空
        if (!(bookname.equals("") && author.equals("")))
            sql3 = " and " + sql3;
}
// 如果出版日期不空，生成 sql4 字句
if (publishtime.equals("")) {
    sql4 = "";
} else {
    // 创建一个简单日期格式对象，注意：MM 一定要用大写
    // 这是用户输入日期的格式：年-月，如 2010-7、2009-10 等
    SimpleDateFormat sdf = new SimpleDateFormat("yyyy-MM");
    // 创建一个 Calendar 对象
    Calendar cal = new GregorianCalendar();
    // 将字符串转换为日期
    Date pubtime = sdf.parse(tf_publish_time.getText());
    // 使用给定日期设置 cal 的时间
    cal.setTime(pubtime);
    // 获取年
    pubyear = String.valueOf(cal.get(Calendar.YEAR));
    // 获取月
    pubmonth = String.valueOf(cal.get(Calendar.MONTH) + 1);
    sql4 = " year(publish_time)=" + pubyear + " and ";
    sql4 = sql4 + "month(publish_time)=" + pubmonth;
    // 如果书名、作者或出版社有一项不为空
    if (!(bookname.equals("") && author.equals("") && publisher
            .equals("")))
        sql4 = " and " + sql4;
}
sql5 = sql1 + sql2 + sql3 + sql4;
// 如果已设置任意一项条件，则修改 SQL 语句
if (!sql5.equals("")) {
    sql = sql + " where " + sql5;
}
// 执行查询
ResultSet rs = DbOp.executeQuery(sql);
// 创建一个对象二维数组
Object[][] bookq = new Object[30][heads.length];
int i = 0; // 定义一个变量
while (rs.next()) { // 将查询结果赋予 Book 数组
```

```
                    bookq[i][0] = rs.getString("id");         bookq[i][1] = rs.getString("bookname");
                    bookq[i][2] = rs.getString("booktype");      bookq[i][3] = rs.getString("author");
                    bookq[i][4] = rs.getString("translator");      bookq[i][5] = rs.getString("publisher");
                    bookq[i][6] = rs.getDate("publish_time");     bookq[i][7] = rs.getFloat("price");
                    bookq[i][8] = rs.getInt("stock");
                    i++;
                }
                table = new JTable(bookq, heads); // 创建一个表格
                // 创建一个显示表格的 JScrollPane
                scrollPane = new JScrollPane(table);
                // 设置 JScrollPane 的位置和尺寸
                scrollPane.setBounds(20, 140, 760, 300);
                // 将 JScrollPane 添加到窗体中
                add(scrollPane);
            } catch (ParseException e2) {
                JOptionPane.showMessageDialog(null, "出版时间格式错误（年—月）! ");
            } catch (SQLException e1) {
                JOptionPane.showMessageDialog(null, "数据库不存在，或存在错误! ");
            }
        }
    }
}
```

七、读者信息的录入、修改、删除和查询模块

读者信息的录入、修改、删除和查询模块与图书相关模块在功能和设计上完全类似，故下面仅给出其源代码。

（1）ReaderAdd.java 类代码

```
// ReaderAdd.java
package MainPro;
import java.awt.*;                    import java.awt.event.*;
import java.sql.ResultSet;            import java.sql.SQLException;
import javax.swing.JOptionPane;   import PublicModule.*;
public class ReaderAdd extends Frame {
    private static final long serialVersionUID = -2399939451497711745L;
    Label lbreaderid = new Label("读者编号");     Label lbreadername = new Label("读者姓名");
    Label lbreadertype = new Label("读者类别"); Label lbsex = new Label("性别");
    Label lbmax_num = new Label("可借数量"); Label lbdays_num = new Label("可借天数");
    TextField tf_readerid = new TextField();        TextField tf_readername = new TextField();
    TextField tf_max_num = new TextField();        TextField tf_days_num = new TextField();
```

```java
Choice tf_readertype = new Choice();              Choice tf_sex = new Choice();
Button saveBtn = new Button("保存");              Button closeBtn = new Button("关闭");
public ReaderAdd() {
    setLayout(null);
    setTitle("添加读者信息");
    setSize(500, 200);
    lbreaderid.setBounds(50, 50, 50, 20); // 读者编号
    tf_readerid.setBounds(110, 50, 100, 20);
    lbreadername.setBounds(240, 50, 50, 20); // 读者姓名
    tf_readername.setBounds(300, 50, 100, 20);
    lbreadertype.setBounds(50, 80, 50, 20); // 读者类别
    tf_readertype.setBounds(110, 80, 100, 20);
    tf_readertype.add("教师");
    tf_readertype.add("学生");
    tf_readertype.add("职工");
    lbsex.setBounds(240, 80, 50, 20); // 性别
    tf_sex.setBounds(300, 80, 100, 20);
    tf_sex.add("男");
    tf_sex.add("女");
    lbmax_num.setBounds(50, 110, 50, 20); // 最大可借数
    tf_max_num.setBounds(110, 110, 100, 20);
    lbdays_num.setBounds(240, 110, 50, 20); // 最大可借天数
    tf_days_num.setBounds(300, 110, 100, 20);
    saveBtn.setBounds(150, 150, 80, 25); // 保存按钮
    saveBtn.addActionListener(new ActionListener() {
        public void actionPerformed(ActionEvent e) {
            btn_saveActionPerformed(e);
        }
    });
    closeBtn.setBounds(280, 150, 80, 25);// 关闭按钮
    closeBtn.addActionListener(new ActionListener() {
        public void actionPerformed(ActionEvent e) {
            dispose(); // 释放当前窗体
        }
    });
    /* 关闭窗口 */
    this.addWindowListener(new WindowAdapter() {
        // 重写 windowClosing()方法
        public void windowClosing(WindowEvent e) {
```

```
                    dispose(); // 释放当前窗体
            }
        });
        add(lbreaderid);        add(lbreadername);      add(lbreadertype);      add(lbsex);
        add(lbmax_num);         add(lbdays_num);        add(tf_readerid);       add(tf_readername);
        add(tf_max_num);        add(tf_days_num);       add(tf_readertype);     add(tf_sex);
        add(saveBtn);           add(closeBtn);
        setLocationRelativeTo(null); // 使窗体在屏幕上居中放置
        setVisible(true); // 使窗体可见
    }
    private void btn_saveActionPerformed(ActionEvent e) {
        String id = tf_readerid.getText();
        String name = tf_readername.getName();
        String type = tf_readertype.getSelectedItem().toString();
        String sex = tf_sex.getSelectedItem().toString();
        // 如果读者编号为空，则终止保存记录操作
        if (id.equals("")) {
            JOptionPane.showMessageDialog(null, "读者编号不能为空！");
            return;
        }
        // 如果读者编号重复，则记录无效，需修改读者编号
        if (IfReaderIdExit(id)) {
            JOptionPane.showMessageDialog(null, "读者编号重复！");
            return;
        }
        try {
            int max_num = Integer.parseInt(tf_max_num.getText());
            int days_num = Integer.parseInt(tf_days_num.getText());
            String sql = "insert into reader(id,name,type,sex,"
                    + "max_num,days_num) values('" + id + "','" + name + "','"
                    + type + "','" + sex + "','" + max_num + "','" + days_num
                    + "')";
            int i = DbOp.executeUpdate(sql);
            if (i == 1) {
                JOptionPane.showMessageDialog(null, "读者添加成功！");
                // 清空全部文本框
                clearAllTextfield();
            }
        } catch (NumberFormatException e1) {
```

```
                    JOptionPane.showMessageDialog(null, "最大可借数或"
                            + "最大可借天数错误，应为整数！");
            }
    }
    // 判断 Reader 表中是否存在指定编号的读者，如果存在，返回 true，否则，返回 false
    private boolean IfReaderIdExit(String id) {
        String sql = "select * from reader where id='" + id + "'";
        ResultSet rs = DbOp.executeQuery(sql);
        try {
            if (rs.next())
                    return true;
            else
                    return false;
        } catch (SQLException e) {
                JOptionPane.showMessageDialog(null, "无法正常读取数据库！");
        }
        return false;
    }
    // 清空全部文本框
    private void clearAllTextfield() {
        tf_readerid.setText("");        tf_readername.setText("");
        tf_max_num.setText("");         tf_days_num.setText("");
    }
}
```

（2）ReaderUpdate.java 类代码

```
// ReaderUpdate.java
package MainPro;
import java.awt.*;                      import java.awt.event.*;
import javax.swing.JOptionPane;         import PublicModule.*;
public class ReaderUpdate extends Frame {
    private static final long serialVersionUID = -4657058729583467505L;
    Label lbreaderid_1 = new Label("读者编号");        Label lbreaderid = new Label("读者编号");
    Label lbreadername = new Label("读者姓名");         Label lbreadertype = new Label("读者类别");
    Label lbsex = new Label("性别");                    Label lbmax_num = new Label("可借数量");
    Label lbdays_num = new Label("可借天数");           TextField tf_readerid1 = new TextField();
    TextField tf_readerid = new TextField();           TextField tf_readername = new TextField();
    TextField tf_max_num = new TextField();            TextField tf_days_num = new TextField();
    Choice tf_readertype = new Choice();               Choice tf_sex = new Choice();
    Button queryBtn = new Button("查询");              Button saveBtn = new Button("保存");
```

```java
Button closeBtn = new Button("关闭");
public ReaderUpdate() {
    setLayout(null);
    setTitle("修改读者信息");
    setSize(500, 240);
    lbreaderid_1.setBounds(100, 40, 50, 20); // 读者编号
    tf_readerid1.setBounds(160, 40, 100, 20);
    queryBtn.setBounds(290, 40, 80, 20); // 查询按钮
    queryBtn.addActionListener(new ActionListener() {
        public void actionPerformed(ActionEvent e) {
            btn_queryActionPerformed(e);
        }
    });
    lbreaderid.setBounds(50, 80, 50, 20); // 读者编号
    tf_readerid.setBounds(110, 80, 100, 20);
    tf_readerid.setEditable(false); // 禁止修改读者编号
    lbreadername.setBounds(240, 80, 50, 20); // 读者姓名
    tf_readername.setBounds(300, 80, 100, 20);
    lbreadertype.setBounds(50, 110, 50, 20); // 读者类别
    tf_readertype.setBounds(110, 110, 100, 20);
    tf_readertype.add("教师");
    tf_readertype.add("学生");
    tf_readertype.add("职工");
    lbsex.setBounds(240, 110, 50, 20); // 性别
    tf_sex.setBounds(300, 110, 100, 20);
    tf_sex.add("男");
    tf_sex.add("女");
    lbmax_num.setBounds(50, 140, 50, 20); // 最大可借数
    tf_max_num.setBounds(110, 140, 100, 20);
    lbdays_num.setBounds(240, 140, 50, 20); // 最大可借天数
    tf_days_num.setBounds(300, 140, 100, 20);
    saveBtn.setBounds(150, 180, 80, 25); // 保存按钮
    saveBtn.addActionListener(new ActionListener() {
        public void actionPerformed(ActionEvent e) {
            btn_saveActionPerformed(e);
        }
    });
    closeBtn.setBounds(280, 180, 80, 25);// 关闭按钮
    closeBtn.addActionListener(new ActionListener() {
```

```
            public void actionPerformed(ActionEvent e) {
                    dispose(); // 释放当前窗体
            }
        });
        /* 关闭窗口 */
        this.addWindowListener(new WindowAdapter() {
            // 重写 windowClosing()方法
            public void windowClosing(WindowEvent e) {
                    dispose(); // 释放当前窗体
            }
        });
        add(lbreaderid_1);      add(lbreaderid);        add(lbreadername);      add(lbreadertype);
        add(lbsex);             add(lbmax_num);         add(lbdays_num);        add(tf_readerid1);
        add(tf_readerid);
        add(tf_readername);     add(tf_max_num);        add(tf_days_num);       add(tf_readertype);
        add(tf_sex);            add(saveBtn);           add(closeBtn);          add(queryBtn);
        setLocationRelativeTo(null); // 使窗体在屏幕上居中放置
        setVisible(true); // 使窗体可见
}
private void btn_queryActionPerformed(ActionEvent e) {
        String id = tf_readerid1.getText();
        // 如果读者编号为空，则终止查询操作
        if (id.equals("")) {
                JOptionPane.showMessageDialog(null, "读者编号不能为空！");
                return;
        }
        // 按编号查询读者，结果存入 reader 对象中
        Reader reader = ReaderSelect.selectReaderById(id);
        // 如果查询到结果，将其显示在各文本框中
        if (reader != null) {
                tf_readerid.setText(reader.getId());
                tf_readername.setText(reader.getReadername());
                // 将 Choice 的选定项设置为其名称等于指定字符串的项
                tf_readertype.select(reader.getReadertype());
                tf_sex.select(reader.getSex());
                tf_days_num.setText(String.valueOf(reader.getDays_num()));
                tf_max_num.setText(String.valueOf(reader.getMax_num()));
        } else
                JOptionPane.showMessageDialog(null, "读者编号有误，查无此人！");
```

```java
    }
    private void btn_saveActionPerformed(ActionEvent e) {
        String id = tf_readerid.getText();
        String readername = tf_readername.getText();
        String readertype = tf_readertype.getSelectedItem().toString();
        // 如果读者编号为空，则终止保存记录操作
        if (id.equals("")) {
            JOptionPane.showMessageDialog(null, "读者编号不能为空！");
            return;
        }
        try {
            int max_num = Integer.parseInt(tf_max_num.getText());
            int days_num = Integer.parseInt(tf_days_num.getText());
            String sex = tf_sex.getSelectedItem().toString();
            String sql = "update reader set readername='" + readername
                        + "',readertype='" + readertype + "',days_num='" + days_num
                        + "',sex='" + sex + "',max_num='" + max_num
                        + "' where id='" + id + "'";
            int i = DbOp.executeUpdate(sql);
            if (i == 1) {
                JOptionPane.showMessageDialog(null, "读者信息修改成功！");
                // 清空全部文本框
                clearAllTextfield();
            } else
                JOptionPane.showMessageDialog(null, "读者信息修改失败！");
        } catch (NumberFormatException e1) {
            JOptionPane.showMessageDialog(null, "最大可借数或最大可借"
                        + "天数错误，应为整数！");
        }
    }
    // 清空全部文本框
    private void clearAllTextfield() {
        tf_readerid1.setText("");           tf_readerid.setText("");
        tf_readername.setText("");          tf_max_num.setText("");
        tf_days_num.setText("");
    }
}
```

（3）ReaderDelete.java 类代码

```java
// ReaderDelete.java
```

```java
package MainPro;
import java.awt.*;
import java.awt.event.*;
import javax.swing.JOptionPane;
import PublicModule.*;
public class ReaderDelete extends Frame {
    private static final long serialVersionUID = 8992814149454286463L;
    Label lbreaderid = new Label("读者编号");          Label lbreaderid_1 = new Label("读者编号");
    Label lbreadername = new Label("读者姓名");        Label lbreadertype = new Label("读者类别");
    Label lbsex = new Label("性别");                   Label lbmax_num = new Label("可借数量");
    Label lbdays_num = new Label("可借天数");          TextField tf_readerid = new TextField();
    TextField tf_readername = new TextField();         TextField tf_max_num = new TextField();
    TextField tf_days_num = new TextField();           TextField tf_readerid1 = new TextField();
    Choice tf_readertype = new Choice();               Choice tf_sex = new Choice();
    Button queryBtn = new Button("查询");              Button delBtn = new Button("删除");
    Button closeBtn = new Button("关闭");              public ReaderDelete() {
        setLayout(null);
        setTitle("删除读者信息");
        setSize(500, 240);
        lbreaderid_1.setBounds(100, 40, 50, 20); // 读者编号
        tf_readerid1.setBounds(160, 40, 100, 20);
        queryBtn.setBounds(290, 40, 80, 20); // 查询按钮
        queryBtn.addActionListener(new ActionListener() {
            public void actionPerformed(ActionEvent e) {
                btn_queryActionPerformed(e);
            }
        });
        lbreaderid.setBounds(50, 80, 50, 20); // 读者编号
        tf_readerid.setBounds(110, 80, 100, 20);
        lbreadername.setBounds(240, 80, 50, 20); // 读者姓名
        tf_readername.setBounds(300, 80, 100, 20);
        lbreadertype.setBounds(50, 110, 50, 20); // 读者类别
        tf_readertype.setBounds(110, 110, 100, 20);
        tf_readertype.add("教师");
        tf_readertype.add("学生");
        tf_readertype.add("职工");
        lbsex.setBounds(240, 110, 50, 20); // 性别
        tf_sex.setBounds(300, 110, 100, 20);
        tf_sex.add("男");
```

```java
        tf_sex.add("女");
        lbmax_num.setBounds(50, 140, 50, 20); // 最大可借数
        tf_max_num.setBounds(110, 140, 100, 20);
        lbdays_num.setBounds(240, 140, 50, 20); // 最大可借天数
        tf_days_num.setBounds(300, 140, 100, 20);
        delBtn.setBounds(150, 180, 80, 25); // 删除按钮
        delBtn.addActionListener(new ActionListener() {
            public void actionPerformed(ActionEvent e) {
                btn_delActionPerformed(e);
            }
        });
        closeBtn.setBounds(280, 180, 80, 25); // 关闭按钮
        closeBtn.addActionListener(new ActionListener() {
            public void actionPerformed(ActionEvent e) {
                dispose(); // 释放当前窗体
            }
        });
        /* 关闭窗口 */
        this.addWindowListener(new WindowAdapter() {
            // 重写 windowClosing()方法
            public void windowClosing(WindowEvent e) {
                dispose(); // 释放当前窗体
            }
        });
        add(lbreaderid); // 将各组件添加到窗体中
        add(lbreaderid_1);          add(lbreadername);          add(lbreadertype);
        add(lbsex);                 add(lbmax_num);             add(lbdays_num);
        add(tf_readerid);           add(tf_readername);         add(tf_max_num);
        add(tf_days_num);           add(tf_readerid1);          add(tf_readertype);
        add(tf_sex);                add(delBtn);                add(closeBtn);
        add(queryBtn);
        setLocationRelativeTo(null); // 使窗体在屏幕上居中放置
        setVisible(true); // 使窗体可见
    }
    private void btn_delActionPerformed(ActionEvent e) {
        String id = tf_readerid.getText();
        // 如果读者编号为空，则终止删除操作
        if (id.equals("")) {
            JOptionPane.showMessageDialog(null, "读者编号不能为空！");
```

```
                return;
        }
        String sql = "delete from reader where id='" + id + "'";
        int i = DbOp.executeUpdate(sql);
        if (i == 1) {
                JOptionPane.showMessageDialog(null, "读者信息删除成功！ ");
                // 清空全部文本框
                clearAllTextfield();
        } else
                JOptionPane.showMessageDialog(null, "读者编号有误，查无此人！ ");
    }
    private void btn_queryActionPerformed(ActionEvent e) {
        String id = tf_readerid1.getText();
        if (id.equals("")) {
                JOptionPane.showMessageDialog(null, "读者编号不能为空！ ");
                return;
        }
        // 按编号查询读者，结果存入 reader 对象中
        Reader reader = ReaderSelect.selectReaderById(id);
        // 如果查询到结果，将其显示在各文本框中
        if (reader != null) {
                tf_readerid.setText(reader.getId());
                tf_readerid.setEditable(false);
                tf_readername.setText(reader.getReadername());
                // 将 Choice 的选定项设置为其名称等于指定字符串的项
                tf_readertype.select(reader.getReadertype());
                tf_sex.select(reader.getSex());
                tf_max_num.setText(String.valueOf(reader.getMax_num()));
                tf_days_num.setText(String.valueOf(reader.getDays_num()));
        } else
                JOptionPane.showMessageDialog(null, "读者编号有误，查无此人！ ");
    }
    // 清空全部文本框
    private void clearAllTextfield() {
        tf_readerid1.setText("");            tf_readerid.setText("");
        tf_readername.setText("");           tf_max_num.setText("");
        tf_days_num.setText("");
    }
}
```

（4）ReaderQuery.java 类代码

```java
// ReaderQuery.java
package MainPro;
import java.awt.*;                import java.awt.event.*;
import java.sql.*;                import javax.swing.*;
import PublicModule.*;
public class ReaderQuery extends JFrame {
    private static final long serialVersionUID = -7717113202745852409L;
    JTable table;
    JScrollPane scrollPane;
    Label lbreadername = new Label("读者姓名");    Label lbreadertype = new Label("读者类型");
    TextField tf_readername = new TextField("");    TextField tf_readertype = new TextField("");
    Button queryBtn = new Button("查询");          Button closeBtn = new Button("关闭");
    String[] heads = { "读者编号", "读者姓名", "读者类型", "读者性别", "最大可借数", "可借天数" };
    // 构造方法
    public ReaderQuery() {
        setTitle("读者查询"); // 设置窗体标题
        setSize(600, 500); // 设置窗体尺寸
        setLayout(null); // 取消窗体布局
        lbreadername.setBounds(70, 20, 50, 20); // 读者姓名
        tf_readername.setBounds(130, 20, 160, 20);
        lbreadertype.setBounds(310, 20, 50, 20); // 读者类别
        tf_readertype.setBounds(370, 20, 160, 20);
        queryBtn.setBounds(200, 60, 80, 25); // 查询按钮
        queryBtn.addActionListener(new ActionListener() {
            public void actionPerformed(ActionEvent e) {
                btn_queryActionPerformed(e);
            }
        });
        closeBtn.setBounds(320, 60, 80, 25); // 关闭按钮
        closeBtn.addActionListener(new ActionListener() {
            public void actionPerformed(ActionEvent e) {
                dispose(); // 释放当前窗体
            }
        });
        /* 关闭窗口 */
        this.addWindowListener(new WindowAdapter() {
            // 重写 windowClosing()方法
            public void windowClosing(WindowEvent e) {
```

```
                    dispose(); // 释放当前窗体
                }
            });
        add(lbreadername); // 将各组件添加到窗体中
        add(tf_readername);          add(lbreadertype);
        add(tf_readertype);          add(queryBtn);
        add(closeBtn);
        setLocationRelativeTo(null); // 使窗体在屏幕上居中放置
        setVisible(true); // 使窗体可见
}
private void btn_queryActionPerformed(ActionEvent e) {
    try {
        String readername, readertype;
        String sql, sql1, sql2, sql3;
        readername = tf_readername.getText();
        readertype = tf_readertype.getText();
        // 创建一条基本的 SQL 语句，表示选出表中全部记录
        sql = "select * from reader ";
        // 如果读者姓名不空，生成 sql1 字句
        if (readername.equals(""))
            sql1 = "";
        else
            sql1 = " readername like '" + readername + "%' ";
        // 如果作者不空，生成 sql2 字句
        if (readertype.equals(""))
            sql2 = "";
        else {
            sql2 = " readertype like '" + readertype + "%' ";
            if (!readername.equals("")) // 如果书名不为空
                sql2 = " and " + sql2;
        }
        sql3 = sql1 + sql2;
        // 如果已设置任意一项条件，则修改 SQL 语句
        if (!sql3.equals("")) {
            sql = sql + " where " + sql3;
        }
        // 执行查询
        ResultSet rs = DbOp.executeQuery(sql);
        // 创建一个对象二维数组
```

```
        Object[][] readerq = new Object[30][heads.length];
        int i = 0; // 定义一个变量
        while (rs.next()) { // 将查询结果赋予 Book 数组
            readerq[i][0] = rs.getString("id");
            readerq[i][1] = rs.getString("readername");
            readerq[i][2] = rs.getString("readertype");
            readerq[i][3] = rs.getString("sex");
            readerq[i][4] = rs.getString("max_num");
            readerq[i][5] = rs.getString("days_num");
            i++;
        }
        table = new JTable(readerq, heads); // 创建一个表格
        // 创建一个显示表格的 JScrollPane
        scrollPane = new JScrollPane(table);
        // 设置 JScrollPane 的位置和尺寸
        scrollPane.setBounds(20, 120, 560, 300);
        // 将 JScrollPane 添加到窗体中
        add(scrollPane);
    } catch (SQLException e1) {
        JOptionPane.showMessageDialog(null, "数据库不存在，或存在错误！");
    }
}
}
```

八、Borrow.java

该模块用于执行借书操作，其操作界面如图 12-8 所示。用户应首先输入图书编号和读者编号，然后做如下几个判断：① 所选图书是否存在，是否有库存；② 读者是否借过此书且未归还；③ 读者当前已借且未归还的图书是否超出了允许其最大可借数。如果上述条件都满足，"借出"按钮才有效，单击之可由程序填写借书记录。

```
// Borrow.java
package MainPro;
import java.awt.*;                              import java.awt.event.*;
import java.sql.*;                              import java.text.SimpleDateFormat;
import java.util.Date;                          import javax.swing.JOptionPane;
import PublicModule.*;
public class Borrow extends Frame {
    private static final long serialVersionUID = -1036076990599464079L;
    String SepLine = "-----------------------------------------------";
```

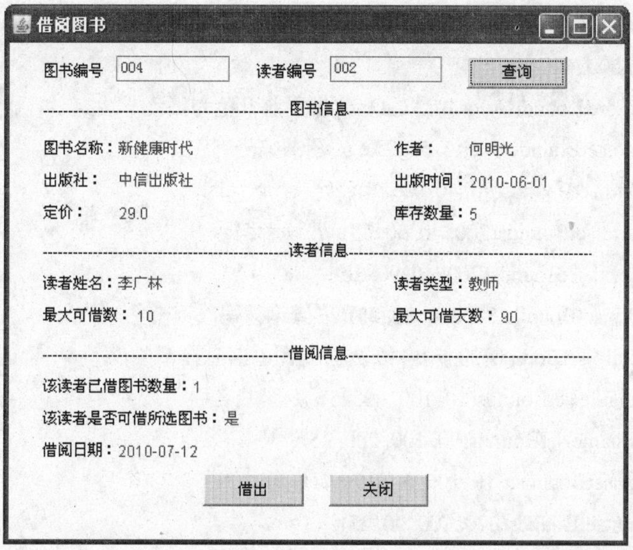

图 12-8　借书界面

```
Label lbbookid = new Label("图书编号");        Label lbreaderid = new Label("读者编号");
TextField tf_bookid = new TextField();          TextField tf_readerid = new TextField();
Button queryBtn = new Button("查询");
Label lbbookinfo = new Label(SepLine + "图书信息" + SepLine);
Label lbbookname = new Label("图书名称：");      Label tf_bookname = new Label("xx");
Label lbauthor = new Label("作者：");            Label tf_author = new Label("xx");
Label lbpublisher = new Label("出版社：");        Label tf_publisher = new Label("xx");
Label lbpublish_time = new Label("出版时间：");  Label tf_publish_time = new Label("xx");
Label lbprice = new Label("定价：");             Label tf_price = new Label("xx");
Label lbstock = new Label("库存数量：");          Label tf_stock = new Label("xx");
Label lbreaderinfo = new Label(SepLine + "读者信息" + SepLine);
Label lbreadername = new Label("读者姓名：");     Label tf_readername = new Label("xx");
Label lbreadertype = new Label("读者类型：");     Label tf_readertype = new Label("xx");
Label lbmax_num = new Label("最大可借数：");    Label tf_max_num = new Label("xx");
Label lbdays_num = new Label("最大可借天数：");      Label tf_days_num = new Label("xx");
Label lbborrowinfo = new Label(SepLine + "借阅信息" + SepLine);
Label lbborrowednum = new Label("该读者已借图书数量：");
Label tf_borrowednum = new Label("xx");
Label lbif_borrow = new Label("该读者是否可借所选图书：");
Label tf_if_borrow = new Label("xx");        Label lbborrow_date = new Label("借阅日期：");
Label tf_borrow_date = new Label("xx");      Button borrowBtn = new Button("借出");
Button closeBtn = new Button("关闭");
public Borrow() {
    setLayout(null);
```

```java
setTitle("借阅图书");
setSize(500, 420);
this.setForeground(Color.BLACK); // 设置前景色为黑色
lbbookid.setBounds(30, 40, 50, 25); // 图书编号
tf_bookid.setBounds(90, 40, 90, 20);
lbreaderid.setBounds(200, 40, 50, 25); // 读者编号
tf_readerid.setBounds(260, 40, 90, 20);
queryBtn.setBounds(370, 40, 80, 25); // 查询按钮
lbbookinfo.setBounds(30, 70, 440, 25); // 图书信息提示条
lbbookname.setBounds(30, 100, 60, 25); // 图书名称
tf_bookname.setBounds(90, 100, 200, 25);
lbauthor.setBounds(310, 100, 60, 25); // 作者
tf_author.setBounds(370, 100, 90, 25);
lbpublisher.setBounds(30, 125, 60, 25); // 出版社
tf_publisher.setBounds(90, 125, 200, 25);
lbpublish_time.setBounds(310, 125, 60, 25); // 出版时间
tf_publish_time.setBounds(370, 125, 90, 25);
lbprice.setBounds(30, 150, 60, 25); // 定价
tf_price.setBounds(90, 150, 200, 25);
lbstock.setBounds(310, 150, 60, 25); // 库存数量
tf_stock.setBounds(370, 150, 90, 25);
lbreaderinfo.setBounds(30, 180, 440, 25); // 读者信息提示条
lbreadername.setBounds(30, 205, 60, 25); // 读者姓名
tf_readername.setBounds(90, 205, 90, 25);
lbreadertype.setBounds(310, 205, 60, 25); // 读者类型
tf_readertype.setBounds(370, 205, 90, 25);
lbmax_num.setBounds(30, 230, 75, 25); // 最大可借数
tf_max_num.setBounds(105, 230, 90, 25);
lbdays_num.setBounds(310, 230, 85, 25); // 最大可借天数
tf_days_num.setBounds(395, 230, 70, 25);
lbborrowinfo.setBounds(30, 260, 440, 25); // 借阅信息提示条
lbborrowednum.setBounds(30, 285, 120, 25);// 已借图书数量
tf_borrowednum.setBounds(150, 285, 50, 25);
lbif_borrow.setBounds(30, 310, 145, 25); // 是否可借
tf_if_borrow.setBounds(175, 310, 50, 25);
lbborrow_date.setBounds(30, 335, 60, 25);// 借书日期
tf_borrow_date.setBounds(90, 335, 100, 25);
borrowBtn.setBounds(160, 365, 80, 25);// 借出按钮
borrowBtn.setEnabled(false); // 开始时禁用借出按钮
```

```
closeBtn.setBounds(260, 365, 80, 25);// 关闭按钮
queryBtn.addActionListener(new ActionListener() {
      public void actionPerformed(ActionEvent e) {
            btn_querywActionPerformed(e);
      }
});
borrowBtn.addActionListener(new ActionListener() {
      public void actionPerformed(ActionEvent e) {
            btn_borrowActionPerformed(e);
      }
});
closeBtn.addActionListener(new ActionListener() {
      public void actionPerformed(ActionEvent e) {
            setForeground(Color.BLACK); // 设置前景色为黑色
            dispose(); // 关闭窗体
      }
});
/* 关闭窗口 */
this.addWindowListener(new WindowAdapter() {
      // 重写 windowClosing()方法
      public void windowClosing(WindowEvent e) {
            setForeground(Color.BLACK); // 设置前景色为黑色
            dispose(); // 关闭窗体
      }
});
add(lbbookid);          add(lbreaderid);        add(queryBtn);          add(lbbookinfo);
add(lbbookname);        add(lbauthor);          add(lbpublisher);       add(lbpublish_time);
add(lbprice);           add(lbstock);           add(lbreaderinfo);      add(lbreadername);
add(lbreadertype);      add(lbmax_num);         add(lbdays_num);        add(lbborrowinfo);
add(lbborrowednum);  add(lbif_borrow);       add(lbborrow_date);     add(borrowBtn);
add(closeBtn);
setLocationRelativeTo(null); // 使窗体在屏幕上居中放置
setVisible(true); // 使窗体可见
setForeground(Color.RED); // 设置前景色为红色
add(tf_bookid);            add(tf_readerid);       add(tf_bookname);
add(tf_author);            add(tf_publisher);      add(tf_publish_time);
add(tf_price);             add(tf_stock);          add(tf_readername);
add(tf_readertype);        add(tf_max_num);        add(tf_days_num);
add(tf_borrowednum);       add(tf_if_borrow);      add(tf_borrow_date);
```

```
    }
    // 图书和读者查询
    private void btn_querywActionPerformed(ActionEvent e) {
        String bookid = tf_bookid.getText();
        String readerid = tf_readerid.getText();
        // 如果图书编号或读者编号两者均为空，或者有一个为空，则返回
        if (bookid.equals("") || readerid.equals("")) {
            JOptionPane.showMessageDialog(null, "图书编号和读者编号均不能为空！");
            init(); // 重新初始化各参数并禁止借出按钮
            return;
        }
        // 按编号查询图书，结果存入 book 对象中
        Book book = BookSelect.SelectBookById(bookid);
        // 如果查询到结果，将其显示在各文本框中
        if (book != null) {
            tf_bookname.setText(book.getBookname());
            tf_author.setText(book.getAuthor());
            tf_publisher.setText(book.getPublisher());
            tf_publish_time.setText(book.getPublish_time().toString());
            tf_price.setText(String.valueOf((book.getPrice())));
            tf_stock.setText(String.valueOf(book.getStock()));
        } else {
            JOptionPane.showMessageDialog(null, "图书编号有误，查无此书！");
            init(); // 重新初始化各参数并禁止借出按钮
            return;
        }
        if (book.getStock() == 0) {
            JOptionPane.showMessageDialog(null, "图书已无库存，无法借阅！");
            init(); // 重新初始化各参数并禁止借出按钮
            return;
        }
        // 按编号查询读者，结果存入 reader 对象中
        Reader reader = ReaderSelect.selectReaderById(readerid);
        // 如果查询到结果，将其显示在各文本框中
        if (reader != null) {
            tf_readername.setText(reader.getReadername());
            tf_readertype.setText(reader.getReadertype());
            tf_max_num.setText(String.valueOf(reader.getMax_num()));
            tf_days_num.setText(String.valueOf(reader.getDays_num()));
```

```java
    } else {
        JOptionPane.showMessageDialog(null, "读者编号有误，查无此人！");
        init(); // 重新初始化各参数并禁止借出按钮
        return;
    }
    // 查询指定读者是否已借过指定图书且未归还
    if (IfBorrowBack.findbook(bookid, readerid)) {
        JOptionPane.showMessageDialog(null, "该读者已借阅所选图书，且未归还！");
        init(); // 重新初始化各参数并禁止借出按钮
        return;
    }
    // 统计读者所借图书数量
    int borrowednum = statborrowednum(readerid);
    tf_borrowednum.setText(String.valueOf(borrowednum));
    // 如果读者已借图书尚未超出其允许最大借书量，则允许其继续借阅所选图书
    if (borrowednum < reader.getMax_num()) {
        tf_if_borrow.setText("是");
        // 创建一个简单日期格式对象，注意：MM 一定要用大写
        SimpleDateFormat sdf = new SimpleDateFormat("yyyy-MM-dd");
        // 创建日期变量，其内容为当前日期
        Date currentdate = new Date();
        // 将日期按指定格式输出
        String borrowdate = sdf.format(currentdate);
        tf_borrow_date.setText(borrowdate);
        borrowBtn.setEnabled(true); // 使借出按钮有效
    } else {
        JOptionPane.showMessageDialog(null, "该读者借书过多，无法继续借阅！");
        init(); // 重新初始化各参数并禁止借出按钮
        return;
    }
}
// 填写借出图书记录
private void btn_borrowActionPerformed(ActionEvent e) {
    String sql;
    String bookid = tf_bookid.getText();
    String readerid = tf_readerid.getText();
    String borrowdate = tf_borrow_date.getText();
    // 为 borrow 表增加借书记录
    sql = "insert into borrow (book_id,reader_id,"
```

```
                        + "borrow_date,if_back) values('" + bookid + "','" + readerid
                        + "','" + borrowdate + "','否')";
            DbOp.executeUpdate(sql);
            // 将该读者所借图书数量加 1
            int iborrowednum = Integer.parseInt(tf_borrowednum.getText()) + 1;
            String cborrowednum = String.valueOf(iborrowednum);
            tf_borrowednum.setText(cborrowednum);
            // 将图书库存数量减 1
            int istock = Integer.parseInt(tf_stock.getText()) - 1;
            String cstock = String.valueOf(istock);
            // 更新画面中的图书库存数量
            tf_stock.setText(cstock);
            // 更新数据库中的图书库存数量
            sql = "update book set stock='" + cstock;
            sql = sql + "' where id='" + bookid + "'";
            DbOp.executeUpdate(sql);
            JOptionPane.showMessageDialog(null, "借书成功！");
            init(); // 重新初始化各参数并禁止借出按钮
}
// 统计某个读者当前已借图书且未归还的数量
private int statborrowednum(String readerid) {
            int borrowednum = 0;
            String reader_id, if_back;
            // 读取数据库中记录
            String sql = "select * from borrow";
            ResultSet rs = DbOp.executeQuery(sql);
            // 执行查询统计操作
            try {
                    while (rs.next()) {
                            reader_id = rs.getString("reader_id");
                            if_back = rs.getString("if_back");
                            if (reader_id.equals(readerid) && if_back.equals("否")) {
                                    borrowednum++;
                            }
                    }
            } catch (SQLException e) {
                    JOptionPane.showMessageDialog(null, "数据库统计失败！");
            }
            return borrowednum;
```

```
    }
    // 初始化各参数项并禁止借出按钮
    private void init() {
        tf_bookname.setText("xx");              tf_author.setText("xx");
        tf_publisher.setText("xx");             tf_publish_time.setText("xx");
        tf_price.setText("xx");                 tf_stock.setText("xx");
        tf_readername.setText("xx");            tf_readertype.setText("xx");
        tf_max_num.setText("xx");               tf_days_num.setText("xx");
        tf_borrowednum.setText("xx");           tf_if_borrow.setText("xx");
        tf_borrow_date.setText("xx");
        borrowBtn.setEnabled(false); // 禁止借出按钮
    }
}
```

九、Back.java

该模块用于完成还书操作，此时只需判断该读者是否曾经借过此书且未归还就可以了，其操作界面如图 12-9 所示。

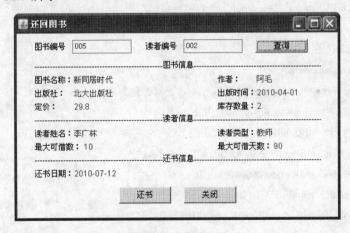

图 12-9　还书界面

```
// Back.java
package MainPro;
import java.awt.*;                          import java.awt.event.*;
import java.text.SimpleDateFormat;          import java.util.Date;
import javax.swing.JOptionPane;             import PublicModule.*;
public class Back extends Frame {
    private static final long serialVersionUID = -1036076990599464079L;
    String SepLine = "-----------------------------------------------";
    Label lbbookid = new Label("图书编号");      Label lbreaderid = new Label("读者编号");
```

```java
TextField tf_bookid = new TextField();          TextField tf_readerid = new TextField();
Button queryBtn = new Button("查询");
Label lbbookinfo = new Label(SepLine + "图书信息" + SepLine);
Label lbbookname = new Label("图书名称：");       Label tf_bookname = new Label("xx");
Label lbauthor = new Label("作者：");             Label tf_author = new Label("xx");
Label lbpublisher = new Label("出版社：");        Label tf_publisher = new Label("xx");
Label lbpublish_time = new Label("出版时间：");   Label tf_publish_time = new Label("xx");
Label lbprice = new Label("定价：");              Label tf_price = new Label("xx");
Label lbstock = new Label("库存数量：");          Label tf_stock = new Label("xx");
Label lbreaderinfo = new Label(SepLine + "读者信息" + SepLine);
Label lbreadername = new Label("读者姓名：");     Label tf_readername = new Label("xx");
Label lbreadertype = new Label("读者类型：");     Label tf_readertype = new Label("xx");
Label lbmax_num = new Label("最大可借数：");      Label tf_max_num = new Label("xx");
Label lbdays_num = new Label("最大可借天数：");   Label tf_days_num = new Label("xx");
Label lbbackinfo = new Label(SepLine + "还书信息" + SepLine);
Label lbback_date = new Label("还书日期：");      Label tf_back_date = new Label("xx");
Button backBtn = new Button("还书");             Button closeBtn = new Button("关闭");
public Back() {
    setLayout(null);
    setTitle("还回图书");
    setSize(500, 310);
    this.setForeground(Color.BLACK); // 设置前景色为黑色
    lbbookid.setBounds(30, 40, 50, 20);// 图书编号
    tf_bookid.setBounds(90, 40, 90, 20);
    lbreaderid.setBounds(200, 40, 50, 20);// 读者编号
    tf_readerid.setBounds(260, 40, 90, 20);
    queryBtn.setBounds(370, 40, 80, 20); // 查询按钮
    lbbookinfo.setBounds(30, 70, 440, 20); // 图书信息提示条
    lbbookname.setBounds(30, 90, 60, 20); // 图书名称
    tf_bookname.setBounds(90, 90, 200, 20);
    lbauthor.setBounds(310, 90, 60, 20); // 作者
    tf_author.setBounds(370, 90, 90, 20);
    lbpublisher.setBounds(30, 110, 60, 20);// 出版社
    tf_publisher.setBounds(90, 110, 200, 20);
    lbpublish_time.setBounds(310, 110, 60, 20);// 出版时间
    tf_publish_time.setBounds(370, 110, 90, 20);
    lbprice.setBounds(30, 130, 60, 20); // 定价
    tf_price.setBounds(90, 130, 200, 20);
    lbstock.setBounds(310, 130, 60, 20); // 库存数量
```

```
        tf_stock.setBounds(370, 130, 90, 20);
        lbreaderinfo.setBounds(30, 150, 440, 20); // 读者信息提示条
        lbreadername.setBounds(30, 170, 60, 20); // 读者姓名
        tf_readername.setBounds(90, 170, 90, 20);
        lbreadertype.setBounds(310, 170, 60, 20); // 读者类型
        tf_readertype.setBounds(370, 170, 90, 20);
        lbmax_num.setBounds(30, 190, 75, 20); // 最大可借数
        tf_max_num.setBounds(105, 190, 90, 20);
        lbdays_num.setBounds(310, 190, 85, 20); // 最大可借天数
        tf_days_num.setBounds(395, 190, 70, 20);
        lbbackinfo.setBounds(30, 210, 440, 20); // 还书信息提示条
        lbback_date.setBounds(30, 230, 60, 20);// 还书日期
        tf_back_date.setBounds(90, 230, 100, 20);
        backBtn.setBounds(160, 260, 80, 25);// 还书按钮
        backBtn.setEnabled(false); // 开始时禁用还书按钮
        closeBtn.setBounds(260, 260, 80, 25);// 关闭按钮
        queryBtn.addActionListener(new ActionListener() {
            public void actionPerformed(ActionEvent e) {
                btn_querywActionPerformed(e);
            }
        });
        backBtn.addActionListener(new ActionListener() {
            public void actionPerformed(ActionEvent e) {
                btn_backActionPerformed(e);
            }
        });
        closeBtn.addActionListener(new ActionListener() {
            public void actionPerformed(ActionEvent e) {
                setForeground(Color.BLACK); // 设置前景色为黑色
                dispose(); // 关闭窗体
            }
        });
        /* 关闭窗口 */
        this.addWindowListener(new WindowAdapter() {
            // 重写 windowClosing()方法
            public void windowClosing(WindowEvent e) {
                setForeground(Color.BLACK); // 设置前景色为黑色
                dispose(); // 关闭窗体
            }
```

```
        });
        add(lbbookid);          add(lbreaderid);          add(queryBtn);          add(lbbookinfo);
        add(lbbookname);        add(lbauthor);            add(lbpublisher);       add(lbpublish_time);
        add(lbprice);           add(lbstock);             add(lbreaderinfo);      add(lbreadername);
        add(lbreadertype);      add(lbmax_num);           add(lbdays_num);        add(lbbackinfo);
        add(lbback_date);       add(backBtn);             add(closeBtn);
        setLocationRelativeTo(null); // 使窗体在屏幕上居中放置
        setVisible(true); // 使窗体可见
        setForeground(Color.RED); // 设置前景色为红色
        add(tf_bookid);         add(tf_readerid);         add(tf_bookname);       add(tf_author);
        add(tf_publisher);      add(tf_publish_time);     add(tf_price);          add(tf_stock);
        add(tf_readername);     add(tf_readertype);       add(tf_max_num);        add(tf_days_num);
        add(tf_back_date);
    }
    // 图书和读者查询
    private void btn_querywActionPerformed(ActionEvent e) {
        String bookid = tf_bookid.getText();
        String readerid = tf_readerid.getText();
        // 如果图书编号或读者编号两者均为空，或者有一个为空，则返回
        if (bookid.equals("") || readerid.equals("")) {
            JOptionPane.showMessageDialog(null, "图书编号和读者编号均不能为空！");
            init(); // 重新初始化各参数并禁止还书按钮
            return;
        }
        // 按编号查询图书，结果存入 book 对象中
        Book book = BookSelect.SelectBookById(bookid);
        // 如果查询到结果，将其显示在各文本框中
        if (book != null) {
            tf_bookname.setText(book.getBookname());
            tf_author.setText(book.getAuthor());
            tf_publisher.setText(book.getPublisher());
            tf_publish_time.setText(book.getPublish_time().toString());
            tf_price.setText(String.valueOf((book.getPrice())));
            tf_stock.setText(String.valueOf(book.getStock()));
        } else {
            JOptionPane.showMessageDialog(null, "图书编号有误，查无此书！");
            init(); // 重新初始化各参数并禁止还书按钮
            return;
        }
```

```java
        // 按编号查询读者，结果存入 reader 对象中
        Reader reader = ReaderSelect.selectReaderById(readerid);
        // 如果查询到结果，将其显示在各文本框中
        if (reader != null) {
                tf_readername.setText(reader.getReadername());
                tf_readertype.setText(reader.getReadertype());
                tf_max_num.setText(String.valueOf(reader.getMax_num()));
                tf_days_num.setText(String.valueOf(reader.getDays_num()));
        } else {
                JOptionPane.showMessageDialog(null, "读者编号有误，查无此人！");
                init(); // 重新初始化各参数并禁止还书按钮
                return;
        }
        // 查询指定读者是否借阅过指定图书，且未归还
        if (!IfBorrowBack.findbook(bookid,readerid)){
                JOptionPane.showMessageDialog(null, "该读者没有借过此种图书！");
                init(); // 重新初始化各参数并禁止还书按钮
                return;
        }
        SimpleDateFormat sdf = new SimpleDateFormat("yyyy-MM-dd");
        // 创建日期变量，其内容为当前日期
        Date currentdate = new Date();
        // 将日期按指定格式输出
        String borrowdate = sdf.format(currentdate);
        tf_back_date.setText(borrowdate);
        backBtn.setEnabled(true); // 使还书按钮有效
}
// 填写还书记录
private void btn_backActionPerformed(ActionEvent e) {
        String sql;
        String bookid = tf_bookid.getText();
        String readerid = tf_readerid.getText();
        String backdate = tf_back_date.getText();
        // 更新 borrow 表记录
        sql = "update borrow set if_back='是',back_date='";
        sql = sql + backdate + "' where ";
        sql = sql + " book_id='" + bookid + "' and ";
        sql = sql + "reader_id='" + readerid + "' and ";
        sql = sql + "if_back='否'";
```

```
        DbOp.executeUpdate(sql);
        // 将图书库存数量加 1
        int istock = Integer.parseInt(tf_stock.getText()) + 1;
        String cstock = String.valueOf(istock);
        // 更新画面中的图书库存数量
        tf_stock.setText(cstock);
        // 更新数据库中的图书库存数量
        sql = "update book set stock='" + cstock;
        sql = sql + "' where id='" + bookid + "'";
        DbOp.executeUpdate(sql);
        JOptionPane.showMessageDialog(null, "还书成功！ ");
        init(); // 重新初始化各参数并禁止还书按钮
    }
    // 初始化各参数项并禁止还书按钮
    private void init() {
        tf_bookname.setText("xx");          tf_author.setText("xx");
        tf_publisher.setText("xx");          tf_publish_time.setText("xx");
        tf_price.setText("xx");              tf_stock.setText("xx");
        tf_readername.setText("xx");         tf_readertype.setText("xx");
        tf_max_num.setText("xx");            tf_days_num.setText("xx");
        tf_back_date.setText("xx");
        backBtn.setEnabled(false); // 禁止还书按钮
    }
}
```

十、UpdatePassword.java

该模块用来更该当前用户的密码，其操作界面如图 12-10 所示。

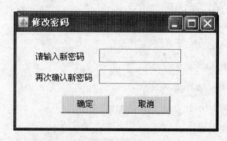

图 12-10　更改用户密码界面

```
// UpdatePassword.java
package MainPro;
import java.awt.*;                          import java.awt.event.*;
```

```java
import javax.swing.JOptionPane;          import PublicModule.*;
public class UpdatePassword extends Frame {
    private static final long serialVersionUID = -6540483851542957663L;
    Label newPassword = new Label("请输入新密码");
    Label confirmPass = new Label("再次确认新密码");
    TextField text_1 = new TextField();
    TextField text_2 = new TextField();
    Button confirmBtn = new Button("确定");
    Button cancelBtn = new Button("取消");
    public UpdatePassword() {
        setLayout(null);          setTitle("修改密码");          setSize(300, 170);
        newPassword.setBounds(30, 50, 90, 30);          text_1.setBounds(125, 53, 120, 20);
        confirmPass.setBounds(30, 80, 90, 30);          text_2.setBounds(125, 83, 120, 20);
        confirmBtn.setBounds(70, 120, 70, 25); // 确定按钮
        confirmBtn.addActionListener(new ActionListener() {
            public void actionPerformed(ActionEvent e) {
                confirmButtonPerformed(e);
            }
        });
        cancelBtn.setBounds(160, 120, 70, 25); // 关闭按钮
        cancelBtn.addActionListener(new ActionListener() {
            public void actionPerformed(ActionEvent e) {
                dispose(); // 释放窗体资源
            }
        });
        /* 关闭窗口 */
        this.addWindowListener(new WindowAdapter() {
            // 重写 windowClosing()方法
            public void windowClosing(WindowEvent e) {
                dispose(); // 释放窗体资源
            }
        });
        add(newPassword);          add(confirmPass);          add(text_1);
        add(text_2);               add(confirmBtn);           add(cancelBtn);
        setLocationRelativeTo(null); // 使窗体在屏幕上居中放置
        setVisible(true); // 使窗体可见
    }
    private void confirmButtonPerformed(ActionEvent e) {
        System.out.println(GlobalVar.login_user);
```

```java
        String pass1 = text_1.getText();
        String pass2 = text_2.getText();
        // 如果两个密码输入框中有一个为空，则显示错误提示信息并返回
        if (pass1.equals("") || pass1.equals("")) {
            JOptionPane.showMessageDialog(null, "密码不能为空，请重新输入！");
            return;
        }
        // 如果两个密码输入框中输入的内容不一致，则显示错误提示信息并返回
        if (!pass1.equals(pass2)) {
            JOptionPane.showMessageDialog(null, "两次输入的密码不一致，请重新输入！");
            text_1.setText("");
            text_2.setText("");
            return;
        }
        String sql = "update user set password='" + pass1
                + "' where username='" + GlobalVar.login_user + "'";
        int i = DbOp.executeUpdate(sql);
        if (i == 1) {
            JOptionPane.showMessageDialog(null, "修改密码成功！");
        } else
            JOptionPane.showMessageDialog(null, "用户数据库有误或不存在，修改密码失败！");
    }
}
```